Python

程序设计基础教程 （第2版）

骆焦煌 ◎ 编著

清华大学出版社

北京

内 容 简 介

本书依据全国计算机等级考试二级 Python 语言程序设计考试大纲编写,同时根据实际需要增加图形用户界面和网络爬虫与数据分析的内容。本书以 Python 3.10 和 Anaconda 3 为背景,介绍 Python 语言程序设计的基本方法和应用。本书共分 10 章,主要包括 Python 语言概述、Python 语言基础、Python 序列结构、程序控制结构、函数与模块、面向对象基础、图形用户界面、Python 标准库与第三方库、文件、网络爬虫与数据分析。

本书不仅可以作为高等院校各专业的计算机程序设计语言的教材,还可以作为全国计算机等级考试参考教材和初学者自学 Python 程序设计的指导用书。

图书在版编目(CIP)数据

Python 程序设计基础教程/骆焦煌编著.—2 版.—北京:清华大学出版社,2022.6
ISBN 978-7-302-61178-3

Ⅰ.①P… Ⅱ.①骆… Ⅲ.①软件工具—程序设计—教材 Ⅳ.①TP311.561

中国版本图书馆 CIP 数据核字(2022)第 104986 号

责任编辑: 颜廷芳
封面设计: 刘 键
责任校对: 袁 芳
责任印制: 朱雨萌

出版发行: 清华大学出版社
   网   址:http://www.tup.com.cn,http://www.wqbook.com
   地   址:北京清华大学学研大厦 A 座   邮   编:100084
   社 总 机:010-83470000   邮   购:010-62786544
   投稿与读者服务:010-62776969,c-service@tup.tsinghua.edu.cn
   质量反馈:010-62772015,zhiliang@tup.tsinghua.edu.cn
   课件下载:http://www.tup.com.cn,010-83470410
印 装 者: 三河市龙大印装有限公司
经   销: 全国新华书店
开   本: 185mm×260mm   **印   张:** 19.5   **字   数:** 467 千字
版   次: 2019 年 11 月第 1 版 2022 年 8 月第 2 版   **印   次:** 2022 年 8 月第 1 次印刷
定   价: 59.00 元

产品编号:097609-01

前　言

计算机技术的发展促进了程序设计语言的发展,而面向对象程序设计语言的出现,则极大地改进了传统的程序设计方法。Python 语言是一种解释型的语言,具有简洁、易读、灵活和可扩展等特点,深受高等学校、科技人员和程序设计爱好者的青睐。

本书是一本针对零基础学习的面向对象的程序设计语言,依据全国计算机等级考试二级 Python 语言程序设计考试大纲编写,并且增加了图形用户界面和网络爬虫与数据分析的内容。

本书以 Python 3.10 和 Anaconda 3 为背景,以"理论够用、重在实践"为目标,注重理论与实践相结合,通过大量的实例,由浅入深、循序渐进地介绍了 Python 语言的基础知识和应用。

本书共有 10 章,内容如下。第 1 章讲解 Python 语言基础知识、Python 的安装与使用、Anaconda 3 安装与使用、PyCharm 安装与使用。第 2 章讲解 Python 变量、Python 数据类型、Python 运算符与表达式、Python 常用函数。第 3 章讲解 Python 的列表、元组、字典和集合。第 4 章讲解 Python 的顺序结构、选择结构、循环结构和异常处理。第 5 章讲解函数概述、函数的声明和调用、参数的传递、函数的返回值、变量的作用域以及模块。第 6 章讲解面向对象编程的基本概念、类的定义和使用、类的属性和方法、类的继承和类的重载。第 7 章讲解图形用户界面、tkinter、窗体容器和控件、界面布局管理、对话框、鼠标和键盘事件。第 8 章讲解基于 turtle 库的图形绘制、random 库和随机数、time 库、datetime 库、基于 Matplotlib 库的图形绘制、jieba 库、wordcloud 库。第 9 章讲解文件的使用、JSON 和 CSV 文件格式的读/写、Excel 文件的访问、数据库的访问。第 10 章讲解网络爬虫和数据分析及其应用。

本书通俗易懂、图文并茂、实例丰富,便于教与学,且每章配有相应的任务。书中的每个例题和任务都通过调试验证,易于学习和掌握。

为方便教学,本书配有教学大纲、教案、教学课件 PPT、书中所有例题和任务的源代码文件、课后习题答案、综合练习题及其答案(综合练习题及答案见以下二维码)。

综合练习题

综合练习题答案

　　本书由骆焦煌编著。本书的出版得到教育部高等教育司 2021 年第二批产学合作协同育人项目(课题编号：202102186004)的资助。

　　由于编著者水平有限,书中难免有不足之处,敬请广大同行和读者批评和指正。

编著者

2022 年 3 月

目　录

## 第 1 章

Python 语言概述

1.1　Python 语言简介

Python 语言是一种解释型、面向对象的编程语言。由荷兰人吉多·范·罗苏姆(Guido van Rossum)于 1989 年发明,被广泛应用于处理系统管理任务和科学计算。

Python 是一种开源语言,拥有大量的库,可以高效地开发各种应用程序,又被称为"胶水"语言。

1. Python 的特点

Python 秉承"优雅、明确、简单"的设计理念,具有以下特点。

(1) 简单、易学。Python 是一种代表简单主义思想的语言,它使读者能够专注于解决问题而不是理解语言本身。同时 Python 很容易上手,因为它的说明文档极其简单。

(2) 速度快。Python 的底层是用 C 语言编写的,很多标准库和第三方库也是用 C 语言缩写的,因此运行速度非常快。

(3) 免费、开源。Python 是 FLOSS(自由、开放源代码软件)之一。使用者可以自由地发布这个软件的副本,阅读它的源代码,对它做改动,把它的一部分用于新的自由软件中。

(4) 高层语言。用 Python 语言编写程序时无须考虑诸如"如何管理程序使用的内存"这一类的底层细节。

(5) 可移植性。由于它的开源本质,Python 已经被移植在许多平台上(经过改动使它能够工作在不同平台上),这些平台包括 Linux、Windows、VMS、Solaris 以及 Google 基于 Linux 开发的 Android 平台等。

(6) 解释性。使用 Python 语言编写的程序不需要编译成二进制代码,可以直接运行。在计算机内部,Python 解释器把源代码转换成称为字节码的中间形式,然后把它翻译成计算机使用的机器语言并运行。这使得 Python 使用更加简单,也使得 Python 程序更加易于移植。

(7) 面向对象。Python 既支持面向过程的编程,也支持面向对象的编程。在面向过程的语言中,程序是由过程或仅仅是可重用代码的函数构建起来的。在面向对象的语言中,程序是由数据和功能组合而成的对象构建起来的。

(8) 可扩展性与可嵌入性。如果需要一段关键代码运行得更快或者希望某些算法不公开,可以将部分程序用 C/C++编写,然后在 Python 程序中使用它们。同时也可以把 Python 代码嵌入 C/C++程序,从而向程序用户提供脚本功能。

(9) 丰富的库。Python 有很庞大的标准库,包括正则表达式、文档生成、单元测试、线程、数据库、网页浏览器、CGI、FTP、电子邮件、XML、XML-RPC、HTML、WAV 文件、密码系统、GUI(图形用户界面)、Tk 和其他与系统有关的操作,这就是 Python 被誉为“功能齐全”的原因。除了标准库以外,还有许多其他高质量的库,如 wxPython、Twisted 和 Python 图像库等。

2. Python 的应用领域

随着 Python 语言的流行,它应用的领域越来越广泛,如网站与游戏开发、机器人与航天飞机控制等。Python 主要有以下一些应用领域。

(1) 系统编程。Python 提供应用程序编程接口(application programming interface,API),能够进行系统的维护和开发。

(2) 科学计算和统计。Python 程序员可以使用 NumPy、SciPy、Matplotlib 等模块编写科学计算程序。众多开源的科学计算软件包均提供了 Python 的调用接口,如著名的计算机视觉库 OpenCV、三维可视化库 VTK、医学图像处理库 ITK 等。

(3) 图形用户界面(GUI)开发。Python 支持 GUI 开发,使用 Tkinter、wxPython 或者 PyQt 库,可以开发跨平台的桌面软件。

(4) 数据库编程。Python 语言提供了对目前主流的数据库系统的支持,包括 Microsoft SQL Server、Oracle、Sybase、DB2、MySQL、SQLite 等。在编程的过程中,通过 Python DB-API(数据库应用程序编程接口)规范与数据库进行通信。另外,Python 自带一个 Gadfly 模块,提供了一个完整的 SQL 环境。

1.2   Python 开发环境及工具

Python 是一种开源、免费的脚本语言,它并没有提供一个官方的开发环境,需要用户自主来选择编辑工具。目前,Python 的开发环境有很多种,例如,IDLE、PyCharm、DrPython、Spyder、SPE 等。

1.2.1   IDLE 开发工具

IDLE 是 Python 内置的集成开发环境,它由 Python 安装包提供,也就是 Python 自带的文本编辑器。

IDLE 为开发人员提供了许多有用的功能,如自动缩进、语法高亮显示、单词自动完成以及命令历史等,在这些功能的帮助下,用户能够有效地提高开发效率。

1.2.2   Anaconda 开发工具

Anaconda 可以便捷获取包且对包能够进行管理,同时可以对环境统一管理。Anaconda 包含了 conda、python 在内的超过 180 个科学包及其依赖项。

Anaconda 具有开源、安装过程简单、高效率使用 Python 和 R 语言以及免费的社区支持等特点,其特点的实现主要依赖于 Anaconda 拥有的 conda 包、环境管理器以及 1000 多个开源库。

　　Anaconda 可以在 Windows、Mac OS、Linux(x86/Power8)等系统平台中安装使用。系统要求是 32 位或 64 位,下载文件大小约为 500MB,所需空间大小约为 3GB。

1.2.3　PyCharm 开发工具

　　PyCharm 是由 JetBrains 打造的一款 Python IDE,它带有一整套可以帮助用户使用 Python 语言开发时提高其效率的工具,比如调试、语法高亮、Project 管理、代码跳转、智能提示、自动完成、单元测试、版本控制等。此外,PyCharm 还提供了一些高级功能,用于支持 Django 框架下的专业 Web 开发。

　　PyCharm 的特点有以下几个方面。

　　(1) PyCharm 具有一般的 IDE 具备的功能,比如调试、Project 管理、代码跳转、智能提示、自动完成、单元测试、版本控制等。

　　(2) PyCharm 提供用于 Django 的开发工具,并且支持 Google App Engine 和 IronPython。

　　(3) Python 重构功能使用户能在项目范围内轻松进行重命名,提取方法、超类,导入域、变量、常量,移动和前推、后退重构。

　　(4) Python 支持 Google App 引擎,用户可选择使用 Python 运行环境为 Google App 引擎进行应用程序的开发,并执行程序部署工作。

　　(5) Python 集成版本控制功能,将登录、导出、视图拆分与合并等功能都在统一的 VCS 用户界面(可用于 Mercurial、Subversion、Git、Perforce 和其他的 SCM)中得到。

　　(6) Python 的可自定义功能与可扩展功能可以绑定 Textmate、NetBeans、Eclipse & Emacs 键盘主盘以及 Vi/Vim 仿真插件。

1.2.4　库的安装与管理

　　Python 库分为标准库和扩展库(第三方库),Python 的标准库是 Python 安装时默认自带的库;Python 的第三方库需要下载或在线安装到 Python 的安装目录中。

　　Python 有两个基本的库管理工具,即 easy_install 和 pip。目前大部分用户都采用 pip 进行对扩展库的查看、安装与卸载。下面介绍 pip 命令几个常用的方法。

1. 查看扩展库

```
cmd>pip list
```

例如,X:\Program Files\Python 310\Scripts>pip list。

2. 查看当前安装的库

```
cmd>pip show Package
```

例如,X:\Program Files\Python 310\Scripts>pip show jieba。

3. 安装指定版本的扩展库

```
cmd>pip install Package == 版本号
```

例如,X:\Program Files\Python 310\Scripts>pip install django==1.9.7。

4. 离线安装扩展库文件 whl

```
cmd> pip install Package.whl
```

例如,X:\Program Files\Python 310\Scripts＞pip install numpy-1.15.4＋vanilla-cp35-cp35m-win_amd64.whl。

5. 卸载扩展库

```
cmd> pip uninstall Package
```

例如,X:\Program Files\Python 310\Scripts＞pip uninstall django。

6. 更新扩展库

```
cmd> pip install -U package
```

例如,X:\Program Files\Python 310\Scripts＞pip install -U jieba。
说明:U 为大写字母。

1.3 任 务 实 现

任务 1 Python 的下载、安装与使用。

(1) 打开 Python 的官方网站(https://www.python.org),如图 1-1 所示,在 Downloads 菜单下选择要安装的操作系统类型,以 Windows 为例,如图 1-2 所示,单击 Windows 选项,找到需要的版本,如 Python-3.10.0.exe 64 位,单击 Download windows install(64-bit)选项即可下载。

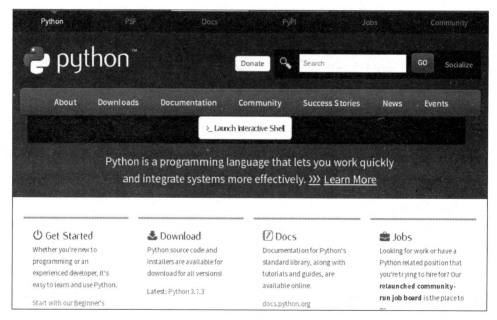

图 1-1 Python 官方网站主页

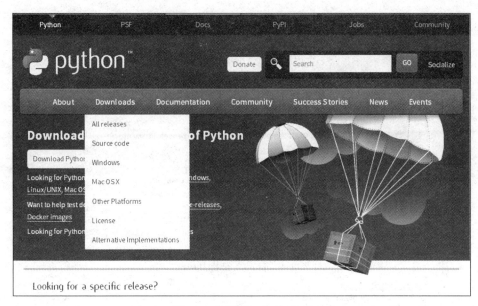

图 1-2　选择 Windows 选项

（2）双击下载的程序文件，例如，Python-3.10.0-amd64.exe，显示如图 1-3 所示的界面。其中 Install Now 为直接安装，Customize installation 为自定义安装，Install launcher for all users（recommended）表示为所有用户安装发射器（推荐），Add Python 3.10 to PATH 表示添加 Python 3.10 到路径。

图 1-3　Python 安装向导

在此可以选择自定义安装，并勾选两个复选框，单击 Customize installation 进行自定义安装，进入如图 1-4 所示的界面。

（3）使用默认设置，单击 Next 按钮，打开如图 1-5 所示的界面。

（4）根据需要进行相应的设置，如选中所有复选框，单击 Install 按钮开始安装，安装完成如图 1-6 所示。单击 Close 按钮，完成安装。

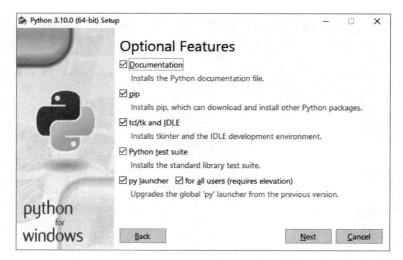

图 1-4　自定义安装 Python

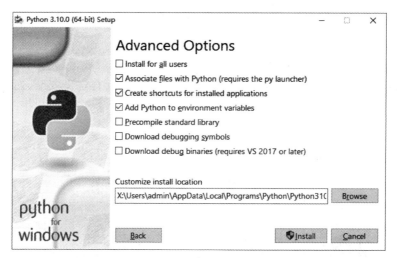

图 1-5　Python 高级选项及安装路径

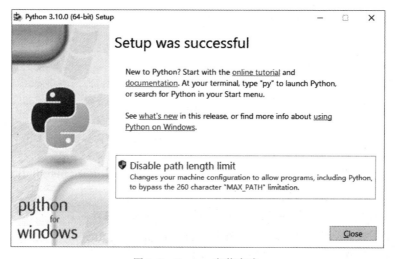

图 1-6　Python 安装完成

（5）安装完成后，打开命令行，输入 python 后，按 Enter 键，出现如图 1-7 所示的信息，则表示安装成功。

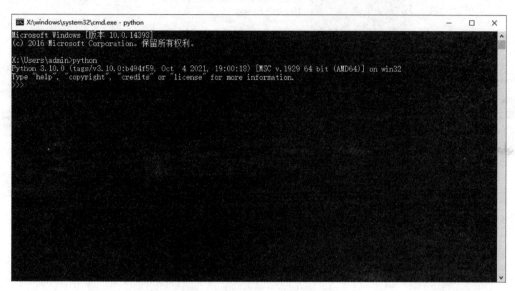

图 1-7　测试 Python 安装成功

任务 2　Anaconda 3 的安装与使用。

（1）打开 Anaconda 的官方网站（https://www.anaconda.com），如图 1-8 所示，单击 Download 按钮，选择操作系统类型，然后选择需要的软件版本下载即可。

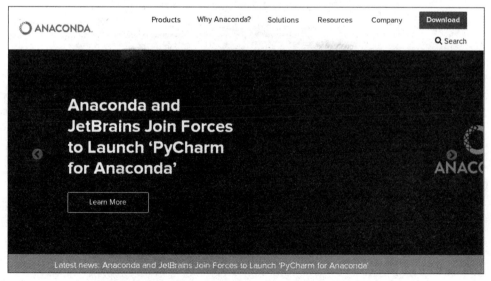

图 1-8　Anaconda 官方网站

（2）双击下载的程序文件，例如，Anaconda3 5.2.0-Windows-x86_64.exe，如图 1-9 所示。

（3）单击 Next 按钮，进入安装许可协议界面，如图 1-10 所示。

（4）单击 I Agree 按钮，进入安装类型界面，如图 1-11 所示。

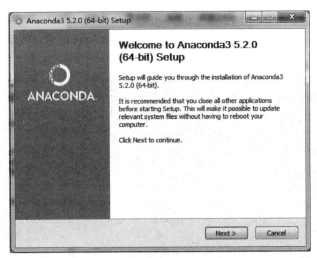

图 1-9　Anaconda 3 安装界面

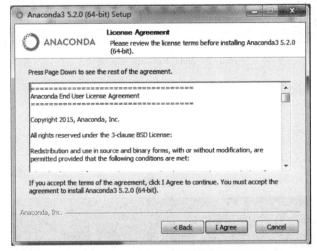

图 1-10　Anaconda 3 安装许可协议界面

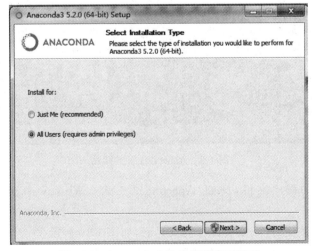

图 1-11　Anaconda 3 选择安装类型界面

（5）选择相应的选项，单击 Next 按钮，进入安装路径界面，如图 1-12 所示。

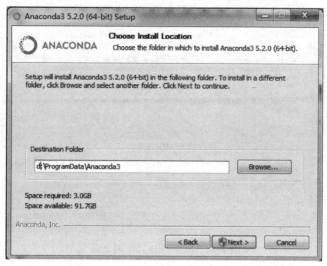

图 1-12　Anaconda 3 安装路径界面

（6）选择 Anaconda 3 的安装路径，单击 Next 按钮，进入高级安装选项界面，如图 1-13 所示。

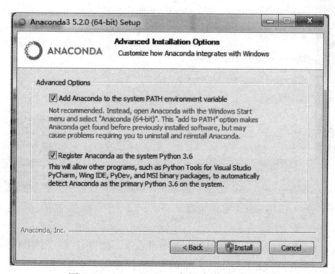

图 1-13　Anaconda 3 高级安装选项界面

（7）勾选两个复选框，第一个是添加到环境变量，第二个是默认使用 Python 3.6，单击 Install 按钮。安装完成后，单击 Next 按钮，进入安装 VSCode 编译器界面，如图 1-14 所示。

（8）Install Microsoft VSCode 选项表示安装 VSCode 编译器，如果不想使用这个编译器，可以单击 Skip 按钮。完成 Anaconda 3 的安装，如图 1-15 所示。

（9）在图 1-15 中有两个选项，提示打开 Anaconda 主页和 Anaconda 云平台页面。当这两个选项都被勾选，并单击 Finish 按钮，就会打开这两个网页。

（10）安装完成后，可在开始按钮中找到 Anaconda 3 文件夹，查看所包含的内容，如图 1-16 所示。

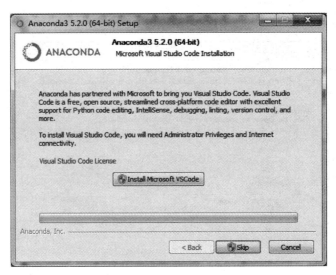

图 1-14　安装 VSCode 编译器

图 1-15　Anaconda 3 安装完成

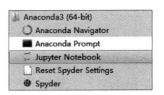

图 1-16　Anaconda 3 文件夹

（11）单击 Jupyter Notebook 即可启动 Notebook ，如图 1-17 和图 1-18 所示。

（12）单击 New 按钮，选择 Python 3 即可新建 Jupyter 页面。

任务 3　PyCharm 的安装与使用。

（1）打开 PyCharm 官网（https://www.jetbrains.com/pycharm/），根据需要下载相应的版本。PyCharm 在 Windows 环境下有专业版（professional）和社区版（community）两个不同的版本，下面以下载社区版为例。

（2）双击下载的程序文件，例如，PyCharm community 2018.2.4.exe，显示页面如图 1-19 所示，单击 Next 按钮，进入 PyCharm 安装路径页面，如图 1-20 所示。

（3）选择 PyCharm 安装路径，单击 Next 按钮，进入 PyCharm 选项页面，如图 1-21 所示。其中，Create Desktop Shortcut 表示选择在桌面创建的快捷方式，Create Associations 表示创建关联.py 格式文件，Download and install JRE x86 by JetBrains 表示下载安装 Java 运行环境 jre。

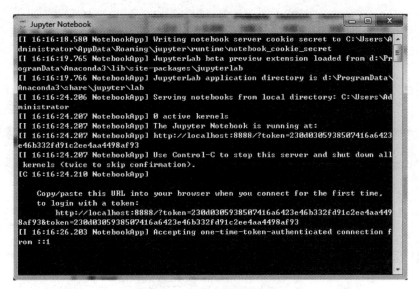

图 1-17　Jupyter Notebook 界面

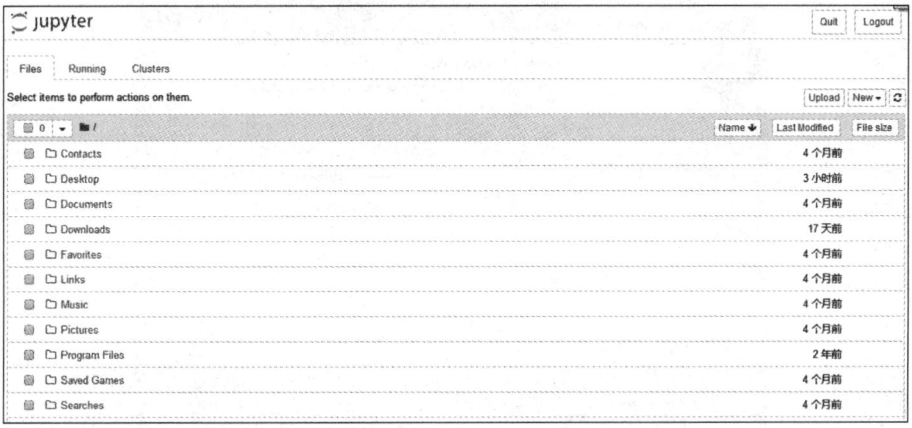

图 1-18　Jupyter 界面

图 1-19　PyCharm 安装界面

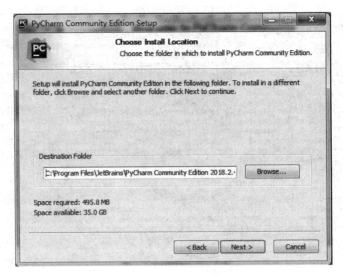

图 1-20　PyCharm 安装路径

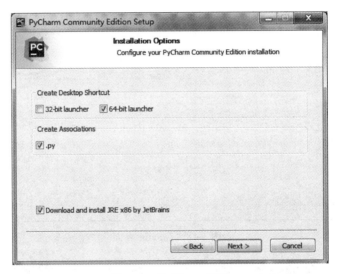

图 1-21　PyCharm 选项

　　(4) 选择相应的选项,单击 Next 按钮,进入 PyCharm 菜单文件页面,如图 1-22 所示。使用默认设置,单击 Install 按钮,开始安装。

　　(5) 安装完成后,如图 1-23 所示。勾选 Run PyCharm Community Edition 复选框,单击 Finish 按钮,启动 PyCharm 配置,如图 1-24 所示。

　　(6) 选中 Do not import settings 单选按钮,单击 OK 按钮。同意程序使用协议,进入如图 1-25 所示的界面。注意,需要将右侧的下滑按钮下滑到最下面,让程序知道读者已经读完了协议,单击 Accept 按钮。

　　(7) 进行相应的选择设置后,单击 Skip Remaining and Set Defaults 按钮,跳过默认设置,进入 PyCharm 欢迎界面,如图 1-26 所示。

图 1-22　PyCharm 菜单文件

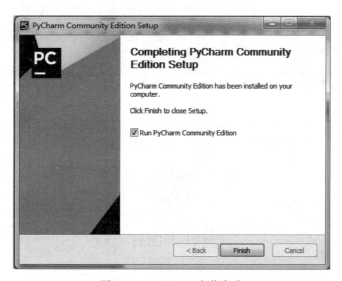

图 1-23　PyCharm 安装完成

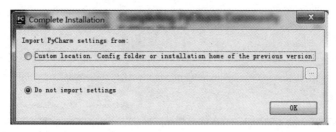

图 1-24　启动 PyCharm 配置

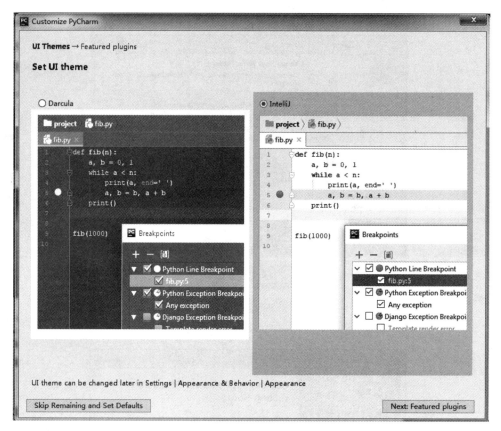

图 1-25　设置 UI 主题

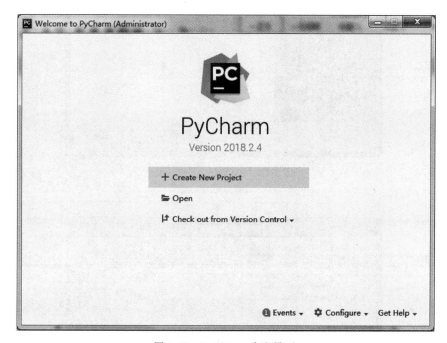

图 1-26　PyCharm 欢迎界面

（8）单击 Create New Project 按钮，新建项目，进入如图 1-27 所示新建项目存放路径界面。

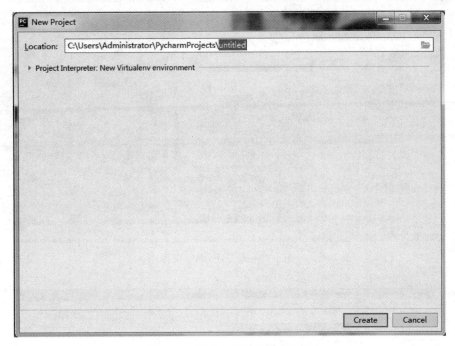

图 1-27　新建项目存放路径界面

（9）根据需要输入新建项目名称，默认为 untitled，单击 Create 按钮，进入如图 1-28 所示 PyCharm 界面。

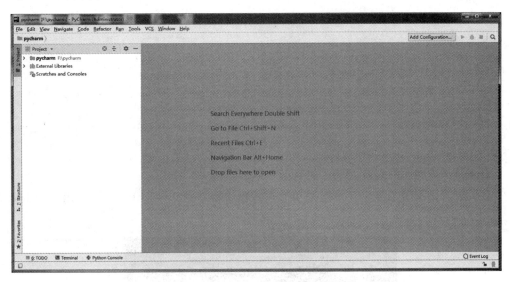

图 1-28　PyCharm 界面

（10）新建 Python 文件，如图 1-29 所示。

（11）新建 Python 文件后，输入代码并运行，如图 1-30 所示，如果成功输出结果，则说明安装完成。

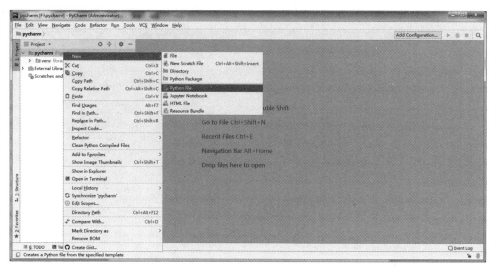

图 1-29   新建 Python 文件

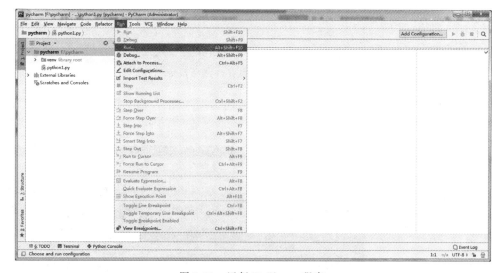

图 1-30   运行 PyCharm 程序

任务 4   扩展库的查看、安装、更新与卸载。

（1）查看已安装的库。在开始菜单的搜索栏中输入 cmd，按 Enter 键，弹出如图 1-31 所

图 1-31   命令提示符窗口

示命令提示符窗口,使用 cd 命令进入安装 Python 的 scripts 文件夹中(例如,Python 安装的 X:\Program Files\Python 310),如图 1-32 所示,输入 pip list 命令,按 Enter 键,显示已安装的库,如图 1-33 所示。

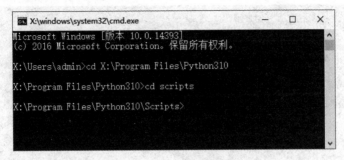

图 1-32　进入 scripts 文件夹

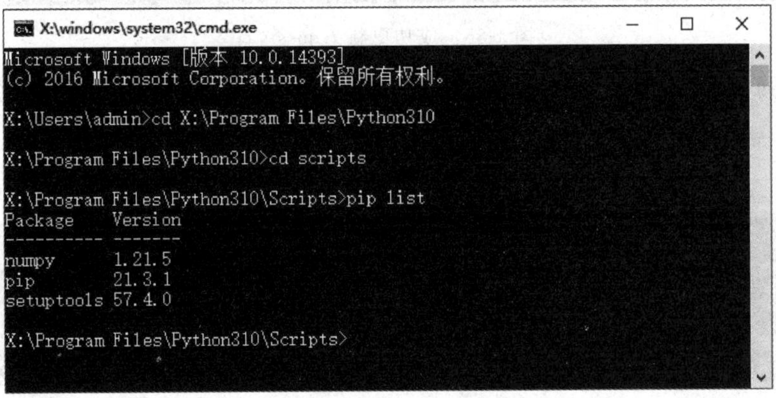

图 1-33　显示已安装的库

(2) 安装 jieba 库。在命令提示符下的 Scripts 文件夹中输入命令 pip install jieba 后,按 Enter 键,出现如图 1-34 所示界面,表明此库安装成功。

图 1-34　已成功安装 jieba 库

（3）更新 requests 库。在命令提示符下的 Scripts 文件夹中输入命令 pip install -U requests 后，按 Enter 键，出现如图 1-35 所示界面，表明此库已更新成功。

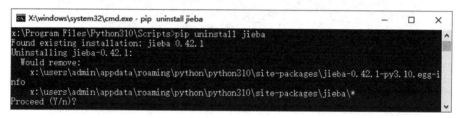

图 1-35　成功更新 requests 库

（4）卸载 jieba 库。在命令提示符下的 Scripts 文件夹中输入命令 pip uninstall jieba 后，按 Enter 键，出现如图 1-36 所示界面，按 y 键，即可卸载 jieba 库，如图 1-37 所示。

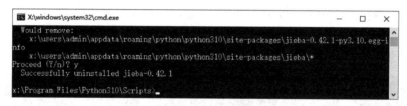

图 1-36　输入 pip uninstall jieba 命令

图 1-37　卸载 jieba 库

1.4　习　　题

课后习题答案 1

1. 填空题

（1）Python 语言是一种_____型、面向对象的计算机程序设计语言。

（2）Python 脚本文件的扩展名是_____。

（3）PyCharm 是由 JetBrains 打造的一款_____，它带有一整套可以帮助用户使用 Python 语言开发时提高其_____的工具。

（4）Python 主要应用在系统编程、_____、_____和数据库编程等领域。

（5）Anaconda 包含了 conda、python 在内的超过＿＿＿＿＿＿个科学包及其依赖项。

2. 选择题

（1）下面不属于 Python 特征的是（　　）。

　　A. 简单易学　　　　B. 脚本语言　　　　C. 属于低级语言　　　D. 可移植性

（2）Python 内置的集成开发工具是（　　）。

　　A. IDLE　　　　　　B. IDE　　　　　　　C. PyCharm　　　　　D. Pydev

（3）下面列出的程序设计语言中（　　）不是面向对象的语言。

　　A. C 语言　　　　　B. Python　　　　　　C. Java　　　　　　　D. C++

（4）以下关于 Python 的描述错误的是（　　）。

　　A. Python 的语法类似 PHP　　　　　　B. Python 可用于 Web 开发

　　C. Python 是跨平台的　　　　　　　　D. Python 可用于数据抓取（爬虫）

（5）Python 有两个基本的库管理工具（　　）。

　　A. easy_install 和 pip　　　　　　　　B. cmd 和 pip

　　C. install 和 pip　　　　　　　　　　　D. easy install 和 pip

3. 操作题

（1）从官网下载 Python 3.10 版本软件、Anaconda 3 软件、PyCharm 软件并完成安装配置。

（2）在命令提示符窗口中使用 pip 命令安装 jieba 库、wordcloud 库、requests 库、BeautifulSoup4 库、NumPy 库、pandas 库、Matplotlib 库、Pyinstaller 库、django 库、SciPy 库等。

第 2 章

Python 语言基础

2.1　Python 程序编写风格

程序格式框架是指代码语句段落的格式,这是 Python 程序格式区别于其他语言的独特之处,有助于提高代码的可读性和可维护性。

1. 缩进

Python 语言采用缩进的严格规范来表示程序间的逻辑关系,例如:

```
x2=1                          # 第 1 行
for i in range(10,0,-1):      # 第 2 行
    x1=(x2+1)*2               # 第 3 行
    x2=x1                     # 第 4 行
print (x1)                    # 第 5 行
```

其中,第 2 行与第 3、4 行有逻辑关系。缩进指每行语句开始前的空白区域,用来表示 Python 程序间的包含和层次关系。没有逻辑关系的代码一般不缩进,顶格且不留空白。当使用 if、while、for、def、class 等结构时,语句最后通过冒号结尾,在下行进行左缩进,表示后续代码与紧邻无缩进语句的所属关系。

代码编写中,缩进可使用跳格键 Tab 实现,也可以用多个空格键实现,一般是 4 个空格。Python 中对语句之间的层次关系没有限制,可以嵌套使用多层缩进。

在程序运行时,如出现 unexpected indent 错误,则说明存在语句缩进不匹配问题。例如:

```
>>>   sum=0                 # 给 sum 赋值
SyntaxError: unexpected indent
```

2. 注释

注释是代码中的辅助性文字,方便阅读理解代码含义,注释的内容不会被执行。Python 中采用♯表示注释,注释单行时,只要将♯号放在注释内容的前面即可,注释多行时,每一行的前面都必须要有♯号。例如:

```
>>>sum=0                    # 给 sum 赋值
>>>print(sum)               # 输出变量 sum 的值
```

3. 续行符

Python 程序是逐行编写的,每行代码的长度并不限制,但若一行语句太长不利于阅读时,Python 提供了反斜杠"\"作为续行符,可将单行分割为多行来编写。例如:

```
print("{}是{}的省会".format(\
"福州",\
"福建"\
))
```

上述代码等价于下面的一行语句。

```
print("{}是{}的省会".format("福州","福建"))
```

说明:使用续行符时,续行符后面不能留空格,必须直接换行。

2.2　变　　量

变量是内存中存储位置的别称,它的值可以动态发生变化。Python 的标识符命名规则如下。

(1) 标识符的第 1 个字符必须是中文汉字、英文字母或下画线"_",后面可以由中文汉字、英文字母、下画线或数字(0~9)组成。例如,骆 luo、_number、score123 等。

(2) 标识符区分大小写。例如,Abcd 和 abcd 是两个不同的变量。

(3) 禁止使用 Python 保留字(或称关键字)。Python 中的常用保留字包括 and、assert、break、class、continue、def、del、elif、else、except、exec、finally、for、from、global、if、import、in、is、lambda、not、or、pass、print、raise、return、try、while、with、yield。

除了命名规则外,变量还有一些使用惯例,应尽量避免变量名使用下列样式。

(1) 前后有下画线的变量名通常为系统变量。例如:_file_、_path_ 等。

(2) 以一个下画线开头的变量不能被 from...import * 语句从模块导入。

(3) 以两个下画线开头、末尾无下画线的变量是类的本地变量。

Python 的变量不需要声明,可以直接使用赋值运算符对其进行赋值操作,根据所赋的值来决定其数据类型。

Python 支持多种格式的赋值语句。

1. 简单赋值

简单赋值用于为一个变量建立对象引用。例如:x＝1。

2. 序列赋值

序列赋值指等号左侧是元组、列表表示的多个变量名,右侧是元组、列表或字符串等序列表示的值。序列赋值可以一次性为多个变量赋值,Python 顺序匹配变量名和值。例如:

```
>>>a,b=1,2
>>>a,b
(1,2)
>>>a,b=(10,20)              #使用元组赋值
>>>a,b
```

```
(10,20)
>>>a,b=[30,'ab']              #使用列表赋值
>>>a,b
(30,'ab')
```

当等号右侧为字符串时,Python 会将字符串分解为单个字符,依次赋值给每个变量。此时,变量的个数和字符个数必须相等,否则会出错。例如:

```
>>>x,y,z='abc'                #用字符串赋值
>>>x,y,z
('a','b','c')
>>>x,y,z='de'                 #提示错误
```

可以在变量名之前使用 *,为变量创建列表对象引用。此时,不带 * 的变量匹配一个值,剩余的值作为列表对象。例如:

```
>>>x,*y='abc'                 #x 匹配第一个字符,其余字符作为列表匹配给 y
>>>x,y
('a',['b','c'])
>>>*x,y='defg'                #y 匹配最后一个字符,其余字符作为列表匹配给 x
>>>x,y
(['d','e','f'],'g')
```

3. 多目标赋值

多目标赋值指用连续的多个=为变量赋值。例如:

```
>>>a=b=c=10                   #将 10 赋值给变量 a,b,c
>>>a,b,c
(10,10,10)
```

说明:这种情况下作为值的整数对象 10 在内存中只有一个,变量 a、b、c 引用的是同一个内存位置存储的值,即整数 10。

4. 增强赋值

增强赋值指运算符与赋值相结合的赋值语句。例如:

```
>>>a=10
>>>a+=20                      #等价于 a=a+20
>>>a
30
```

2.3　Python 数据类型

Python 中有 6 个标准的数据类型:Number(数字)、String(字符串)、List(列表)、Tuple(元组)、Dictionary(字典)、Set(集合)。本节主要介绍前两种,后四种在本书第 3 章介绍。

2.3.1　Number(数字)

数字是程序处理的一种基本数据,Python 核心对象包含的常用数字类型有:整型

(int)、浮点型(float)、布尔型(bool)以及与之相关的语法和操作。同时 Python 提供了复数(complex)以及无穷精度的长整型(long)。其数字类型的复杂程度按照整型、长整型、浮点型、复数的顺序依次递增。此外,Python 还允许将十进制的整型数表示为二进制、八进制、十六进制的整型数。

(1) 整型。整型常量就是不带小数点的数,但有正负之分,如 1、10、−100、0 等。在 Python 3.x 中不再区分整型和长整型。

(2) 浮点型。浮点型由整数部分和小数部分组成,如 1.23、2.34、−3.45 等。浮点型也可以使用科学计数法表示,如 $2.5e2 = 2.5 \times 10^2 = 250$。

(3) 布尔型。bool 只有两个值 True 和 False。

(4) 复数。复数常量表示为"实部＋虚部"形式,虚部以 j 或 J 结尾。可用 complex() 函数来创建复数,其函数的基本格式为 complex(实部,虚部)。使用 type() 函数可以查询变量所指的对象类型。例如:

```
>>>a,b,c,d=10,10.5,True,10+2j
>>>print(type(a),type(b),type(c),type(d))
<class 'int'><class 'float'><class 'bool'><class 'complex'>
```

2.3.2　String(字符串)

字符串是一个有序字符的集合,用来存储和表现基于文本的信息。

Python 字符串有多种表示方式。

1. 单引号和双引号

在表示字符常量时,单引号和双引号可以互换,可以用单引号或者双引号两种形式返回相同类型的对象。同时单引号字符串可以嵌入双引号或在双引号中嵌入单引号。例如:

```
>>>'ab',"ab"
('ab','ab')
>>>'12"ab'
'12"ab'
>>>"12'ab"
"12'ab"
```

2. 三引号

在表示字符常量时,三引号通常用来表示多行字符串,也被称为块字符。在显示时,字符串中的各种控制字符以转义字符显示。例如:

```
>>>str='''this is string
this is python string
this is string'''
>>>print(str)
this is string
this is python string
this is string
```

三引号还可以作为文档注释,被三引号包含的代码作为多行注释使用。

（1）可以使用＋运算符将字符串连接在一起,或者用＊运算符重复字符串。例如：

```
>>>print('str'+'ing','my'*3)
string mymymy
```

（2）Python 中的字符串有两种索引方式,第一种是从左往右,即从 0 开始依次增加；第二种是从右往左,即从－1 开始依次减小。例如：

```
>>>word='hello'
>>>print(word[0],word[4])
h o
>>>print(word[-1],word[-5])
o h
```

（3）可以对字符串进行切片,即获取子串。用冒号分隔两个索引,格式为

变量[头下标:尾下标]

截取的范围是前闭后开的,并且两个索引都可以省略。例如：

```
>>>word='Pythoniseasy'
>>>word[6:8]
'is'
>>>word[:]
'Pythoniseasy'
>>>word[6:]
'iseasy'
```

3. 转义字符

在字符中使用特殊字符时,Python 用反斜杠"\"转义字符。其常用转义字符见表 2-1。

表 2-1　常用转义字符

转义字符	说　明	转义字符	说　明
\\	反斜杠	\'	单引号
\r	回车符	\"	双引号
\n	换行符	\b	退格符
\t	水平制表符	\f	换页符
\v	垂直制表符	\a	响铃符
\0	Null,空字符串	\ooo	八进制值表示 ASCII 码对应字符
\xhh	十六进制值表示 ASCII 码对应字符		

4. 带 r 或 R 前缀的 Raw 字符串

由于在 Python 中不会解析其字符串中的转义字符,所以可以利用 Raw 字符串解决打开 Windows 系统中文件路径的问题。例如：

```
path=open('d:\temp\newpy.py','r')
```

Python 会将文件名字符串中的\t 和\n 处理为转义字符,为避免这种情况,可将文件名中的反斜杠"\"表示为转义字符,例如：

```
path=open('d:\\temp\\newpy.py','r')
```

还有另一种表示方法,即将反斜杠用正斜杠表示,例如:

```
path=open('d:/temp/newpy.py','r')
```

或者使用 Raw 字符串来表示文件名字符串,作用是让转义字符无效。例如,path＝open(r'd:\temp\newpy.py','r'),这里 r 或 R 不区分大小写。

2.4　Python 运算符与表达式

Python 中有丰富的运算符,包括算术运算符、赋值运算符、关系运算符、逻辑运算符、字符串运算符和位运算符。表达式是由运算符和圆括号将常量、变量和函数等按一定规则组合在一起的式子。根据运算符的不同,Python 有算术运算表达式、赋值运算表达式、关系运算表达式、逻辑运算表达式、字符串运算表达式、位运算表达式。

2.4.1　算术运算符和表达式

算数运算符包括加、减、乘、除、取余、取整、幂运算。Python 常用的算术运算符见表 2-2。

表 2-2　Python 常用的算术运算符

运算符	说明	实　　例	运算符	说明	实　　例
＋	加	1＋2 输出的结果为 3	％	取余	7％2 输出的结果为 1
－	减	1－2 输出的结果为－1	//	取整	7//2 输出的结果为 3
*	乘	1 * 2 输出的结果为 2	**	幂运算	2 ** 3 输出的结果为 8
/	除	1/2 输出的结果为 0.5			

【例 2-1】　算术运算符及表达式举例。打开 Python 编辑器,输入如下代码,保存为2-1.py,并调试运行。

```
add=2+3
print("%d+%d=%d"%(2,3,add))            # 加法运算并输出,输出结果为 2+3=5
sub=2-3
print("%d-%d=%d"%(2,3,sub))            # 减法运算并输出,输出结果为 2-3=-1
mul=2*3
print("%d*%d=%d"%(2,3,mul))            # 乘法运算并输出,输出结果为 2*3=6
div=6/2
print("%d/%d=%d"%(6,2,div))            # 除法运算并输出,输出结果为 6/2=3
mod=7%2
print("%d%%%d=%d"%(7,2,mod))           # 计算余数并输出,输出结果为 7%2=1
fdiv=7//2
print("%d//%d=%.1f"%(7,2,fdiv))        # 整除运算并输出,输出结果为 7//2=3.0
power=2**3
print("%d**%d=%d"%(2,3,power))         # 乘方运算并输出,输出结果为 2**3=8
```

2.4.2　赋值运算符和表达式

赋值运算除了一般的赋值运算(＝)外,还包括各种复合赋值运算,如＋＝、－＝、＊＝、/＝等。其功能是把赋值号右边的值赋给左边变量所在的存储单元。赋值运算符及表达式见表 2-3。

表 2-3　赋值运算符及表达式

运算符	说　明	实　　例
＝	直接赋值	x＝2 表示将 2 的值赋给 x
＋＝	加法赋值	x＋＝2 等同于 x＝x＋2
－＝	减法赋值	x－＝2 等同于 x＝x－2
＊＝	乘法赋值	x＊＝2 等同于 x＝x＊2
/＝	除法赋值	x/＝2 等同于 x＝x/2
％＝	取余赋值	x％＝2 等同于 x＝x％2
//＝	整除赋值	x//＝2 等同于 x＝x//2
＊＊＝	幂赋值	x＊＊＝2 等同于 x＝x＊＊2

【例 2-2】　赋值运算符举例。打开 Python 编辑器,输入如下代码,保存为 2-2.py,并调试运行。

```
a=15
b=10
c=0
c=a+b
print("value of c is",c)        #输出结果为 value of c is 25
c+=a
print("value of c is",c)        #输出结果为 value of c is 40
c*=a
print("value of c is",c)        #输出结果为 value of c is 600
c/=a
print("value of c is",c)        #输出结果为 value of c is 40
c=2
c%=a
print("value of c is",c)        #输出结果为 value of c is 2
c**=a
print("value of c is",c)        #输出结果为 value of c is 32768
c//=a
print("value of c is",c)        #输出结果为 value of c is 2184
```

2.4.3　关系运算符和表达式

关系运算符也称比较运算符,用来对两个表达式的值进行比较,比较的结果为逻辑值。若关系成立返回 True,若关系不成立返回 False。在 Python 中常用的关系运算符及表达式见表 2-4。

表 2-4 关系运算符及表达式

运算符	说 明	实 例	运算符	说 明	实 例
==	等于	(2==3)返回 False	!=	不等于	(2!=3)返回 True
>	大于	(2>3)返回 False	<	小于	(2<3)返回 True
<>	不等于	(2<>3)返回 True	>=	大于或等于	(2>=3)返回 False
<=	小于或等于	(2<=3)返回 True			

例如：

```
>>>5>8                          # 结果：False
>>>5<8                          # 结果：True
>>>5.8<=5                       # 结果：False
>>>5<6<7                        # 结果：True
>>>5==5                         # 结果：True
```

2.4.4 逻辑运算符和表达式

逻辑运算符是执行逻辑运算的运算符。逻辑运算也称布尔运算,运算结果是逻辑真(True)或逻辑假(False)。Python 常用的逻辑运算符有 not、and 和 or 操作。逻辑运算符及表达式见表 2-5。

表 2-5 逻辑运算符及表达式

运算符	说 明	实 例
not	逻辑非	not x 表示 x 为真返回 False,x 为假返回 True
and	逻辑与	x and y 表示 x、y 同时为真返回 True,否则返回 False
or	逻辑或	x or y 表示 x、y 只要其中一个为真返回 True,都为假则返回 False

【例 2-3】 逻辑运算符举例。打开 Python 编辑器,输入如下代码,保存为 2-3. py,并调试运行。

```
a=2
b=5
c=0
print("a>b and b<c 的结果:",a>b and b<c)
print("a>b and b>c 的结果:",a>b and b>c)
print("a>b or b<c 的结果:",a>b or b<c)
print("a>b or b>c 的结果:",a>b or b>c)
print("a>b or not b<c 的结果:",a>b or not(b<c))
print("not a>b or not b<c 的结果:",not a>b or not(b<c))
```

输出结果为

```
a>b and b<c 的结果：False
a>b and b>c 的结果：False
a>b or b<c 的结果：False
a>b or b>c 的结果：Ture
a>b or not b<c 的结果：True
not a>b or not b<c 的结果：True
```

2.4.5　字符串运算符和表达式

1. 字符串运算符和表达式

在 Python 中同样提供了对字符串进行相关处理的操作,常用的字符串运算符及表达式见表 2-6。假设变量 a 为字符串 python,变量 b 为字符串 easy。

表 2-6　常用的字符串运算符及表达式

运算符	说　　明	实　　例
+	字符串连接	a+b,输出结果为 pythoneasy
*	重复输出字符串	a*2,输出结果为 pythonpython
[]	通过索引获取字符串中的字符,索引从 0 开始	a[1],输出结果为 y
[:]	截取字符串中的一部分	a[1:6],输出结果为 ython
in	成员运算符:如果字符串中包含给定的字符则返回 True	'n' in a,输出结果为 True
not in	成员运算符:如果字符串中不包含给定的字符则返回 True	'm'not in a,输出结果为 True
r 或 R	原始字符串:所有的字符串都是直接按照字面的意思来使用,没有转义字符、特殊字符或不能打印的字符。原始字符串字符的第一个引号前加字母 r 或 R	print (r'\n') print (R'\n')
%	格式字符串	print("%d+%d=%d" %(2,3,5))

【例 2-4】　字符串运算符举例。打开 Python 编辑器,输入如下代码,保存为 2-4.py,并调试运行。

```
a="python"
b="easy"
print("a+b 输出结果:",a+b)
print("a*2 输出结果:",a*2)
print("a[1]输出结果:",a[1])
print("a[1:6]输出结果:",a[1:6])
print("n 在变量 a 中:","n" in a)
print("m 不在变量 a 中:","m" not in a)
print(r"\n")
```

输出结果为

```
a+ b 输出结果:Pythoneasy
a* 2 输出结果:Pythonpython
a[1]输出结果:y
a[1:6]输出结果:ython
n 在变量 a 中:True
m 不在变量 a 中:True
\n
```

2. 字符串的格式化

编写程序的过程中,经常需要进行格式化输出,Python 中提供了字符串格式化操作符%,类似 C 语言中的 printf()函数的字符串格式化(C 语言中也使用%)。格式化字符串时,Python 使用一个字符串作为模板。模板中有格式符,这些格式符为真实数值预留位置,并说明真实数值应该呈现的格式。Python 用一个元组(tuple)将多个值传递给模板,每个值对应一个格式符。例如:

```
>>>print("I'm %s.I'm %d years old"%('student',20))
I'm student.I'm 20 years old
```

上面的例子中,"I'm %s. I'm %d years old"为模板。%s 为第一个格式符,表示一个字符串;%d 为第二个格式符,表示一个整数;('student',20)的两个元素'student'和 20 分别替换%s 和%d 的真实值。在模板和元组之间,有一个%号分隔,代表格式化操作。

Python 中格式符可以包含的类型见表 2-7。

表 2-7　格式符类型

格式符	说　　明
%c	转换成字符(ASCII 码值,或者长度为 1 的字符串)
%r	优先用 repr()函数进行字符转换,repr()函数将对象转换为供解释器读取的字符形式
%s	优先用 str()函数进行字符串转换
%d 或 %i	转成有符号十进制数
%u	转成无符号十进制数
%o	转成无符号八进制数
%x 或 %X	转成无符号十六进制数(x 或 X 代表转换后的十六进制字符的大小写)
%e 或 %E	转成科学计数法(e 或 E 控制输出 e 或 E)
%f 或 %F	转成浮点数(小数部分自然截断)
%g 或 %G	%e 和%f 或 %E 和%F 的简写
%%	输出%(格式字符串里面包括百分号,必须使用%%)

通过%可以进行字符串格式化,通常%会结合表 2-8 所示的辅助符一起使用。

表 2-8　格式化操作辅助符

辅助符	说　　明
*	定义宽度或者小数点精度
—	左对齐
+	在正数前面显示加号(+)
#	在八进制数前面显示零(0),在十六进制数前面显示 0x 或者 0X(取决于用的是 x 还是 X)
0	显示的数字前面填充 0,而不是默认的空格
(var)	映射变量(通常用来处理字段类型的参数)
m. n	m 是显示的最小总宽度,n 是小数点后的位数

【例 2-5】　字符串的格式化操作举例。打开 Python 编辑器,输入如下代码,保存为 2-5. py,并调试运行。

```
a=50
print("%d to hex is%x"%(a,a))
print("%d to hex is%X"%(a,a))
print("%d to hex is%#x"%(a,a))
```

```
print("%d to hex is%#X"%(a,a))
f=3.1415926
print("value of f is%.4f"%f)
students=[{"name":"susan","age":19},{"name":"zhaosi","age":20},{"name":
"wangwu","age":21}]
print("name:%10s,age:%10d"%(students[0]["name"],students[0]["age"]))
print("name:%-10s,age:%-10d"%(students[1]["name"],students[1]["age"]))
print("name:%*s,age:%0*d"%(10,students[2]["name"],10,students[2]["age"]))
```

输出结果为

```
50 to hex is 32
50 to hex is 32
50 to hex is 0x32
50 to hex is 0X32
value of f is 3.1416
name:    susan,age:        19
name:zhaosi    ,age:20
name:    wangwu,age:0000000021
```

2.4.6 位运算符和表达式

位运算符是把数字看作二进制进行计算,Python 中的位运算符及表达式见表 2-9。

表 2-9 位运算符及表达式

运算符	说　明	实　　例
&	按位与	x&y,两个操作数 x、y 按相同位置进行与操作,两个位置都是 1 时,其结果为 1,否则为 0
|	按位或	x|y,两个操作数 x、y 按相同位置进行或操作,只要有一个位置是 1 时,其结果为 1,否则为 0
^	按位异或	x^y,两个操作数 x、y 按相同位置进行异或操作,两个位置的数相同时,其结果为 0,否则为 1
~	按位取反	~x,操作数 x 的二进制位中,1 取反为 0,0 取反为 1,符号位也参与操作
<<	按位左移	x<<y,两个操作数 x、y,将 x 按二进制形式向左移动 y 位,末尾补 0,符号位保持不变。向左移动一位等同于乘以 2
>>	按位右移	x>>y,两个操作数 x、y,将 x 按二进制形式向右移动 y 位,符号位保持不变。向右移动一位等同于除以 2

例如:

```
a=00101111              #十进数是 47
b=00010101              #十进数是 21
a&b=00000101            #十进数是 5
a|b=00111111            #十进数是 63
a^b=00111010            #十进数是 58
~a=10110000             #十进数是-48
a>>2=00001011           #十进数是 11
a<<2=10111100           #十进数是 188
```

说明：按位取反（～），对于正数的取反计算过程是先计算出该数的补码（正数的补码与原码相同），其次对补码按位取反，最后再将其按位取反（最高位符号位不取反），然后末位加1。例如，～9 的二进制为 00001001，其补码为 00001001，补码按位取反为 11110110，再进行按位取反为 10001001（符号位不变），最后末位加 1 为 10001010，转换为十进制为－10。

按位取反（～），对于负数的取反计算过程是先计算出该数的补码（负数的补码除符号位不变，其余数据位取反末位加1），最后对补码按位取反（包括符号位也要取反）。例如，～－9 的二进制为 10001001，其补码为 11110111（符号位不变），补码按位取反为 00001000（符号位也要取），转换为十进制为 8。

2.4.7　运算符的优先级

每一种运算符都有一定的优先级，用来决定它在表达式中的运算顺序。表 2-10 列出了各类运算符的优先级，运算符优先级依次从高到低排序。如果表达式中包含括号，Python 会首先计算括号内的表达式，然后将结果用在整个表达式中。例如，计算表达式 a＋b＊(c－d)/e 时，运算符的运算顺序依次为()、＊、/、＋。

表 2-10　各类运算符的优先级

运算符说明	Python 运算符	优 先 级	结 合 性
圆括号	( )	19(最高)	无
索引运算符	x[i] 或 x[i1: i2 [:i3]]	18	自左至右
属性访问	x. attribute	17	自左至右
幂方	＊＊	16	自右至左
按位取反	～	15	自右至左
符号运算符	＋(正号)、－(负号)	14	自右至左
乘、除、取整、取余	＊、/、//、%	13	自左至右
加、减	＋、－	12	自左至右
按位右移、按位左移	>>、<<	11	自左至右
按位与	&	10	自右至左
按位异或	^	9	自左至右
按位或	|	8	自左至右
等于、不等于、大于、大于等于、小于、小于等于	==、!=、>、>=、<、<=	7	自左至右
is 运算符	is、is not	6	自左至右
in 运算符	in、not in	5	自左至右
逻辑非	not	4	自右至左
逻辑与	and	3	自左至右
逻辑或	or	2	自左至右
逗号运算符	exp1、exp2	1(最低)	自左至右

【例 2-6】　运算符优先级举例。打开 Python 编辑器，输入如下代码，保存为 2-6.py，并调试运行。

```
a=10
b=15
```

```
c=20
d=5
e=0
e=(a+b) * c/d
print("(a+b) * c/d运算结果为：",e)
e=((a+b) * c)/d
print("((a+b) * c)/d运算结果为：",e)
e=(a+b) * (c/d)
print("(a+b) * (c/d)运算结果为：",e)
e=a+(b * c)/d
print("a+(b * c)/d运算结果为：",e)
```

输出结果为

```
(a+b) * c/d运算结果为：100.0
((a+b) * c)/d运算结果为：100.0
(a+b) * (c/d)运算结果为：100.0
a+(b * c)/d运算结果为：70.0
```

2.5 Python 常用函数

1. 数据类型转换函数

程序在编写过程中时常需要对数据类型进行转换。Python 中常用的数据类型转换函数见表 2-11。

表 2-11 数据类型转换函数

函 数 名	说 明
int(x[,base])	将字符串常量或变量 x 转换为整数,参数 base 为可选参数
float(x)	将字符串常量或变量 x 转换为浮点数
eval(str)	计算在字符串中有效的 Python 表达式,并返回一个对象
str(x)	将数值 x 转换为字符串
repr(obj)	将对象 obj 转换为可输出的字符串
chr(整数)	将一个整数转换为对应的 ASCII 码字符
ord(字符)	将一个字符转换为对应的 ASCII 码
hex(x)	将一个整数转换成一个十六进制字符串
oct(x)	将一个整数转换成一个八进制字符串
tuple(s)	将序列 s 转换成一个元组
list(s)	将序列 s 转换成一个列表
set(s)	将序列 s 转换成可变集合
dict(d)	创建一个字典,d 必须是一个序列(key,value)元组

例如：

```
>>>int(3.6)
3
>>>int('12',16)                    # 如果带参数 base,12 要以字符串的形式进行输入,16 为十六进制
18
>>>float(112)
112.0
>>>x=7
>>>eval('3 * x')
21
>>>s=10
>>>str(s)
'10'
>>>dict={'runoob':'runoob.com','google':'google.com'}     # 字典
>>>repr(dict)
"{'runoob': 'runoob.com', 'google': 'google.com'}"
>>>print(chr(0x30),chr(48))           # 第一个数是十六进制,第二个数是十进制
0 0
>>>ord('a')
97
>>>hex(255)
'0xff'
>>>oct(10)
'0O12'
>>>tuple([1,2,3,4])
(1,2,3,4)
>>>tuple({1:2,3:4})                  # 针对字典,返回的是字典的 key 组成的 tuple
(1,3)
>>>atuple=(123,'xyz','abc')
>>>alist=list(atuple)
>>>print(alist)
[123,'xyz','abc']
>>>x=set('google')
>>>y=set('python')
>>>x,y
({'e','o','g','l'},{'n','o','y','t','p','h'})           # 重复的元素被删除
>>>dict(a='a',b='b',c='c')
{'a':'a','b':'b','c':'c'}
```

2. 常用的数学函数

Python 中的 math 模块提供了基本的数学函数。使用时首先要用 import math 语句将 math 模块导入。math 模块中常用的数学函数见表 2-12。

表 2-12　math 模块中常用的数学函数

函数名	说　　明	函数名	说　　明
abs(x)	返回整型数字的绝对值,abs()函数使用时不需要导入 math 模块	fabs(x)	返回浮点型数字的绝对值
exp(x)	返回 e 的 x 次幂	pow(x,y)	求 x 的 y 次幂,pow()函数使用时不需要导入 math 模块
log10(x)	返回以 10 为底的 x 的对数	sqrt(x)	求 x 的平方根
floor(x)	求不大于 x 的最大整数	ceil(x)	求不小于 x 的最小整数
sin(x)	求 x 的正弦	cos(x)	求 x 的余弦
asin(x)	求 x 的反正弦	acos(x)	求 x 的反余弦
tan(x)	求 x 的正切	atan(x)	求 x 的反正切
fmod(x,y)	求 x/y 的余数		

例如:

```
>>>abs(-100.1)
100.1
>>>pow(2,5)
32
>>>import math                          #导入 math 模块
>>>math.fabs(-100.1)
100.1
>>>math.exp(2)
7.38905609893065
>>>math.log10(2)
0.3010299956639812
>>>math.sqrt(4)
2.0
>>>math.floor(-100.1)
-101
>>>math.ceil(-100.1)
-100
>>>math.sin(3)
0.1411200080598672
>>>math.cos(3)
-0.9899924966004454
>>>math.asin(-1) #参数必须是-1~1 的数值。如果参数值大于 1,会产生一个错误
-1.5707963267948966
>>>math.acos(-1) #参数必须是-1~1 的数值。如果参数值大于 1,会产生一个错误
3.141592653589793
>>>math.tan(3)
-0.1425465430742778
>>>math.atan(3)
1.2490457723982544
>>>math.fmod(-10,3)
-1.0
```

3. 常用的字符串处理函数

Python 提供了常用的字符串处理函数,见表 2-13。

表 2-13　字符串处理函数

函 数 名	说　明
string. capitalize()	把字符串的第一个字符变为大写
string. center(width)	返回一个原字符串居中,并使用空格填充至长度 width 的新字符串
string. count(str,beg=0,end=len(string))	返回 str 在 string 中出现的次数,如果 beg 或者 end 指定,则返回指定范围内 str 出现的次数
string. endswith(obj,beg=0,end=len(string))	检查字符串是否以 obj 结束,如果由 beg 或者 end 指定了范围,则检查指定范围内是否以 obj 结束,如果是,返回 True,否则返回 False
string. find(str,beg=0,end=len(string))	检测 str 是否包含在 string 中,如果由 beg 或者 end 指定了范围,则检查是否包含在指定范围内,如果是,返回开始的索引值,否则返回−1
string. format()	格式化字符串
string. isalnum()	如果 string 至少有一个字符,并且所有这些字符都是字母或数字,则返回 True,否则返回 False
string. isalpha()	如果 string 至少有一个字符,并且所有这些字符都是字母,则返回 True,否则返回 False
string. isdecimal()	如果 string 只包含十进制数字则返回 True,否则返回 False
string. isdigit()	如果 string 只包含数字则返回 True,否则返回 False
string. isnumeric()	如果 string 只包含数字字符则返回 True,否则返回 False
string. islower()	如果 string 中包含至少一个区分大小写的字符,并且所有这些(区分大小写的)字符都是小写,则返回 True,否则返回 False
string. isupper()	如果 string 中包含至少一个区分大小写的字符,并且所有这些(区分大小写的)字符都是大写,则返回 True,否则返回 False
string. lower()	转换 string 中所有大写字符为小写
string. upper()	转换 string 中所有小写字符为大写
string. title()	返回"标题化"的 string,即所有单词都是以大写开始,其余字母均为小写
string. istitle()	如果 string 是标题化的,则返回 True,否则返回 False
string. lstrip()	删除 string 左边的空格
string. rstrip()	删除 string 字符串末尾的空格
string. replace(str1,str2,num=string.count(str1))	把 string 中的 str1 替换成 str2,如果 num 指定,则替换次数不超过 num 次
string. split(str="",num=string.count(str))	以 str 为分隔符切片 string,如果 num 有指定值,则仅分隔 num 个子字符串,返回列表对象
string. splitlines([keepends])	按照行('\r','\r\n','\n')分隔,返回一个包含各行作为元素的列表,如果参数 keepends 为 False,不包含换行符,如果为 True,则保留换行符
string. decode(encoding='UTF-8',errors='strict')	以 encoding 指定的编码格式解码 string,如果出错,则默认报一个 ValueError 的异常
string. join(sequence)	用于将序列中的元素以指定的字符连接生成一个新的字符串,sequence 表示要连接的元素序列

例如：

```
>>>string="python is easy"
>>>string.capitalize()
'Python is easy'
>>>string.center(20,'*')
'***python is easy***'
>>>string.count("s")
2
>>>str="is"
>>>string.endswith(str,2,9)
True
>>>string.find(str,2)
7
>>>string2="python3"
>>>string2.isalnum()
True
>>>string.isalnum()
False
>>>string3="python"
>>>string3.isalpha()
True
>>>string.isalpha()
False
>>>string.isdecimal()
False
>>>string.isdigit()
False
>>>string.isnumeric()
False
>>>string.islower()
True
>>>string.isupper()
False
>>>string.lower()
'python is easy'
>>>string.upper()
'PYTHON IS EASY'
>>>string.title()
'Python Is Easy'
>>>string.istitle()
False
>>>string.replace("python","JS")
'JS is easy'
>>>string.split(" ")
['python','is','easy']
>>>string.split(" ",1)
['python','is easy']
>>>string4='ab c\n\nde fg\rkl\r\n'
>>>string4.splitlines()
['ab c','','de fg','kl']
```

```
>>>string4.splitlines(True)
['ab c\n','\n','de fg\r','kl\r\n']
>>>"{} {}".format("hello","python")          #不设置指定位置,按默认顺序
'hello python'
>>>"{1} {0} {1}".format("hello","python")   #设置指定位置
'python hello python'
>>>"n:{book},a:{url}".format(book="python",url="www.baidu.com")
'n:python,a:www.baidu.com'
>>>print("{:.2f}".format(3.1415926))
3.14
>>>string5=["1","0","0"]
>>>"".join(string5)
'100'
```

4. 常用的输入/输出函数

(1) input()函数。input()函数接收一个标准输入数据,返回值为 string 类型。语法格式为

```
input([prompt])
```

其中,prompt 表示提示信息。

例如:

```
>>>text=input("请输入内容:")
请输入内容: 你好
>>>text
'你好'
```

(2) print()函数。print()函数用于显示输出。语法格式为

```
print(*objects,sep=' ',end='\n',file=sys.stdout)
```

其中,objects 是复数,表示可以一次输出多个对象,输出多个对象时,需要用“,”分隔;sep 用来分隔多个对象,默认值是一个空格;end 用来设定以什么结束,默认值是换行符\n,也可以换成其他字符串;file 是要写入的文件对象,默认为计算机屏幕。

例如:

```
>>>print(1)
1
>>>print("hello python")
hello python
>>>a=1
>>>b='python'
>>>print(a,b)
1 python
>>>print("aa""bb")
aabb
>>>print("aa","bb")
aa bb
>>>print("www","baidu","com",sep=".")
www.baidu.com
```

2.6 任务实现

任务1 输出显示"Hello World!"。

(1) 在开始菜单的搜索栏中输入 cmd,按 Enter 键,然后输入 python,进入如图 2-1 所示运行界面。

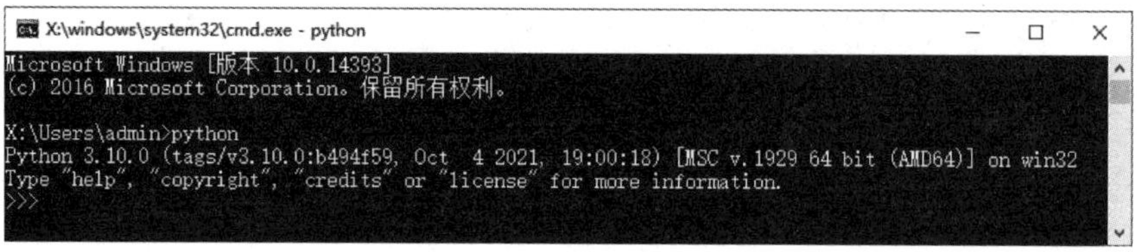

图 2-1 运行界面

(2) 在上述界面中输入代码:print("Hello World!"),按 Enter 键。运行结果如图 2-2 所示。

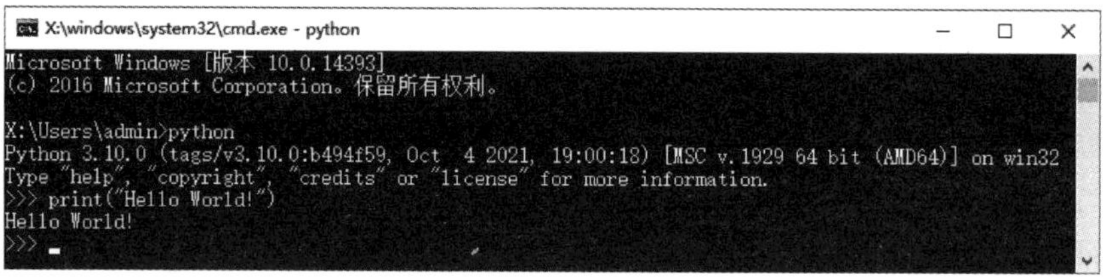

图 2-2 运行结果

任务2 汇率兑换。输入一定数额的人民币,根据相应汇率,自动算出能够兑换的美元金额。打开 Python 编辑器,输入如下代码,保存为 task2-2.py,并调试运行。

```
usb_vb_rmb=6.7                          #汇率
rmb=float(input("请输入人民币金额:"))
usb=rmb/usb_vb_rmb
print("美元金额:",usb)
```

运行结果为

```
请输入人民币金额:100
美元金额:14.925373134328359
```

任务3 根据用户输入的内容输出相应的结果。打开 Python 编辑器,输入如下代码,保存为 task2-3.py,并调试运行。

```
name=input("请输入您的姓名:")
sex=input("请输入您的性别:")
age=input("请输入您的年龄:")
print("您的姓名是{},性别{},年龄{}岁".format(name,sex,age))
```

运行结果为

```
请输入您的姓名:小丽
```

请输入您的性别：女
请输入您的年龄：20
您的姓名是小丽,性别女,年龄 20 岁

任务 4 输入一个三位正整数,求各位数的立方之和。打开 Python 编辑器,输入如下代码,保存为 task2-4.py,并调试运行。

```python
n=int(input("请输入一个三位的正整数："))
a=n//100
b=n//10%10
c=n%10
sum=a**3+b**3+c**3
print("各位数的立方之和是：",sum)
```

运行结果为

请输入一个三位的正整数：123
各位数的立方之和是：36

2.7 习　　题

1. 填空题

(1) 一元二次方程 $ax^2+bx+c=0$ 有实根的条件是：$a\neq0$,并且 $b^2-4ac\geqslant0$。表示该条件的表达式是_____。

(2) 设 A=3.5,B=5.0,C=2.5,D=True,则表达式 A>0 and A+C>B+3 or not D 值为_____。

课后习题答案 2

(3) 格式化输出浮点数：宽度 10,2 位小数,左对齐,则格式串为_____。

(4) Python 的数据类型有：_____、_____、_____、_____、_____、_____。

(5) 将数字字符串 x 转换为浮点数的代码是_____。

(6) 假设有一个变量 example,判断它的类型的语句是_____。

(7) 将字符串"example"中的字母 a 替换为字母 b 的语句是_____。

(8) 代码 print(type([1,2]))的输出结果为_____。

(9) 用作 Python 的多行注释的标记是_____。

(10) 变量 a 的值为字符串类型"2",将它转换为整型的语句是_____。

(11) print('%.2f'%123.444)的输出结果是_____。

(12) 3*1**3 表达式的输出结果为_____。

(13) 9//2 表达式的输出结果为_____。

(14) 计算 $2^{30}-1$ 的 Python 表达式为_____。

(15) 表达式 1/4+2.25 的值是_____。

2. 选择题

(1) 按变量名的定义规则,下面(　　)是不合法的变量名。

A. def   B. Mark_2   C. tempVal   D. Cmd

(2) 表达式 int(8 * math. sqrt(36) * 10 ** (−2) * 10+0.5)/10 的值是(   )。

A. 0.48   B. 0.048   C. 0.5   D. 0.05

(3) 表达式"123"+"100"的值是(   )。

A. 223   B. '123+100'   C. '123100'   D. 123100

(4) 表示"身高 H 超过 1.7 米(包括 1.7 米)且体重 W 小于 62.5(包括 62.5 千克)"的逻辑表达式为(   )。

A. H>=1.7 and W<=62.5   B. H<=1.7 or W>=62.5

C. H>1.7 and W<62.5   D. H>1.7 or W<62.5

(5) 下列(   )语句在 Python 中是非法的。

A. x=y=z=1   B. x=(y=z+1)

C. x,y=y,x   D. x+=y

(6) 关于 Python 内存管理,下列说法错误的是(   )。

A. 变量不必事先声明   B. 变量无须先创建和赋值即可直接使用

C. 变量无须指定类型   D. 可以使用 del 释放资源

(7) Python 不支持的数据类型有(   )。

A. char   B. int   C. float   D. list

(8) Python 中关于字符串下列说法错误的是(   )。

A. 字符应该视为长度为 1 的字符串

B. 字符串以\0 标志字符串的结束

C. 既可以用单引号,也可以用双引号创建字符串

D. 在三引号字符串中可以包含换行、回车等特殊字符

(9) Python 表达式中,可以使用(   )控制运算的优先顺序。

A. 圆括号()   B. 方括号[]   C. 花括号{}   D. 尖括号<>

(10) 数学关系式 2<x≤10 的 Python 表达式为(   )。

A. 2<x>=10   B. 2<x and x<=10

C. 2<x && x<=10   D. x>2 or x<=10

3. 编程题

(1) 输入两个正整数,分别输出这两个数的和、差、积。

(2) 分别输入三个字符串"http://www"、"baidu"、"com",输出为 http://www.baidu.com。

(3) 输入圆的半径,输出该圆的面积和周长。

(4) 把 570 分钟换算成用小时和分钟表示,然后进行输出。

(5) 输入三个实数,求它们的平均值并保留此平均值小数点后一位数,对小数点后第二位数进行四舍五入,最后输出结果。

## 第 3 章

Python 序列结构

数据结构(data structure)是相互之间存在一种或多种特定关系的数据元素的集合,这些数据元素可以是数字或字符,也可以是其他类型的数据结构。

Python 中常见的数据结构可以统称为容器(container)。序列(如列表和元组)、映射(如字典)以及集合(set)是主要的三类容器。

在 Python 语言中,序列(sequence)是最基本的数据结构。序列中,给每一个元素分配一个序列号(即元素的位置),该位置称为索引。Python 中包含 6 种内建序列,即列表、元组、字符串、Unicode 字符串、buffer 对象和 xrange 对象。本书介绍最常用的两种:列表与元组。

3.1 列　　表

列表(list)是 Python 语言中最通用的序列数据结构之一。列表是一个没有固定长度、用来表示任意类型对象、位置相关的有序集合。列表的数据项不需要具有相同的类型,常用的列表操作主要包括索引、分片、连接、乘法和检查成员等。列表中的每个元素都分配一个数字——它的位置(索引),第一个索引是 0,第二个索引是 1,依次类推。

3.1.1 列表的基本操作

1. 创建列表

创建一个列表,只要把用逗号分隔的不同的数据项用方括号括起来即可。例如:

```
>>>list1 =['Google', 'python', 2018, 2019]
>>>list2 =[1, 2, 3, 4, 5]
>>>list3 =["a", "b", "c", "d"]
```

2. 访问列表

可以使用下标索引来访问列表中的值,同样也可以使用方括号的形式截取字符。例如:

```
>>>list1 =['Google', 'python', 2018, 2019]
>>>list2 =[1, 2, 3, 4, 5, 6, 7 ]
>>>print ("list1[0]:", list1[0])          #输出结果为 list1[0]:Google
>>>print ("list2[1:5]:", list2[1:5])      #输出结果为 list2[1:5]:[2,3,4,5]
```

3. 列表元素赋值

列表元素的赋值主要包括列表整体赋值和列表指定位置赋值两种方法。例如：

```
>>>x=[1,2,3,4,5]
>>>x
[1,2,3,4,5]
>>>x[2]=6
>>>x
[1,2,6,4,5]
```

注意：程序设计中不能对不存在的位置进行赋值。在上例中，列表 x 内只包含 5 个元素，如果运行"x[5]=6"，则会出现"IndexError:list assignment index out of range"的错误提示，提出索引超出范围。

4. 列表元素删除

可以使用 del 语句删除列表的元素。例如：

```
>>>list =['Google', 'python', 2018, 2019]
>>>list
['Google', 'python', 2018, 2019]
>>>del list1[2]
>>>list1
['Google', 'python', 2019]
```

与列表元素赋值相似，列表元素的删除只能针对已有元素进行删除，否则也会产生索引超出范围的错误提示。

5. 列表分片赋值

分片操作可以用来访问一定范围内的元素，也可以用来提取序列的一部分内容。分片操作通过使用冒号相隔的两个索引来实现，第一个索引的元素包含在片内，第二个索引的元素不包含在片内。例如：

```
>>>list1=[1,2,3,4,5,6,7]
>>>print(list1[1:3])
[2,3]                          #输出分片结果
>>>list2= list[1:3]            #分片并赋值
>>>print(list2)
[2,3]
```

注意：在 list 偏移访问中，与 C 语言中数组类似，同样是用 list[0]表示列表第一个元素；2、3 分别是列表中第二、三个元素，索引分别是 1 和 2，由此可以看出，对于 list[x:y]的切片段为序号 x 到 y−1 的内容。

6. 列表组合

操作符"＋"用于组合列表，它的作用是把"＋"两边的列表组合起来得到一个新的列表。例如：

```
>>>list1=[1,2,3]
>>>list2=[4,5,6]
>>>list3=list1+list2
```

```
>>>print(list3)
[1,2,3,4,5,6]
```

7. 列表重复

操作符 "＊" 用于重复列表,它的作用是对列表中的元素重复指定次数。例如:

```
>>>list1=["python is easy"]
>>>list2=list1 * 4
>>>print(list2)
['python is easy', 'python is easy', 'python is easy', 'python is easy']
```

3.1.2 列表的常用方法

方法是一个与对象有着密切关联的函数,方法的调用格式为

对象.方法(参数)

列表的常用方法和函数见表 3-1。

表 3-1 列表的常用方法和函数

方法和函数	说　　明
count()	统计某元素在列表中出现的次数
append()	在列表末尾追加新的对象
extend()	在列表的末尾一次性追加另一个序列中的多个值
insert()	将对象插入列表中
pop()	移除列表中的一个元素,并返回该元素的值
remove()	用于移除列表中某个值的第一个匹配项
reverse()	将列表中的元素反向存储
sort()	对列表进行排序
index()	在列表中找出某个值第一次出现的位置
cmp()	用于比较两个列表的元素
clear()	清空列表
copy()	复制列表
len()	返回列表元素个数
max()	返回列表元素中的最大值
min()	返回列表元素中的最小值
list()	将元组转换为列表
in	判断列表是否存在指定元素

1. count()

count() 方法可以用于统计列表中某元素出现的次数。其语法格式为

对象.count(obj)

其中,obj 表示列表中统计的对象。该方法返回元素在列表中出现的次数。例如:

```
>>>list1=['h','a','p','p','y']
>>>list1.count('p')
2
```

count()方法可以统计列表中任意元素的出现次数,该元素可以是数字、字母、字符串甚至是其他列表。例如:

```
>>>list1=[[7,1],2,2,[1,7]]
>>>list1.count([7,1])
1
>>>list1.count(2)
2
```

2. append()

append()方法用于在列表末尾追加新的对象。其语法格式为

对象.append(obj)

其中,obj 表示添加到列表末尾的对象。该方法无返回值,但是会修改原来的列表。例如:

```
>>>list1=["Google","python"]
>>>list1.append("baidu")
>>>list1
['Google','python', 'baidu']
```

3. extend()

extend()方法可以在列表的末尾一次性追加一个新的序列中的值。与序列的连接操作不同,使用该方法修改了被扩展的序列,而连接只是返回一个新的序列。其语法格式为

对象.extend(seq)

其中,seq 表示元素列表,它可以是列表、元组、集合、字典,若为字典,仅会将键(key)作为元素依次添加至原列表的末尾。该方法没有返回值,但会在已存在的列表中添加新的列表内容。例如:

```
>>>list1=['a','b','c']
>>>list2=['d','e']
>>>list1.extend(list2)
>>>list1
['a','b','c','d','e']
>>>list3=['a','b','c']
>>>list4=['d','e']
>>>list3+list4                              #使用连接,返回新的序列
['a','b','c','d','e']
>>>list3
['a','b','c']
```

4. insert()

insert()方法可以在指定位置插入新的元素。其语法格式为

对象.insert(index,obj)

其中,index 表示对象 obj 需要插入的索引位置;obj 表示要插入列表中的对象。该方法没有返回值,但会在列表指定位置插入对象。例如:

```
>>>list1=['Google','python','baidu']
>>>list1.insert(1,'taobao')
```

```
>>>list1
['Google','taobao','python','baidu']
```

5. pop()

pop()方法用于移除列表中的一个元素(默认最后一个元素),并且返回该元素的值。其语法格式为

```
对象.pop(index)
```

其中,index 为可选参数,表示要移除列表元素的索引值不能超过列表的总长度,默认 index 的值为-1,删除最后一个列表值。该方法返回从列表中移除的元素对象。例如:

```
>>>list1=['Google','python','baidu']
>>>list1.pop(1)
'python'
>>>list1.pop()
'baidu'
```

6. remove()

remove()方法用于删除列表中某元素值的第一个匹配项。其语法格式为

```
对象.remove(obj)
```

其中,obj 表示列表中要移除的对象。该方法没有返回值,但是会移除列表中的某个值的第一个匹配项。例如:

```
>>>list1=['Google','python','baidu','taobao','python']
>>>list1.remove('baidu')
>>>list1
['Google','python','taobao','python']
>>>list1.remove('python')
>>>list1
['Google','taobao','python']
```

7. reverse()

reverse()方法可以实现列表的反向存放。其语法格式为

```
对象.reverse()
```

该方法没有返回值,但是会对列表的元素进行反向排序。例如:

```
>>>list1=['Google','python','baidu','taobao']
>>>list1.reverse()
>>>list1
['taobao','baidu','python','Google']
```

8. sort()

sort()方法用于对原列表进行排序,如果指定参数,则使用指定的比较函数进行排序。其语法格式为

```
对象.sort(key= none,reverse= False)
```

其中,key 是用来进行比较的元素,只有一个参数,具体函数的参数取自可迭代对象中,指定可迭代对象中的一个元素来进行排序;reverse 表示排序规则,如果值为 True 表示降序,值为 False 表示升序,默认为升序。该方法没有返回值,但是会对列表的对象进行排序。例如:

```
>>>list1=['Google','python','baidu','taobao']
>>>list1.sort()                              #按 ASCII 值进行比较排序
>>>list1
['Google','baidu','python','taobao']
>>>list2=['e','a','f','o','i']
>>>list2.sort(reverse=True)                  #降序排列
>>>list2
['o','i','f','e','a']
>>>list3= ['luo','lu','l']
>>>list3.sort(key= len)                       #指定长度进行升序排列
>>>list3
['l','lu','luo']
```

说明:数字、字符串按照 ASCII 值的大小进行排序,中文按照 unicode 从小到大排序。

9. index()

index()方法用于从列表中找出某个值第一个匹配项的索引位置。其语法格式为

```
对象.index(obj)
```

其中,obj 表示查找的对象。该方法返回查找对象的索引位置,如果没有找到对象则抛出异常。例如:

```
>>>list1=['Google','python','baidu','taobao']
>>>list1.index('python')
1
```

10. clear()

clear()方法用于清空列表,类似于 del a[:]。其语法格式为

```
对象.clear()
```

该方法没有返回值。例如:

```
>>>list1=['Google','python','baidu','taobao']
>>>list1.clear()
>>>list1
[]
```

11. copy()

copy()方法用于复制列表,类似于 a[:]。其语法格式为

```
对象.copy()
```

该方法返回复制后的新列表。例如:

```
>>>list1=['Google','python','baidu','taobao']
>>>list1.copy()
['Google','python','baidu','taobao']
```

12. len()

len()函数返回列表元素个数。其语法格式为

```
len(list)
```

其中,list 表示要计算元素个数的列表。例如:

```
>>>list1=['Google','python','baidu','taobao']
>>>len(list1)
4
```

13. max()

max()函数返回列表元素中的最大值。其语法格式为

```
max(list)
```

其中,list 表示要返回最大值的列表。例如:

```
>>>list1=['Google','python','baidu','taobao']
>>>max(list1)
'taobao'
>>>list2=[456,251,702]
>>>max(list2)
702
```

14. min()

min()函数返回列表元素中的最小值。其语法格式为

```
min(list)
```

其中,list 表示要返回最小值的列表。例如:

```
>>>list1=['Google','python','baidu','taobao']
>>>min(list1)
Google
>>>list2=[456,251,702]
>>>min(list2)
251
```

15. list()

list()函数用于将元组或字符串转换为列表。其语法格式为

```
list(seq)
```

其中,seq 表示要转换为列表的元组或字符串。该函数返回的是列表。例如:

```
>>>a=('Google','python','baidu',123)
>>>list1=list(a)
```

```
>>>list1
['Google','python','baidu',123]
>>>str="hello python"
>>>list2=list(str)
>>>list2
['h','e','l','l','o',' ','p','y','t','h','o','n']
```

16. in

in 操作符用于判断元素是否存在列表中,如果元素在列表里则返回 True,否则返回 False。
not in 操作符刚好相反,如果元素在列表里则返回 False,否则返回 True。其语法格式为

```
x in l
```

其中,x 表示需要判断是否存在的元素;l 表示列表。例如:

```
>>>list1=[1,2,3,4,5]
>>>1 in list1
True
>>>10 in list1
False
>>>10 not in list1
True
```

3.1.3 与列表相关的函数

1. sum()

sum()函数用于返回列表中所有元素之和,列表中的元素必须为数值。

```
>>>sum([1,2,3])
6
```

2. zip()

zip()函数用于将多个列表中元素重新组合为元组,并返回包含这些元组的 zip 对象。

```
>>>list1=["a","b","c"]
>>>list2=[1,2,3]
>>>list3=zip(list1,list2)
>>>type(list3)
<class 'zip'>
>>>list(list3)                          #将 zip 对象转换成列表
[('a', 1), ('b', 2), ('c', 3)]
```

3. enumerate()

enumerate()函数用于返回包含若干下标和元素的迭代对象。

```
>>>list1=["a","b","c","d","e"]
>>>list2=enumerate(list1)
>>>type(list2)
<class 'enumerate'>
```

```
>>>list(list2)                              #将 enumerate 对象转换成列表
[(0, 'a'), (1, 'b'), (2, 'c'), (3, 'd'), (4, 'e')]
```

3.1.4　列表推导式

列表推导式又称列表解析式,是 Python 的一种独有特性。推导式是可以从一个数据序列构建另一个新的数据序列的结构体。使用推导式可以简单高效地处理一个可迭代对象,并生成结果列表。其语法格式为

```
[expr for i₁ in 序列 1...for iₙ in 序列 N]            #迭代序列里所有内容,并计算生成列表
[expr for i₁ in 序列 1...for iₙ in 序列 N if cond_expr]  #按条件迭代,并计算生成列表
```

表达式 expr 使用每次迭代内容计算生成一个列表。如果指定了条件表达式 cond_expr,则只有满足条件的元素参与迭代。例如:

```
>>>[i ** 3 for i in range(5)]               #range()函数用于创建一个整数列表
[0,1,8,27,64]
>>>[i for i in range(10) if i%2!=0]
[1,3,5,7,9]
>>>[(a,b,a * b) for a in range(1,3) for b in range(1,3) if a>=b]
[(1,1,1),(2,1,2),(2,2,4)]
```

3.2　元　　组

序列数据结构的另一个重要类型是元组,元组元素可以存储不同类型的数据,包括字符串、数字,甚至是元组。元组与列表有两点不同:①元组定义后,它的元素就不能改变;②元组使用小括号,列表使用中括号。

3.2.1　元组的创建

元组的创建非常简单,可以直接用逗号分隔来创建一个元组。例如:

```
>>>tup1="a","b","c","d"
>>>tup1
('a','b','c','d')
```

大多数情况下,元组元素是用圆括号括起来的。例如:

```
>>>tup2=(1,2,3,4)
>>>tup2
(1,2,3,4)
```

注意:即使只创建包含一个元素的元组,也需要在创建时加上逗号分隔符。例如:

```
>>>tup3=(50)                              #tup3 是整型
>>>tup3
50
>>>tup4=(50, )                            #tup4 是元组
>>>tup4
```

```
(50,)
```

除了以上两种创建元组的方法外,还可以用 tuple()函数将一个序列作为参数,并将其转换成元组。例如:

```
>>>tup5=tuple([1,2,3,4])
>>>tup5
(1,2,3,4)
>>>tup6=tuple('python')
>>>tup6
('p','y','t','h','o','n')
```

3.2.2 元组的基本操作

元组的操作主要是元组的创建和元组元素的访问,其他操作与列表类似。

1. 元组元素的访问

与列表相似,元组可以直接通过索引来访问元组中的值。例如:

```
>>>tup1=('Google','python','baidu','taobao')
>>>tup1[1]
'python'
>>>tup2=(1,2,3,4,5,6,7,8)
>>>tup2[1:5]
(2,3,4,5)
```

2. 元组元素的排序

与列表不同,元组的内容不能发生改变,因此适用于列表的 sort()方法并不适用于元组。元组的排序只能先将元组通过 list()方法转换成列表,然后对列表进行排序,再将列表通过 tuple()方法转换成元组。例如:

```
>>>te1=('Google','python','baidu','taobao')
>>>te2=list(te1)
>>>te2.sort()
>>>te1=tuple(te2)
>>>te1
('Google','baidu','python','taobao')
```

3. 元组的修改

元组中的元素值是不允许修改的,但可以对元组进行连接组合。例如:

```
>>>tup1=(12,34,56)
>>>tup2=('abc','xyz')
>>>tup3=tup1+tup2
>>>tup3
(12,34,56,'abc','xyz')
>>>tup1[0]=100                    #修改元组元素操作是非法的
TypeError:'tuple'object does not support item assignments
```

4. 元组的删除

元组中的元素值是不允许删除的,但可以使用 del 语句删除整个元组。例如:

```
>>>tup=('Google','python',2018,2019)
>>>tup
('Google','python',2018,2019)
>>>del tup
>>>tup          #提示出错为 NameError:name 'tup' is not defined
```

3.2.3　元组与列表的区别

元组是不可改变的列表,也就是说没有函数和方法可以改变元组。但元组几乎具有列表所有的特性,除了一些会违反不变性的操作。例如:

```
>>>name=('lisi','wangwu','zhangshan')
```

现在 name 的元组不能改变,它也没有 append()、insert()这样的方法,其他获取元素的方法与列表一样,可以正常使用 name[0]和 name[1],但不能赋值成另外的元素。元组的不可改变性使代码更加安全,必要时尽量使用元组代替列表。在 3.3 节讲字典的时候会发现,字典的键是不可变的,因此元组可以用作字典的键,但列表不能。

其他序列(列表和字符串)的操作都可用于元组,除了那些会违反不变性的操作,比如同时适用于列表与元组的＋、＊、in、for、len、max 以及 min 等。

没有任何操作能更改元组,如 append()、extend()、insert()、remove()、pop()、reverse()和 sort()等都不能用于元组。例如:

```
>>>a=(1,2,3)
>>>a+a
(1,2,3,1,2,3)
>>>a＊3
(1,2,3,1,2,3,1,2,3)
>>>a[1]
2
>>>0 in a
False
>>>1 in a
True
>>>len(a)
3
>>>max(a)
3
>>>min(a)
1
>>>[i for i in a]
[1,2,3]
```

3.3　字　　典

在 Python 的数据结构类型中,除了序列数据结构还有一种非常重要的数据结构——映射(map)。其中,字典结构是 Python 中唯一内建的映射类型。与序列数据结构最大的不同是字典结构中每个字典元素都有键(key)和值(value)两个属性,字典的每个键值对(key=>value)用冒号":"分隔,每个键值对之间用逗号","分隔,整个字典包括在大括号"{}"中,格式如下:

```
d={key1:value1,key2:value2}
```

每个字典元素的键必须是唯一的,但值则不必唯一。值可以取任何数据类型,但键必须是不可变的,如字符串、数字或元组。

字典可以通过顺序阅读实现对字典元素的遍历,也可以通过某个字典元素的键进行搜索,从而找到该字典元素对应的值。

字典的基本操作与序列在很多方面相似,主要方法和函数见表 3-2。

表 3-2　字典的主要方法和函数

方法和函数	说　　明
dict()	通过映射或序列对建立字典
fromkeys()	使用指定的键建立新的字典,每个键对应的值默认为 None
clear()	清除字典中的所有项
pop()	删除指定的字典元素
in	判断字典是否存在指定元素
get()	根据指定键返回对应的值,如果键不存在,则返回 None
values()	以列表的形式返回字典中的值
update()	将两个字典合并
copy()	实现字典的复制,返回一个具有相同键值的新字典

1. dict()

dict()方法可以利用其他映射或者序列对建立新的字典。例如:

```
>>>te1=[('name','wangwu'),('age',21)]
>>>te2=dict(te1)
>>>te2
{'name':'wangwu','age':21}
>>>te2['age']
21
```

2. fromkeys()

fromkeys()方法用于创建一个新字典,以序列中的元素作为字典的键,value 为字典所有键对应的初始值。例如:

```
>>>te1=('name','age')
>>>te2=dict.fromkeys(te1)        #将 te1 元组中的元素作为键,即 name 和 age 为键
>>>te2
{'name':None,'age':None}
>>>te2=dict.fromkeys(te1,10)     #将 te1 元组中的元素作为键,10 为键对应的值,即 name 和
                                 #age 键所对应的值为 10
>>>te2
{'name':10,'age':10}
```

3. clear()

clear()方法用于清除字典中的所有字典元素,无返回值。例如:

```
>>>te={}
>>>te['name']='wangwu'
>>>te['age']=21
>>>te
{'name':'wnagwu','age':21}
>>>tereturn=te.clear()
>>>te
{}
>>>print(tereturn)
None
```

4. pop()

pop()方法用于删除字典给定键 key 所对应的值,返回值为被删除的值。例如:

```
>>>te={'name':'wangwu','age':21}
>>>te.pop('age')
21
>>>te
{'name':'wangwu'}
```

5. in

in 操作符用于判断键是否存在于字典中,如果键在字典里则返回 True,否则返回 False。not in 操作符刚好相反,如果键在字典里则返回 False,否则返回 True。例如:

```
>>>te={'name':'wangwu','age':21}
>>>'name' in te
True
>>>'sex' in te
False
>>>'age' not in te
False
```

6. get()

如果直接访问字典中不存在的元素,会提示 keyError 错误,因此可以利用 get()方法获取元素值,当字典中不存在该元素时会返回 None。例如:

```
>>>te={'name':'wangwu','age':21}
>>>te.get('name')
'wangwu'
>>>te['sex']
Traceback (most recent call last):
  File "<stdin>",line 1,in <module>
KeyError:'sex'
>>>print(te.get('sex'))
None
>>>te['name']
'wangwu'
```

```
>>>print(te.get('name'))
wangwu
```

7．values()

values()方法以列表的形式返回字典中的值，与返回值的序列不同的是，返回值的列表中可以包含重复的元素。例如：

```
>>>te={}
>>>te[1]='Google'
>>>te[2]='python'
>>>te[3]='baidu'
>>>te[4]='taobao'
>>>te[5]='taobao'
>>>te.values()
Dict_values(['Google','python','baidu','taobao','taobao'])
>>>list(te.values())
['Google','python','baidu','taobao','taobao']
```

8．update()

update()方法可以将两个字典合并，得到新的字典。例如：

```
>>>te1={'name':'wangwu','age':21}
>>>te2={'class':'first'}
>>>te1.update(te2)
>>>te1
{'name':'wangwu','age':21,'class':'first'}
```

注意：当两个字典中有相同键时会进行覆盖。例如：

```
>>>te1={'name':'wangwu','age':21}
>>>te2={'name':'lisi','class':'first'}
>>>te1.update(te2)
>>>te1
{'name':'lisi','age':21,'class':'first'}
```

9．copy()

copy()方法返回一个字典的浅复制。例如：

```
>>>te1={'name':'wangwu','age':21,'class':'first'}
>>>te2=te1.copy()
>>>te2
{'name':'wangwu','age':21,'class':'first'}
```

直接赋值与 copy 的区别，用以下的实例来说明。

```
te1={'name':'wangwu','num':[1,2,3]}
te2=te1                #浅复制：引用对象
te3=te1.copy()         #浅复制：深复制父对象(一级目录)，子对象(二级目录)不复制，还是引用
te1['name']='lisi'
te1['num'].remove(1)
print(te1)             #输出结果：{'name':'lisi','num':[2,3]}
```

```
print(te2)          #输出结果：{'name':'lisi','num':[2,3]}
print(te3)          #输出结果：{'name':'wangwu','num':[2,3]}
```

在以上实例中 te2 其实是 te1 的引用（别名），所以输出结果都是一致的，te3 父对象进行了深复制，不会随 te1 修改而修改，子对象是浅复制，所以随 te1 的修改而修改。

3.4　集　　合

与前面介绍的两种数据结构不同，集合（set）对象由一组无序元素组成，分为可变集合（set）和不可变集合（frozenset）。不可变集合是可哈希（预映射）的，可以当作字典的键。

3.4.1　集合的基本操作

集合的主要方法和函数见表 3-3。

表 3-3　集合的主要方法和函数

操　　作	说　　明
set()	创建一个可变集合
add()	在集合中添加元素
update()	将另一个集合中的元素添加到指定集合中
remove()	移除指定元素
discard()	删除集合中指定的元素
pop()	随机移除元素
clear()	清除集合中的所有元素
len()	计算集合元素个数
in	判断元素是否在集合中存在

1. set()

set()方法可以创建一个可变集合。如果要创建一个可哈希的不可变集合就要采用 frozenset()方法。例如：

```
>>>a=set('python')
>>>type(a)
<class 'set'>
>>>a
{'o','h','p','t','n','y'}
>>>b=frozenset('python')
>>>type(b)
<class 'frozenset'>
>>>b
Frozenset({'o','h','p','t','n','y'})
```

除了可以用 set()来创建集合外，还可以使用{}来创建集合，但是，创建一个空集合必须用 set()而不是{}，因为{}是用来创建一个空字典的。

2. add()

add()方法用于给集合添加元素，如果添加的元素在集合中已经存在，则不执行任何操

作。其语法格式为

```
对象.add(elmnt)
```

其中,elmnt 表示要添加的元素。例如:

```
>>>a={'c++','java','php'}
>>>a.add('python')
>>>a
{'java','python','c++','php'}
```

3. update()

update()方法用于修改当前集合,可以添加新的元素或集合到当前集合,如果新添加的元素在集合中已经存在,则该元素只会出现一次,重复的会忽略。其语法格式为

```
对象.update(set)
```

其中,set 可以是元素或集合。例如:

```
>>>x={'c++','java','python'}
>>>y={'python','php','VB'}
>>>x.update(y)
>>>x
{'c++','VB','java','php','python'}
```

4. remove()

remove()方法用于移除集合中的指定元素。其语法格式为

```
对象.remove(item)
```

其中,item 表示要移除的元素。该方法没有返回值。例如:

```
>>>x={'c++','java','python'}
>>>x.remove('python')
>>>x
{'java','c++'}
```

5. discard()

discard()方法用于移除指定的集合元素。该方法不同于 remove()方法,因为 remove()方法在移除一个不存在的元素时会发生错误,而 discard()方法不会。其语法格式为

```
对象.discard(value)
```

其中,value 表示要移除的元素。该方法没有返回值。例如:

```
>>>x={'c++','java','python'}
>>>x.discard('php')
>>>x
{'java','python','c++'}
>>>x.discard('python')
>>>x
```

```
{'java','c++'}
>>>x.remove('python')
Traceback (most recent call last):
  File "<stdin>",line1,in <module>
KeyError:'python'
```

6. pop()

pop()方法用于随机移除一个元素。其语法格式为

```
对象.pop()
```

该方法返回移除的元素。例如：

```
>>>x={'c++','java','python'}
>>>x.pop()
'java'
```

多次执行测试结果都不一样。

7. clear()

clear()方法用于清除集合中的所有元素。其语法格式为

```
对象.clear()
```

例如：

```
>>>x={'c++','java','python'}
>>>x.clear()
>>>x
set()
```

8. len()

len()函数用于计算集合中元素的个数。其语法格式为

```
len(s)
```

其中，s 表示需要计算元素个数的集合。该函数返回的是集合中元素的个数。例如：

```
>>>a=set(('c++','java','python'))
>>>len(a)
3
```

9. in

in 用于判断元素是否在集合中，存在返回 True，不存在则返回 False。其语法格式为

```
x in s
```

其中，x 表示需要判断是否存在的元素；s 表示集合。例如：

```
>>>a=set(('c++','java','python'))
>>>'php' in a
False
```

```
>>>'python' in a
True
```

3.4.2 集合运算符操作

集合除了常用的方法和函数之外,还可以使用集合运算符进行操作处理,具体见表3-4。

表 3-4 集合运算符

运算符	实 例	说 明
==	A==B	如果集合 A 等于集合 B 则返回 True,否则返回 False
!=	A!=B	如果集合 A 不等于集合 B 则返回 True,否则返回 False
<	A<B	如果集合 A 是集合 B 的真子集则返回 True,否则返回 False
<=	A<=B	如果集合 A 是集合 B 的子集则返回 True,否则返回 False
>	A>B	如果集合 A 是集合 B 的真超集则返回 True,否则返回 False
>=	A>=B	如果集合 A 是集合 B 的超集则返回 True,否则返回 False
|	A|B	计算集合 A 与集合 B 的并集
&	A&B	计算集合 A 与集合 B 的交集
—	A—B	计算集合 A 与集合 B 的差集

```
>>>a=set('abracadabra')
>>>b=set('alacazam')
>>>a==b
False
>>>a!=b
True
>>>a<b
False
>>>a<=b
False
>>>a>b
False
>>>a>=b
False
>>>a|b
{'d','l','b','a','z','m','r','c'}
>>>a&b
{'a','c'}
>>>a-b
{'d','b','r'}
```

3.5 任 务 实 现

任务 1 输入一个字符串,为其每个字符的 ASCII 码形成列表并输出。打开 Python 编辑器,输入如下代码,保存为 task3-1.py,并调试运行。

```
str=input("请输入一个字符串:")
output=[ord(i) for i in str]          #ord()函数用于返回对应字符的 ASCII 码
```

```
print(output)
```

运行结果为

```
请输入一个字符串:abcde
[97, 98, 99, 100, 101]
```

任务 2　统计输入的字符串中单词的个数,单词之间用空格分隔。打开 Python 编辑器,输入如下代码,保存为 task3-2.py,并调试运行。

```
s=str(input("请输入字符串:"))
str=[i for i in s.split(' ') if i]
print(len(str))
```

运行结果为

```
请输入字符串:python is easy!
3
```

任务 3　编写程序,将列表 L=[10,11,12,13,14,15]中的偶数求平方,奇数求平方。打开 Python 编辑器,输入如下代码,保存为 task3-3.py,并调试运行。

```
L=[10,11,12,13,14,15]
new1=[i ** 2 for i in L if i%2==0]          # 遍历列表 L 中的偶数求平方
new2=[i ** 2 for i in L if i%2!=0]          # 遍历列表 L 中的奇数求平方
L_new=new1+new2                             # 重新组合 new1 和 new2 列表内容
L_new.sort()                                # 对列表内容排序
print(L_new)
```

运行结果为

```
[100, 121, 144, 169, 196, 225]
```

任务 4　将元组与列表进行相互转换并按逆序输出。打开 Python 编辑器,输入如下代码,保存为 task3-4.py,并调试运行。

```
L=[10,11,12,13,14,15]
T=(20,21,22,23,24,25)
print("这是列表 L 转换前的内容:{}\n这是元组 T 转换前的内容:{}".format(L,T))
L.reverse()                                 # 列表 L 内容逆序排列
L_new=tuple(L)                              # 列表 L 转换成元组
T_new=list(T)                               # 元组 T 转换成列表
T_new.reverse()                             # 列表 T_new 逆序排列
print("这是列表 L 转换成元组后的内容:{}\n这是元组 T 转换成列表后的内容:{}".format(L_
new, T_new))
```

运行结果为

```
这是列表 L 转换前的内容:[10, 11, 12, 13, 14, 15]
这是元组 T 转换前的内容:(20, 21, 22, 23, 24, 25)
这是列表 L 转换成元组后的内容:(15, 14, 13, 12, 11, 10)
这是元组 T 转换成列表后的内容:[25, 24, 23, 22, 21, 20]
```

任务5 某日有三只收盘价:格力电器(7.0)、中石油(6.3)和深高速(4.2),请将它们定义在一个字典变量中,然后输出其中的最高价、最低价,最后按价格降序输出。打开 Python 编辑器,输入如下代码,保存为 task3-5.py,并调试运行。

```python
prices={"格力电器":7.0,"中石油":6.3,"深高速":4.2}
zip1=zip(prices.values(),prices.keys())
L=list(zip1)
print("价格最低的:",min(L))
print("价格最高的:",max(L))
print("按价格降序:",sorted(L,reverse=True))     # sorted()返回一个排序后的列表
```

运行结果为

```
价格最低的: (4.2, '深高速')
价格最高的: (7.0, '格力电器')
按价格降序: [(7.0, '格力电器'), (6.3, '中石油'), (4.2, '深高速')]
```

说明:sort()与 sorted()的区别。sort 是在原位重新排列列表,是列表的方法,而 sorted()是产生一个新的列表,用于任何可迭代容器,sorted()不是列表的方法。

3.6 习　　题

1. 填空题

(1) Python 的序列类型包括 _____ 、_____ 、_____ 三种;_____ 是 Python 中唯一的映射类型。

(2) 设 s = 'abcdefgh',则 s[3]的值是 _____ ,s[3:5]的值是 _____ ,s[:5]的值是 _____ ,s[3:]的值是 _____ ,s[::2]的值是 _____ ,s[::-1]的值是 _____ ,s[-2:-5]的值是 _____ 。

(3) 删除字典中的所有元素使用 _____ 函数,可以将字典的内容添加到另外一个字典中使用 _____ 函数,返回包含字典中所有键的列表使用 _____ 函数,返回包含字典中的所有值的列表的函数是 _____ ,判断一个键在字典中是否存在使用 _____ 函数。

(4) 假设列表对象 x=[1,1,1],那么表达式 id(x[0])==id(x[2])的值是 _____ 。

(5) s=["seashell","gold","pink","brown","purple","tomato"] print(s[1:4:2])的输出结果是 _____ 。

(6) d={"大海":"蓝色","天空":"灰色","大地":"黑色"} print(d["大地"],d.get("大地","黄色"))的输出结果是 _____ 。

(7) 执行下面操作后,list2 的值是 _____ 。

```python
list1=[4,5,6]
list2=list1
list1[2]=3
```

(8) 下列 Python 语句的输出结果是 _____ 。

```python
x=y=[1,2];x.append(3)
```

课后习题答案3

```
print(x is y,x==y,end=' ')
z=[1,2,3]
print(x is z,x==z,y==z)
```

(9) 下面 Python 语句的输出结果是_____。

```
d1={'a':1,'b':2};d2=dict(d1);d1['a']=6
sum=d1['a']+d2['a']
print(sum)
```

(10) 下面 Python 语句的输出结果是_____。

```
d1={'a':1,'b':2};d2=d1;d1['a']=6
sum=d1['a']+d2['a']
print(sum)
```

2. 选择题

(1) 代码 L＝[1,23,"runoob",1]输出的数据类型是(　　)。

    A. List　　　　B. Dictionary　　C. Tuple　　　　D. Array

(2) 代码 a＝[1,2,3,4,5],以下输出结果正确的是(　　)。

    A. print(a[:])＝＞[1,2,3,4]　　　　B. print(a[0:])＝＞[2,3,4,5]

    C. print(a[:100])＝＞[1,2,3,4,5]　　D. print(a[-1:])＝＞[1,2]

(3) Python 中(　　)代码是正确的列表。

    A. sampleList＝{1,2,3,4,5}　　　　B. sampleList＝(1,2,3,4,5)

    C. sampleList＝/1,2,3,4,5/　　　　D. sampleList＝[1,2,3,4,5]

(4) Python 中(　　)代码是正确的元组。

    A. sampleTuple＝{1,2,3,4,5}　　　B. sampleTuple＝(1,2,3,4,5)

    C. sampleTuple＝/1,2,3,4,5/　　　D. sampleTuple＝[1,2,3,4,5]

(5) Python 中(　　)代码是正确的字典。

    A. myExample＝{'someitem'＝＞2,'otheritem'＝＞20}

    B. myExample＝{'someitem':2,'otheritem':20}

    C. myExample＝('someitem'＝＞2,'otheritem'＝＞20)

    D. myExample＝('someitem':2,'otheritem':20)

(6) a＝[1,2,3,None,(),[]]

print(len(a))

以上代码输出的结果是(　　)。

    A. syntax error　　B. 4　　　　C. 5　　　　　D. 6

(7) Python 中(　　)可输出列表中的第二个元素。

    A. print(example[2])　　　　B. echo(example[2])

    C. print(example[1])　　　　D. print(example(2))

(8) 下列说法错误的是(　　)。

    A. 除字典类型外,所有标准对象均可以用于布尔测试

    B. 空字符串的布尔值是 False

C. 空列表对象的布尔值是 False

D. 值为 0 的任何数字对象的布尔值是 False

（9）以下不能创建一个字典的语句是（　　）。

A. dict1＝{}

B. dict2＝{3:5}

C. dict3＝dict([2,3],[4,5])

D. dict4＝dict(([2,3],[4,5]))

（10）以下不能创建一个集合的语句是（　　）。

A. s1＝set()

B. s2＝set("abc")

C. s3＝(1,2,3,4)

D. s4＝frozenset((1,2,3))

3. 程序题

（1）使用列表推导式求 1～100 之间能被 3 整除的数的平方之和。

（2）将列表 L1＝[1,2,3,4,5]和 L2＝[6,7,8,9,10]进行合并,并将合并后的新列表转换成元组按逆序输出。

（3）将元组 T1＝('a','b','c','d','e')和 T2＝('f','g','h','i','j','k')进行合并,并将合并后的新元组转换成列表按逆序输出。

（4）给定字符串"我们永远无法预知未来是什么样子,但却可以通过把握现在去塑造未来。珍惜今天的每分每秒,读书、学习、工作、健身,让自己变得更好。只有抓住当下,充实自己,才能站稳脚跟、拥抱未来。"统计每个字符出现的次数并输出。

第 4 章

程序控制结构

程序流程的控制是通过有效的控制结构来实现的,结构化程序设计有 3 种基本结构:顺序结构、选择结构和循环结构。由这 3 种基本结构还可以派生出多分支结构,即根据给定条件从多个分支路径中选择执行其中的一个。

4.1 顺序结构

程序中按各语句出现的先后顺序执行,称为顺序结构,其流程图如图 4-1 所示。先执行语句 1/语句块 1,再执行语句 2/语句块 2,最后执行语句 3/语句块 3,三者是顺序执行的关系。

【例 4-1】 输入任意两个整数,求它们的和及平均值。要求平均值取两位小数输出。打开 Python 编辑器,输入如下代码,保存为 4-1.py,并调试运行。

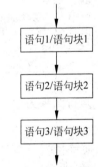

图 4-1 顺序结构流程图

```python
n1=int(input("请输入第 1 个整数:"))
n2=int(input("请输入第 2 个整数:"))
sum=n1+n2
aver=sum/2
print("{}和{}的和:{}".format(n1,n2,sum))
print("{}和{}的平均值:{:.2f}".format(n1,n2,aver))
```

运行结果为

```
请输入第 1 个整数:7
请输入第 2 个整数:8
7 和 8 的和:15
7 和 8 的平均值:7.50
```

4.2 选择结构

选择结构是根据所选择条件是否为真(即判断条件成立)做出不同的选择,从各实际可能的不同操作分支中选择且只能选一个分支执行。此时需要对某个条件做出判断,根据这个条件的具体取值情况,决定执行哪个分支的操作。

Python 中的选择结构语句分为单分支结构(if 语句)、双分支结构(if...else 语句)、多分支结构(if...elif...else 语句)、if 语句的嵌套和 match...case 结构。

4.2.1 单分支结构

if 语句用于检测表达式是否成立,如果成立则执行 if 语句内的语句/语句块,否则不执行 if 语句,其流程图如图 4-2 所示。

if 语句单分支结构的语法格式为

```
if(条件表达式):
    语句/语句块
```

(1) 条件表达式可以是关系表达式、逻辑表达式或算术表达式等。

(2) 语句/语句块可以是单个语句,也可以是多个语句。多个语句的缩进必须对齐一致。

【例 4-2】 输入两个数 a 和 b,比较两者大小,并按从大到小的顺序输出。打开 Python 编辑器,输入如下代码,保存为 4-2. py,并调试运行。

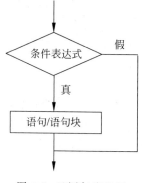

图 4-2 if 语句流程图

```
a=int(input("请输入第 1 个数:"))
b=int(input("请输入第 2 个数:"))
print("输入值为: ",a,b)
if(a<b):
    a,b= b,a
print("降序值为: ",a,b)
```

运行结果为

```
请输入第 1 个数: 12
请输入第 2 个数: 52
输入值为: 12 52
降序值为: 52 12
```

4.2.2 双分支结构

if...else 语句用于检测表达式的值是否成立,如果成立则执行 if 语句内的语句 1/语句块 1,否则执行 else 后的语句 2/语句块 2,其流程图如图 4-3 所示。

if...else 语句双分支结构的语法格式为

```
if(条件表达式):
    语句 1/语句块 1
else:
    语句 2/语句块 2
```

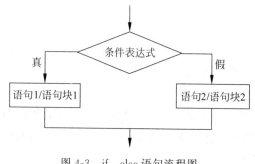

图 4-3 if...else 语句流程图

Python 提供了下列条件表达式来实现等价于其他语言的三元条件运算符"((条件)? 语句 1:语句 2)"的功能。

条件为真时的值 if(条件表达式)else 条件为假时的值

例如：如果 x≥0，则 y＝x，否则 y＝0，可以记述为

y=x if(x>=0) else 0

【例 4-3】　判断某一年是否为闰年，是则输出"是闰年"，否则输出"不是闰年"。判断闰年的条件是能被 4 整除但不能被 100 整除，或能被 400 整除。打开 Python 编辑器，输入如下代码，保存为 4-3.py，并调试运行。

```
y=int(input("请输入年份："))
if(y%4==0 and y%100!=0 or y%400==0):
    print("%d是闰年"%(y))
else:
    print("%d不是闰年"%(y))
```

运行结果为

```
请输入年份：2019
2019 不是闰年
```

4.2.3　多分支结构

当程序设计中需要检查多个条件时，可以使用 if…elif…else 语句实现，其流程图如图 4-4 所示。Python 依次判断各分支结构表达式的值，一旦某分支结的表达式值为 True，则执行该分支结构内的语句(或语句块)；如果所有的表达式都为 False，则执行 else 分支结构内的语句 $n+1$(或语句块 $n+1$)。else 子句是可选的。

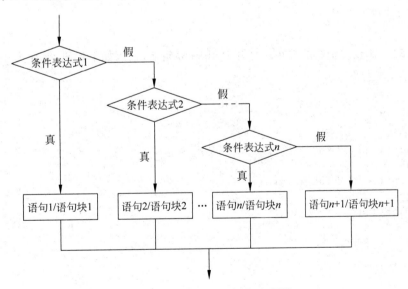

图 4-4　if…elif…else 语句流程图

if…elif…else 语句多分支结构的语法格式为

```
if(条件表达式 1):
    语句 1/语句块 1
```

```
elif(条件表达式 2):
    语句 2/语句块 2
    ...
elif(条件表达式 n):
    语句 n/语句块 n
else:
    语句 n+ 1/语句块 n+1
```

【例 4-4】 编写程序实现输入不小于 0 的数 x 根据以下公式求 y 的值。

$$y=\begin{cases} 0 & x\leqslant 5000 \\ (x-5000)\times 3\% & 5000 < x \leqslant 36000 \\ (x-5000)\times 10\% -2520 & 36000 < x \leqslant 144000 \\ (x-5000)\times 20\% -16920 & x > 144000 \end{cases}$$

打开 Python 编辑器,输入如下代码,保存为 4-4.py,并调试运行。

```
x=int(input("请输入一个数:"))
if(x>=0 and x<=5000):
    y=0
elif(x>5000 and x<=36000):
    y=(x-5000) * 0.03
elif(x>36000 and x<=144000):
    y=(x-5000) * 0.1-2520
else:
    y=(x-5000) * 0.2-16920
print("y=%f"%y)
```

运行结果为

```
请输入一个数:40025
y=982.500000
```

【例 4-5】 比较两个数的大小。打开 Python 编辑器,输入如下代码,保存为 4-5.py,并调试运行。

```
i=10
j=15
if i>j:
    print("%d大于%d"%(i,j))
elif i==j:
    print("%d等于%d"%(i,j))
elif i<j:
    print("%d小于%d"%(i,j))
else:
    print("未知")
```

运行结果为

```
10 小于 15
```

4.2.4 if 语句的嵌套

在 if 语句中又包含一个或多个 if 语句的结构称为 if 语句的嵌套。一般形式为

```
if(条件表达式 1):
    if(条件表达式 11):
    语句 1/语句块 1                  内嵌 if 语句
    [else:
    语句 2/语句块 2]
[else:
    if(条件表达式 21):
    语句 3/语句块 3                  内嵌 if 语句
    [else:
    语句 4/语句块 4]]
```

【例 4-6】 输入一个数,并判断它是正数、负数还是零。打开 Python 编辑器,输入如下代码,保存为 4-6.py,并调试运行。

```
num=int(input("请输入一个数字："))
if(num>=0):
    if(num==0):
        print("这个数是零")
    else:
        print("这个数是正数")
else:
    print("这个数是负数")
```

运行结果为

```
请输入一个数字：-25
这个数是负数
```

【例 4-7】 请输入星期几的第一个字母来判断是星期几,如果第一个字母一样,则继续判断第二个字母。打开 Python 编辑器,输入如下代码,保存为 4-7.py,并调试运行。

```
letter=input("请输入第一个字母：")
if letter=="s":
    letter=input("请输入第二个字母：")
    if letter=="a":
        print("星期六")
    elif letter=="u":
        print("星期日")
    else:
        print("错误")
elif letter=="f":
    print("星期五")
elif letter=="m":
    print("星期一")
elif letter=="t":
    letter=input("请输入第二个字母：")
    if letter=="u":
        print("星期二")
    elif letter=="h":
        print("星期四")
    else:
```

```
        print("错误")
elif letter=="w":
        print("星期三")
else:
        print("错误")
```

运行结果为

请输入第一个字母：s
请输入第二个字母：a
星期六

4.2.5   match...case 语句

match...case 语句是 Python 提供的多分支选择结构的一种形式，它通过对表达式的不同取值来实现对分支的选择，其流程如图 4-5 所示。

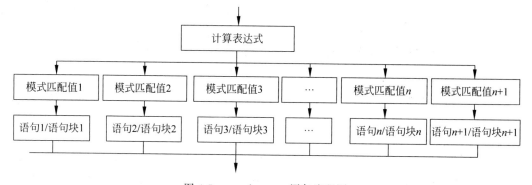

图 4-5   match...case 语句流程图

match...case 语句的语法格式为

```
match 表达式：
    case 模式匹配值 1：
        语句 1/语句块 1
    case 模式匹配值 2：
        语句 2/语句块 2
    case 模式匹配值 3：
        语句 3/语句块 3
    ...
    case 模式正配值 n：
        语句 n/语句块 n
    case _：
        语句 n+1/语句块 n+1
```

执行该语句，首先对 match 后面的表达式求值，然后依次在各个 case 分支中寻找与该表达式值匹配的模式匹配，一旦找到某个 case 分支的模式匹配与 match 后面的表达式匹配，则执行该 case 分支及其内嵌的语句；若所有 case 分支的模式匹配都没有与 match 后面的表达式匹配，则执行 case_分支及内嵌的语句。

说明：

（1）match 后面的表达式可以是关系表达式、逻辑表达式或算术表达式等。

（2）各个 case 后面的模式匹配值必须互不相同，否则会出现互相矛盾的现象。

（3）各个 case 后面的语句可以是单个语句，也可以是多个语句。多个语句的缩进必须对齐一致。

（4）如果各个 case 分支的模式匹配值与 match 后面表达式的值都不匹配，则执行 case_ 分支中的语句。

（5）match 中也可以没有 case_分支，此时如果各个 case 分支的模式匹配值与 match 后面表达式的值都不匹配，则不执行该 match 语句中的任何语句。

【例 4-8】　输入百分制成绩，要求输出相应的五级制成绩。

打开 Python 编辑器，输入如下代码，保存为 4-8.py，并调试运行。

```
score=float(input("请输入百分制成绩:"))
match int(score/10):
    case 10:
        print("五级制成绩为:A")
    case 9:
        print("五级制成绩为:A")
    case 8:
        print("五级制成绩为:B")
    case 7:
        print("五级制成绩为:C")
    case 6:
        print("五级制成绩为:D")
    case _:
        print("五级制成绩为:E")
```

运行结果为

```
请输入百分制成绩:86
五级制成绩为:B
```

4.3　循　环　结　构

循环结构表示在执行语句时，需要对其中的某部分语句重复执行多次。在 Python 程序设计语言中主要有两种循环结构：while 循环和 for 循环。通过这两种循环结构可以提高编码效率。

4.3.1　while 循环语句

while 循环语句是 Python 语言中最常用的迭代结构，while 循环是一个预测试的循环，但是 while 语句在循环开始前，并不知道重复执行循环语句序列的次数。while 语句按不同条件执行循环语句（块）零次或多次。while 语句格式为

```
while(条件表达式):
    循环体语句/语句块
```

while 循环的执行流程如图 4-6 所示。

说明:

(1) while 循环语句的执行过程如下。

① 计算条件表达式。

② 如果条件表达式结果为 True(真),控制将转到循环语句(块),即进入循环体。当到达循环语句序列的结束点时,转向①,即控制转到 while 语句的开始,继续循环。

③ 如果条件表达式结果为 False(假),则退出 while 循环,即控制转到 while 循环语句的后继语句。

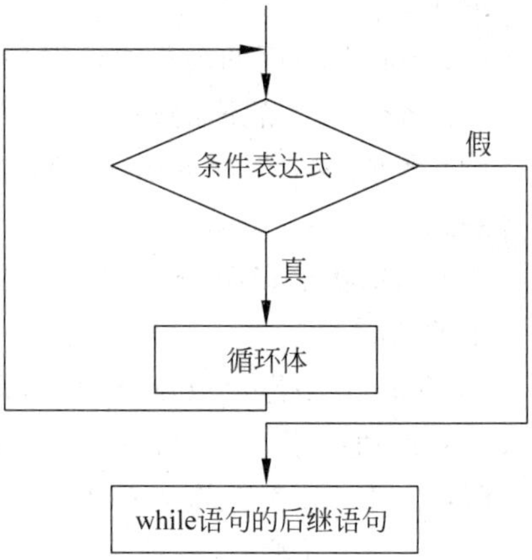

(2) 条件表达式是每次进入循环之前进行判断的条件,可以为关系表达式或逻辑表达式,其运算结果为 True(真)或 False(假)。条件表达式中必须包含控制循环的变量。

图 4-6   while 循环的执行流程图

(3) 循环语句序列可以是一条语句,也可以是多条语句。

(4) 循环语句序列中至少应包含改变循环条件的语句,以使循环趋于结束,避免"死循环"。

【例 4-9】   利用 while 循环语句计算 $1+2+\cdots+100$ 的和。打开 Python 编辑器,输入如下代码,保存为 4-9.py,并调试运行。

```
sum=0
i=1
while(i<=100):
    sum+=i
    i+=1
print("1+2+...+100=%d"%sum)
```

运行结果为

```
1+2+...+100=5050
```

【例 4-10】   利用 while 循环语句输出斐波那契数列的前 20 项。斐波那契数列为 $0,1$,$1,2,3,5,8,13,21\cdots\cdots$,从第三个元素开始,它的值等于前面两个元素的和。打开 Python 编辑器,输入如下代码,保存为 4-10.py,并调试运行。

```
a,b=0,1
i=1
print(a,end=' ')
while(i<20):
    print(b,end=' ')
    a,b=b,a+b
    i+=1
```

运行结果为

```
0 1 1 2 3 5 8 13 21 34 55 89 144 233 377 610 987 1597 2584 4181
```

【例 4-11】   用以下近似公式求自然对数的底数 e 的值,直到最后一项的绝对值小于

10^{-6} 为止。

$$e \approx 1 + \frac{1}{1!} + \frac{1}{2!} + \cdots + \frac{1}{n!}$$

打开 Python 编辑器,输入如下代码,保存为 4-11.py,并调试运行。

```
i,e,t=1,1,1
while(1/t>=pow(10,-6)):
    t*=i
    e+=1/t
    i+=1
print("e=",e)
```

运行结果为

```
e=2.7182818011463845
```

【例 4-12】　输入一行字符,分别统计出其中英文字母、空格、数字和其他字符的个数。
打开 Python 编辑器,输入如下代码,保存为 4-12.py,并调试运行。

```
import string
s=input("请输入一个字符串：")
letters=0
space=0
digit=0
others=0
i=0
while(i<len(s)):
    c=s[i]
    i+=1
    if c.isalpha():
        letters+=1
    elif c.isspace():
        space+=1
    elif c.isdigit():
        digit+=1
    else:
        others+=1
print("英文字母：%d 个,空格：%d 个,数字：%d 个,其他字符：%d 个"%(letters,space,
digit,others))
```

运行结果为

```
请输入一个字符串：45se r,d5d~   s58*
英文字母：6 个,空格：4 个,数字：5 个,其他字符：3 个
```

4.3.2　for 循环语句

while 语句可以用来在任何条件为真的情况下重复执行一个代码块,但是在对字符串、列表、元组等可迭代对象进行遍历操作时,while 语句则难以实现遍历的目的,这时可以使用 for 循环语句来实现。

在 Python 语言中,for 循环语句首先定义一个赋值目标以及想要遍历的对象,然后缩进定义想要操作的语句块。for 语句格式为

```
for 变量 in 集合:
    循环体语句/语句块
    …
```

for 循环执行过程是每次从集合(集合可以是元组、列表、字典等)中取出一个值,并把该值赋给迭代变量,接着执行语句块,直到整个集合遍历完成。

for 循环经常与 range()函数联合使用,以遍历一个数字序列。range()函数可以创建一系列连续增加的整数。其语法格式为

```
range(start,stop[,step])
```

range 返回的数值系列从 start 开始,到 stop 结束(不包含 stop)。如果指定了可选的步长 step,则序列按步长增长。

【例 4-13】 利用 for 循环求 1～100 中所有奇数的和以及所有偶数的和。打开 Python 编辑器,输入如下代码,保存为 4-13.py,并调试运行。

```
sum_odd,sum_even=0,0
for i in range(1,101):
    if i%2==0:
        sum_even+=i
    else:
        sum_odd+=i
print("1～100 中所有奇数的和是",sum_odd)
print("1～100 中所有偶数的和是",sum_even)
```

运行结果为

```
1～100 中所有奇数的和是 2500
1～100 中所有偶数的和是 2550
```

【例 4-14】 已知 Python 列表 a=[152,25,85,65,451,15,12],编写程序将 a 列表中的元素逆向排序输出。打开 Python 编辑器,输入如下代码,保存为 4-14.py,并调试运行。

```
a=[152,25,85,65,451,15,12]
n=len(a)
print("列表 a: ",a)
for i in range(0,int(len(a)/2)):
    a[i],a[n-i-1]=a[n-i-1],a[i]
print("列表 a 逆向排序后: ",a)
```

运行结果为

```
列表 a:[152, 25, 85, 65, 451, 15, 12]
列表 a 逆向排序后:[12, 15, 451, 65, 85, 25, 152]
```

【例 4-15】 输出 100～999 的所有"水仙花数",所谓"水仙花数",是指一个三位数,其各位数字立方和等于该数本身。例如,153 是一个"水仙花数",因为 $153=1^3+5^3+3^3$。打开 Python 编辑器,输入如下代码,保存为 4-15.py,并调试运行。

```
for n in range(100,1000):
    i=n//100
    j=n//10%10
    k=n%10
    if n==i**3+j**3+k**3:
        print(n,end=' ')
```

运行结果为

153 370 371 407

4.3.3　循环的嵌套

在一个循环体内又包含另一个完整的循环结构,成为循环的嵌套,这种语句结构称为多重循环结构。内层循环中还可以包含新的循环,形成多层循环结构。

在多层循环结构中,两种循环语句(while 循环、for 循环)可以相互嵌套。多重循环的循环次数等于每一重循环次数的乘积。

【例 4-16】　利用循环嵌套打印九九乘法表。打开 Python 编辑器,输入如下代码,保存为 4-16.py,并调试运行。

```
for i in range(1,10):
    for j in range(1,i+1):
        print("%d*%d=%d"%(i,j,i*j),end='')
    print()
```

运行结果为

```
1*1=1
2*1=2  2*2=4
3*1=3  3*2=6  3*3=9
4*1=4  4*2=8  4*3=12  4*4=16
5*1=5  5*2=10  5*3=15  5*4=20  5*5=25
6*1=6  6*2=12  6*3=18  6*4=24  6*5=30  6*6=36
7*1=7  7*2=14  7*3=21  7*4=28  7*5=35  7*6=42  7*7=49
8*1=8  8*2=16  8*3=24  8*4=32  8*5=40  8*6=48  8*7=56  8*8=64
9*1=9  9*2=18  9*3=27  9*4=36  9*5=45  9*6=54  9*7=63  9*8=72  9*9=81
```

【例 4-17】　用四个数字 1、2、3、4 能组成多少个互不相同且无重复数字的三位数？各是多少？

分析:可填在百位、十位、个位的数字都是 1、2、3、4。组成所有的排列后再判断是否有满足条件的排列。

打开 Python 编辑器,输入如下代码,保存为 4-17.py,并调试运行。

```
x=0  #控制一行显示的数值个数
n=0
for i in range(1,5):
    for j in range(1,5):
        for k in range(1,5):
            if(i!=k) and (i!=j) and (j!=k):
                print(i,j,k,",",end='')
```

```
            x+=1
            if (x%6==0):
                    print()
print("可以组成%d个互不相同且无重复数字。"% x)
```

运行结果为

```
1 2 3,1 2 4,1 3 2,1 3 4,1 4 2,1 4 3,
2 1 3,2 1 4,2 3 1,2 3 4,2 4 1,2 4 3,
3 1 2,3 1 4,3 2 1,3 2 4,3 4 1,3 4 2,
4 1 2,4 1 3,4 2 1,4 2 3,4 3 1,4 3 2,
可以组成 24 个互不相同且无重复的数字。
```

【例 4-18】 输出如下图案(菱形)。

```
   *
  ***
 *****
*******
 *****
  ***
   *
```

打开 Python 编辑器,输入如下代码,保存为 4-18.py,并调试运行。

```
for i in range(4):
    for j in range(2-i+1):
        print(' ',end='')
    for k in range(2*i+1):
        print('*',end='')
    print()
for i in range(3):
    for j in range(i+1):
        print(' ',end='')
    for k in range(4-2*i+1):
        print('*',end='')
    print()
```

【例 4-19】 求一个 3×3 矩阵主对角线元素之和。打开 Python 编辑器,输入如下代码,保存为 4-19.py,并调试运行。

```
a=[]
sum=0.0
for i in range(3):
    a.append([])
    for j in range(3):
        a[i].append(float(input("请输入数：")))
for i in range(3):
    sum+=a[i][i]
print("主对角线之和为",sum)
```

运行结果为

```
请输入数：78
请输入数：34
请输入数：23
请输入数：34
请输入数：56
请输入数：33
请输入数：12
请输入数：21
请输入数：2
主对角线之和为 136.0
```

4.3.4　break 语句

一般而言,循环会在执行到条件为假时自动退出,但是在实际的编程过程中,有时需要中途退出循环操作。Python 语言中主要提供了两种中途跳出的方法：break 语句和 continue 语句。

break 语句的作用是跳出整个循环,其后的代码都不会执行。使用 break 语句可以避免循环嵌套形成死循环,同时 break 语句也被广泛地应用于对目标元素的查找操作,一旦找到目标元素便终止循环。

【例 4-20】　输入一个 5 位数,判断它是不是回文数。例如,12321 是回文数,其个位数与万位数相同,十位数与千位数相同。打开 Python 编辑器,输入如下代码,保存为 4-20.py,并调试运行。

```python
a=int(input("请输入一个 5 位的数："))
x=str(a)
flag=True
for i in range(len(x)//2):
    if x[i]!=x[-i-1]:
        flag=False
        break
if flag:
    print("%d 是一个回文数。"%a)
else:
    print("%d 不是一个回文数。"%a)
```

运行结果为

```
请输入一个 5 位的数：12321
12321 是一个回文数。
```

【例 4-21】　海滩上有五只猴子分一堆桃子,第一只猴子把桃子平均分为 5 份后多出了 1 个,这只猴子把多出的 1 个扔入海中,拿走了 1 份。第二只猴子把剩下的桃子又平均分成 5 份,又多出 1 个,它同样把多出的桃子扔入海中,拿走 1 份,第三、四、五只猴子都是这样做的,问海滩上原来最少有多少个桃子？打开 Python 编辑器,输入如下代码,保存为 4-21.py,并调试运行。

```python
i=0
j=1
```

```
x=0
while(i<5):
    x=4 * j
    for i in range(0,5):
        if (x%4!=0):
            break
        else:
            i+=1
        x= int((x/4) * 5+1)
    j+=1
print (x)
```

运行结果为

```
3121
```

4.3.5　continue 语句

continue 语句的作用是立即结束本次循环,重新开始下一轮循环,也就是说,跳过循环体中在 continue 语句之后的所有语句,继续执行下一轮循环。

continue 语句与 break 语句的区别在于:continue 语句仅结束本次循环,并返回到循环的起始处,如果循环条件满足就开始执行下一次循环; 而 break 语句则是结束循环,跳转到循环的后继语句去执行。

与 break 语句类似,当多个 for、while 语句彼此嵌套时,continue 语句只应用于最里层的语句。

【例 4-22】　要求输入若干学生成绩(按 Q 或 q 结束),如果成绩小于 0,则重新输入。统计学生人数和平均成绩。打开 Python 编辑器,输入如下代码,保存为 4-22.py,并调试运行。

```
num=0
scores=0
while True:
    s=input("请输入学生成绩: ")
    if s.upper()=='Q':
        break
    if float(s)<0:
        continue
    num+=1
    scores+=float(s)
if num>0:
    print("学生人数为: {0},平均成绩为: {1}".format(num,scores/num))
```

运行结果为

```
请输入学生成绩: 52
请输入学生成绩: 85
请输入学生成绩: 95
请输入学生成绩: -10
请输入学生成绩: 40
请输入学生成绩: q
```

学生人数为：4,平均成绩为：68.0

【例 4-23】 显示 200～300 之间不能被 4 整除的数。要求一行显示 10 个数。打开 Python 编辑器,输入如下代码,保存为 4-23.py,并调试运行。

```
i=0                        #控制一行显示的数值个数
print("200～300 之间不能被 4 整除的数为：")
for j in range(200,300+1):
    if(j%4==0):
        continue
    print(j,end='')
    i+=1
    if(i%10==0):
        print()
```

运行结果为

```
200～300 之间不能被 4 整除的数为：
201  202  203  205  206  207  209  210  211  213
214  215  217  218  219  221  222  223  225  226
227  229  230  231  233  234  235  237  238  239
241  242  243  245  246  247  249  250  251  253
254  255  257  258  259  261  262  263  265  266
267  269  270  271  273  274  275  277  278  279
281  282  283  285  286  287  289  290  291  293
294  295  297  298  299
```

4.3.6 while…else 和 for…else 语句

在 Python 语言中,while 和 for 语句可以附带 else 子句,如果在循环体中没有执行过 break 语句,则执行 else 子句,否则不执行。语法格式为

```
while(条件表达式):
    循环体语句/语句块
else:
    语句/语句块
```

或

```
for 变量 in 集合:
    循环体语句/语句块
else:
    语句/语句块
```

【例 4-24】 使用 while…else 语句输出 1＋2＋…＋10 的和。打开 Python 编辑器,输入如下代码,保存为 4-24.py,并调试运行。

```
s=0
i=1
while i<=10:
    s=s+i
```

```
        i+=1
    else:
        print("1+2+3+...+10="+str(s))
```

运行结果为

```
1+2+3+...+10=55
```

【例 4-25】 在一个字符串中,查找某个字符,若找到则返回所在的索引号,否则显示没找到。打开 Python 编辑器,输入如下代码,保存为 4-25.py,并调试运行。

```
s="幸福都是奋斗出来的。"
c=input("请输入要查找的字符:")
for i in range(len(s)):
    if c==s[i]:
        print("找到了,在第"+str(i+1)+"个位置。")
        break
else:
        print("没找到!")
```

运行结果为

```
请输入要查找的字符:福
找到了,在第 2 个位置。
请输入要查找的字符:我
没找到!
```

4.4 异常处理

异常是一个事件,该事件会在程序执行过程中发生,影响程序的正常执行。一般情况下,在 Python 无法正常处理程序时就会产生一个异常。异常是 Python 对象,表示一个错误。当 Python 语句发生异常时需要捕获处理它,否则程序会终止执行。

捕捉异常可以使用 try…except 语句,该语句用来检测 try 语句块中的错误,从而让 except 语句捕获异常信息并进行处理。如果不想在异常发生时结束程序,只需在 try 里捕获异常。语法格式为

```
try:
    <try 语句块>
except [<异常处理类>,<异常处理类>,...] as <异常处理对象>:
        <异常处理代码>
else:
    <无异常处理代码>
finally:
        <最后执行的代码>
```

try 的工作原理是:当开始一个 try 语句后,Python 就在当前程序的上下文作标记,这样当异常出现时就可以回到这里。try 子句先执行,接下来会发生什么取决于执行时是否出现异常。

（1）如果在执行 try 后语句发生异常，Python 跳回到 try 并执行第一个匹配该异常的 except 子句，异常处理完毕，控制流就通过整个 try 语句（除非在处理异常时又引发新的异常）。

（2）如果在 try 后的语句中发生了异常，却没有匹配的 except 子句，异常将被递交到上层的 try，或者到程序的最上层（这样将结束程序，并打印默认的出错信息）。

（3）如果在 try 子句执行时没有发生异常，Python 将执行 else 语句后的语句（如果有 else 的情况下），然后控制流再通过整个 try 语句。

【例 4-26】　当发生除 0 错误时进行异常处理。打开 Python 编辑器，输入如下代码，保存为 4-26.py，并调试运行。

```
try:
    i=10
    print(30/(i-10))
except Exception as e:
    print(e)
finally:
    print("执行完成。")
```

运行结果为

```
division by zero
执行完成。
```

【例 4-27】　当成绩为负数时进行异常处理。打开 Python 编辑器，输入如下代码，保存为 4-27.py，并调试运行。

```
try:
    data=(44,65,-70,85,90)
    sum=0
    for i in data:
        if i<0:raise ValueError(str(i))
        sum+=i
    sum=sum/len(data)
    print("平均值=",sum)
except Exception as e:
    print("成绩不能为负。")
```

运行结果为

```
成绩不能为负。
```

4.5　任 务 实 现

任务 1　输入某门课程成绩，将其转换成五级制（优、良、中、及格、不及格）的评定等级。
说明：
90～100 分（含 90 分）为优秀；
80～89 分（含 80 分）为良好；
70～79 分（含 70 分）为中等；

60～69分(含60分)为及格；

0～60分(不包括60分)为不及格。

打开Python编辑器，输入如下代码，保存为task4-1.py，并调试运行。

```python
x=int(input("请输入成绩："))
if(x>=0 and x<=100):
    if(x>=90):
        print("优秀")
    else:
        if(x>=80):
            print("良好")
        else:
            if(x>=70):
                print("中等")
            else:
                if(x>=60):
                    print("及格")
                else:
                    print("不及格")
else:
    print("输入成绩有误")
```

运行结果为

```
请输入成绩：87
良好
```

任务2 输入一个正整数判断是否为素数。

分析：只能被1和本身整除的正整数称为素数。判断一个数 n 是否为素数，可以将 n 被2到 $\sqrt{n}$ 间的所有整数除，如果都除不尽，则 n 就是素数，否则 n 是非素数。打开Python编辑器，输入如下代码，保存为task4-2.py，并调试运行。

```python
import math
n=int(input("请输入一个正整数："))
flag=0
for i in range(2,int(math.sqrt(n))+1):
    if n%i==0:
        break
    else:
        flag+=1
if flag==0:
    print("%d不是素数。"%n)
else:
    print("%d是素数。"%n)
```

运行结果为

```
请输入一个正整数：101
101是素数。
```

任务 3　求解百马百担问题。有 100 匹马,驮 100 担货,大马驮 3 担,中马驮 2 担,两匹小马驮 1 担,求大、中、小马分别有多少匹? 有多少解决方案? 打开 Python 编辑器,输入如下代码,保存为 task4-3.py,并调试运行。

```
n=0
for large in range(34):
    for middle in range(51):
        small=2*(100-3*large-2*middle)
        if large+middle+small==100:
            print("大马有%d匹,中马有%d匹,小马有%d匹"%(large,middle,small))
            n=n+1
print("共有%d种解决方案。"% n)
```

运行结果为

```
大马有 2 匹,中马有 30 匹,小马有 68 匹
大马有 5 匹,中马有 25 匹,小马有 70 匹
大马有 8 匹,中马有 20 匹,小马有 72 匹
大马有 11 匹,中马有 15 匹,小马有 74 匹
大马有 14 匹,中马有 10 匹,小马有 76 匹
大马有 17 匹,中马有 5 匹,小马有 78 匹
大马有 20 匹,中马有 0 匹,小马有 80 匹
共有 7 种解决方案。
```

任务 4　求 1!+2!+3!+…+20! 的和。打开 Python 编辑器,输入如下代码,保存为 task4-4.py,并调试运行。

```
s = 0
r = 1
for i in range(1,21):
    r *= i
    s=s+r
print ("1!+2!+3!+... +20!= ",s)
```

运行结果为

```
1!+2!+3!+... +20!=2561327494111820313
```

任务 5　将字符串'S:11|T:22|C:33'转为字典形式{'S':'11','T':'22', 'C':'33'}。打开 Python 编辑器,输入如下代码,保存为 task4-5.py,并调试运行。

```
stro = 'S:11|T:22|C:33'
dic = {}
for items in stro.split('|'):
    key,value = items.split(':')
    dic[key]=value
print (dic)
```

运行结果为

```
{'S': '11', 'T': '22', 'C': '33'}
```

4.6 习 题

课后习题答案4

1. 填空题

（1）Python 程序设计中常见的控制结构有 _____、_____ 和 _____。

（2）Python 程序设计中跳出循环的两种方式是 _____ 和 _____。

（3）_____ 语句是 else 语句和 if 语句的组合。

（4）在循环体中使用 _____ 语句可以跳过本次循环后面的代码，重新开始下一次循环。

（5）Python 语句"x＝True;y＝False;z＝False;print(x or y and z)"的运行结果是 _____。

（6）Python 语句"x＝0;y＝True;print(x＞＝y and 'A'＜'B')"的运行结果是 _____。

（7）判断整型变量 i 能否同时被 3 和 5 整除的 Python 表达式为 _____。

（8）Python 无穷循环 while True:的循环体中可用 _____ 语句退出循环。

（9）执行下列 Python 语句将产生的结果是 _____。

```
m=True;n=False;p=True
b1=m|n^p;b2=n|m^p
print(b1,b2)
```

（10）循环语句 for i in range(−3,21,4)的循环次数为 _____。

（11）要使语句 for i in range(__,−4,−2)循环执行 15 次,则语句中横线处循环变量 i 的初始值应为 _____。

（12）执行下面 Python 语句后的输出结果是 _____,循环执行了 _____ 次。

```
i=-1;
while(i<0):i*=i
print(i)
```

（13）下列 Python 语句的运行结果是 _____。

```
for i in range(3):print(i,end=' ')
for i in range(2,5):print(i,end=' ')
```

（14）与 try 语句一起使用来处理异常的关键字是 _____。

（15）当用户输入 abc 时,下面代码的输出结果是 _____。

```
try:
    n=0
    n=int(input("请输入一个整数："))
def pow10(n):
    return n**10
except:
    print("程序执行错误")
```

2. 选择题

(1) 下面 Python 循环体执行的次数与其他不同的是( )。

A. i＝0
```
while(i<=10):
    print(i)
    i=i+1
```

B. i＝10
```
while(i>0):
    print(i)
    i=i-1
```

C. for i in range(10):
```
    print(i)
```

D. for i in range(10,0,-1):
```
    print(i)
```

(2) 执行下列 Python 语句将产生的结果是( )。

```
x=2;y=2.0
if(x==y):
    print("Equal")
else:
    print("not Equal")
```

A. Equal   B. Not Equal   C. 编译错误   D. 运行时错误

(3) 执行下列 Python 语句将产生的结果是( )。

```
i=1
if(i):
    print(True)
else:
    print(False)
```

A. 输出 1   B. 输出 True   C. 输出 False   D. 编译错误

(4) 以下 for 语句结构中,( )不能完成 1~10 的累加功能。

A. for i in range(10,0):sum＋＝i

B. for i in range(1,11):sum＋＝i

C. for i in range(10,0,-1):sum＋＝i

D. for i in (10,9,8,7,6,5,4,3,2,1):sum＋＝i

(5) 下面程序段求两个数 x 和 y 中的大数,( )是不正确的。

A. maxnum＝x if x>y else y

B. maxnum＝max(x,y)

C. if(x>y):maxnum＝x
   else:maxnum＝y

D. if(y>=x):maxnum＝y
   maxnum＝x

(6) 下面 if 语句统计成绩(mark)优秀的男生以及不及格的男生的人数,正确的语句为( )。

A. if(gender=="男" and mark<60 or mark>=90):n＋＝1

B. if(gender=="男" and mark<60 and mark>=90):n＋＝1

C. if(gender=="男" and (mark<60 or mark>=90)):n＋＝1

D. if(gender=="男" or mark<60 or mark>=90):n＋＝1

(7) 用 if 语句表示如下分段函数:

$$y = \begin{cases} x^2 - 2x + 3 & x < 1 \\ \sqrt{x-1} & x \geq 1 \end{cases}$$

下面不正确的程序段是(   )。

A. if(x<1):y＝x * x－2 * x+3
　　else:y＝math. sqrt(x－1)

B. if(x<1):y＝x * x－2 * x+3
　　y＝math. sqrt(x－1)

C. y＝x * x－2 * x+3
　　if(x>=1):y＝math. sqrt(x－1)

D. if(x<1):y＝x * x－2 * x+3
　　if(x>=1):y＝math. sqrt(x－1)

(8) 下面不属于条件分支语句的是(   )语句。

A. if   B. elif   C. else   D. while

(9) 下列程序运行后,sum 的结果是(   )。

```
i=1
sum=0
while i<11:
    sum+=i
    i+=1
```

A. 10   B. 11   C. 55   D. 100

(10) 在循环体中使用(   )语句可以跳出循环体。

A. break   B. continue   C. while   D. for

(11) 下列 Python 语句正确的是(   )。

A. min＝x if x>y else y

B. max＝x>y? x:y

C. if(x>y) print(x)

D. while True:pass

(12) 下列程序的输出结果为(   )。

```
if None:
    print("Hello")
```

A. False   B. Hello   C. 没有任何输出   D. 语法错误

(13) 在 if...elif...else 的多个语句块中只会执行一个语句块(   )。

A. 正确

B. 错误

C. 根据条件决定

D. Python 中没有 elif 语句

(14) 下列程序的输出结果为(   )。

```
for i in [1,0]:
    print(i+1)
```

A. 2
　1   B. [2,1]   C. 2   D. 0

(15) Python 中(   )。

A. 只有 for 才有 else 语句

B. 只有 while 才有 else 语句

C. for 和 while 都可以有 else 语句

D. for 和 while 都没有 else 语句

3. 编程题

(1) 求 $s=a+aa+aaa+aaaa+aa\cdots a$ 的值,其中 a 是一个数字。例如,2+22+222+2222+22222(此时共有 5 个数相加),几个数相加由键盘控制。

(2) 一个数如果恰好等于它的因子之和,这个数就称为"完数"。如 6＝1＋2＋3,6 是完数。编程找出 1000 以内的所有完数。

(3) 一球从 100 米高度自由落下,每次落地后反跳回原高度的一半;再落下,求它在第 10 次落地时,共经过多少米?第 10 次反弹高度是多少?

(4) 猴子吃桃问题。猴子第一天摘下若干个桃子,当天吃了一半,还没吃够,又多吃了一个。第二天猴子又将剩下的桃子吃掉一半后,又多吃了一个,以后它每天都吃了前一天剩下的一半加一个,到第 10 天只剩下一个桃子了。求猴子第一天共摘了多少个桃子。

(5) 两支乒乓球队进行比赛,各出三人,甲队为 a、b、c,乙队为 x、y、z。已抽签决定出比赛名单。有人向队员打听对阵情况,a 说他不和 x 比,c 说他不和 x、z 比,请编写程序找出三场比赛的对阵情况。

(6) 有一分数序列:2/1,3/2,5/3,8/5,13/8,21/13……求出这个数列的前 20 项之和。

(7) 求 1!×2!×3!×…×20! 的积。

(8) 任给一个不多于 5 位的正整数,要求:①求它是几位数;②逆序打印出各位数字。

(9) 求 100 之内的素数。

(10) 古典问题:有一对兔子,从出生后第 3 个月起每个月都生一对兔子,小兔子长到第三个月后每个月又生一对兔子,假如兔子都不死,问每个月的兔子总数为多少?

兔子的规律为数列 1,1,2,3,5,8,13,21,……

第 5 章

函数与模块

5.1 函 数 概 述

在应用程序的编写过程中,有时遇到的问题比较复杂,往往需要把大的编程任务逐步细化,分成若干个功能模块,这些功能模块通过执行一系列的语句来完成一个特定的操作,这就需要用到函数。函数可以将需要重复执行的语句块进行封装,实现代码重用。

函数(function)由若干条语句组成,用于实现特定的功能。函数包含函数名、若干参数和返回值。一旦定义了函数,就可以在程序中需要实现该功能的位置调用该函数,这样可以简化程序设计,使程序的结构更加清晰,提高编程效率,给程序员共享代码带来很大的方便。在 Python 语言中,除了提供丰富的内置函数外,还允许用户创建和使用自定义函数。

5.2 函数的声明和调用

如果在 Python 中使用自定义函数,需要先声明一个函数。函数包含两个含义:①声明指定的部分是函数,而不是其他的对象;②需要定义函数包含的功能,即编写函数的功能。

5.2.1 函数的声明

在 Python 中,自定义函数的格式为

```
def functionName(par1,par2,...):
    indented block of statements
    return expression
```

在自定义函数时,需要遵循以下规则。

(1) 函数代码块以 def 关键字开头,后接函数名和圆括号。

(2) 圆括号里用于定义参数,即形式参数,简称形参。对于有多个参数的,参数之间用逗号","隔开。

(3) 圆括号后边必须要加冒号":"。

(4) 在缩进块中编写函数体。

(5) 函数的返回值用 return 语句。

需要注意的是,一个函数体中可以有多条 return 语句。这种情况下,一旦执行第一条 return 语句,该函数将立即终止。如果没有 return 语句,函数执行完毕后返回结果为 None。

在某些程序设计语言(如 C 语言)里,函数的声明和函数的定义是有区别的。一个函数声明包括函数的名字和函数各参数的名字,但不必给出函数中的任何代码;给出函数具体代码的程序段被视为函数的定义部分。这样通常是因为函数定义与函数声明分别放在程序代码中不同位置。而 Python 语言对函数的声明和函数的定义是不加区别的,一个函数子句由声明性质的标题行和紧跟在后面的定义部分构成。

定义空函数的格式为

```
def nothing():
    pass
```

其中,pass 语句的作用是占位符,对于还不确定怎么写的函数,可以先写一个 pass,保证代码能运行。

【例 5-1】　定义一个函数 sum(),用于计算并输出两个参数之和。函数 sum()包含 num1 和 num2 两个参数。

```
def sum(num1,num2):
    print(num1+num2)
```

【例 5-2】　采用函数的方式实现求解三角形面积的功能。

分析:可以自定义一个函数,函数名为 area,该函数能根据三角形的三条边长计算出面积。函数的参数需要有 3 个,含义是三条边长,分别用变量 x、y、z 表示;函数需要有返回值,可用 return 语句将面积的值返回。

```
def area(x,y,z):
    s=0
    c=(x+y+z)/2
    s=(c*(c-x)*(c-y)*(c-z))**0.5
    return s
```

在 Python 中,除了可以使用 def 来自定义函数外,还可以用 lambda 来创建匿名函数。

(1) lambda 是一种简便的、在同一行中定义函数的方法,它实际上会生成一个函数对象,即匿名函数。

(2) lambda 只是一个表达式,函数体比 def 简单得多。

(3) lambda 的主体是一个表达式,而不是一个代码块,只能在 lambda 表达式中封装有限的逻辑。

(4) lambda 函数拥有自己的命名空间,且不能访问自有参数列表之外或全局命名空间里的参数。

(5) 虽然 lambda 函数看起来只能写一行,却不等同于 C 或 C++ 的内联函数,这两种内联函数的目的是调用小函数时不占用栈内存,从而增加运行效率。

lambda 的语法格式为

```
lambda arg1,arg2,...:expression
```

其中,arg1,arg2,…是函数的参数;expression 是函数的语句,其结果为函数的返回值。

【例 5-3】　使用 lambda 计算两数之和。打开 Python 编辑器,输入如下代码,保存为 5-3.py,并调试运行。

```
sum=lambda arg1,arg2:arg1+arg2
print("两数之和是:",sum(10,15))
```

运行结果为

两数之和是: 25

【例 5-4】　定义一个函数 math()。当参数的值等于 1 时返回计算加法的 lambda;当参数的值等于 2 时返回计算减法的 lambda;当参数的值等于 3 时返回计算乘法的 lambda;当参数的值等于 4 时返回计算除法的 lambda。打开 Python 编辑器,输入如下代码,保存为 5-4.py,并调试运行。

```
def math(a):
    if(a==1):
        return lambda x,y:x+y
    if(a==2):
        return lambda x,y:x-y
    if(a==3):
        return lambda x,y:x * y
    if(a==4):
        return lambda x,y:x/y
action=math(1)          #返回加法的 lambda
print("15+4=",action(15,4))
action=math(2)          #返回减法的 lambda
print("15-4=",action(15,4))
action=math(3)          #返回乘法的 lambda
print("15 * 4=",action(15,4))
action=math(4)          #返回除法的 lambda
print("15/4=",action(15,4))
```

运行结果为

```
15+4=19
15-4=11
15 * 4=60
15/4=3.75
```

5.2.2　函数的调用

要调用一个函数,可以直接使用函数名来调用函数,无论是系统内置函数还是自定义函数,调用函数的方法都是一致的。如果函数存在参数,则在调用函数时,也需要使用参数。

【例 5-5】　求最大值的函数 max(),该函数需要的参数个数必须大于或等于 1。调用 max()函数。

```
>>>max([2,8])
8
```

```
>>>max([1,5,9])
9
>>>max([8])
8
```

调用函数时,如果传入的参数数量不对,会报 ValueError 的错误,并且 Python 会给出错误信息。如 max()的参数是一个空序列时的报错为

```
>>>max([])
Traceback(most recent call last):
  File "<stdin>",line 1,in <module>
ValueError:max() arg is an empty sequence
```

如果传入的参数数量正确,但是参数类型不正确,会报 TypeError 的错误,并且给出错误信息。例如,str 类型不能和 int 类型的数值比较时报错为

```
>>>max(1,'3')
Traceback (most recent call last):
  File "<pyshell#10>", line 1, in <module>
    max(1,'3')
TypeError: '>' not supported between instances of 'str' and 'int'
```

Python 在调用函数时,需要正确输入函数的参数个数和类型。

【例 5-6】 采用函数的方式求解三角形的面积。打开 Python 编辑器,输入如下代码,保存为 5-6.py,并调试运行。

```
def area(x,y,z):
    s=0
    c=(x+y+z)/2
    s=(c*(c-x)*(c-y)*(c-z))**0.5
    return s
d=float(input("请输入三角形边长 d:"))
e=float(input("请输入三角形边长 e:"))
f=float(input("请输入三角形边长 f:"))
s1=area(d,e,f)
print("三角形的面积为%0.2f"%s1)
```

运行结果为

```
请输入三角形边长 d:6
请输入三角形边长 e:7
请输入三角形边长 f:8
三角形的面积为20.33
```

在调用函数时,代码中的 d、e、f 称为实际参数,简称实参。

【例 5-7】 求输入数字的平方,如果平方运算后小于 50 则退出。打开 Python 编辑器,输入如下代码,保存为 5-7.py,并调试运行。

```
TRUE=1
FALSE=0
def SQ(x):
    return x*x
```

```
print("如果输入的数字的平方小于 50,程序将停止运行。")
again=1
while again:
    num=int(input("请输入一个数字: "))
    print("运算结果为:%d"%(SQ(num)))
    if SQ(num)>=50:
        again=TRUE
    else:
        again=FALSE
```

运行结果为

```
如果输入的数字的平方小于 50,程序将停止运行。
请输入一个数字:12
运算结果为:144
请输入一个数字:5
运算结果为:25
```

【例 5-8】 两个变量值互换。打开 Python 编辑器,输入如下代码,保存为 5-8.py,并调试运行。

```
def exchange(a,b):
    a,b=b,a
    return (a,b)
x=10
y=20
print("x=%d,y=%d"%(x,y))
x,y=exchange(x,y)
print("x=%d,y=%d"%(x,y))
```

运行结果为

```
x=10,y=20
x=20,y=10
```

5.2.3 函数的嵌套

函数的嵌套是指函数里面套函数,即在一个函数中再定义一个函数。定义在其他函数内的函数叫作内函数,内函数所在的函数就叫作外函数。

【例 5-9】 求 a、b、c、d、e 五个数的和。打开 Python 编辑器,输入如下代码,保存为5-9.py,并调试运行。

```
def sum1(a=10,b=15):
    def sum2(c=20):
        def sum3(d=25):
            def sum4(e=30):
                return a+b+c+d+e
            return sum4
        return sum3
    return sum2
sum=sum1()()()()
```

```
print("a+b+c+d+e 五个数的和为：",sum)
```

运行结果为

a+b+c+d+e 五个数的和为：100

5.2.4 函数的递归调用

递归过程是指函数直接或间接调用自身完成某任务的过程。递归分为两类：直接递归和间接递归。直接递归是在函数中直接调用函数自身；间接递归是间接地调用一个函数，如第一个函数调用第二个函数，而第二个函数又调用了第一个函数。

【例 5-10】 利用递归方法求 5!。递归公式如下：

$$n! = \begin{cases} 1, & n = 0 \\ n \times (n-1), & n > 0 \end{cases}$$

打开 Python 编辑器，输入如下代码，保存为 5-10.py，并调试运行。

```
def fact(n):
    sum=0
    if n==0:
        sum=1
    else:
        sum=n * fact(n-1)
    return sum
print(fact(5))
```

运行结果为

120

从例 5-10 可以看出，递归求解有以下两个条件。

(1) 给出递归终止的条件和相应的状态。

(2) 给出递归的表述形式，并且要向着终止条件变化，在有限步骤内达到终止条件。

【例 5-11】 利用递归函数调用方式，将所输入的字符，以相反顺序输出出来。打开 Python 编辑器，输入如下代码，保存为 5-11.py，并调试运行。

```
def output(s,l):
    if l==0:
        return
    print(s[l-1],end=' ')
    output(s,l-1)
s=input("请输入字符串：")
l=len(s)
output(s,l)
```

运行结果为

请输入字符串：abcdef
f e d c b a

【例 5-12】 有 5 个人坐在一起,第 5 个人比第 4 个人大 2 岁,第 4 个人比第 3 个人大 2 岁,第 3 个人比第 2 个人大 2 岁,第 2 个人比第 1 个人大 2 岁,第 1 个人 10 岁。请问第 5 个人的年龄是多少? 打开 Python 编辑器,输入如下代码,保存为 5-12.py,并调试运行。

```python
def age(i):
    if i==1:
        c=10
    else:
        c=age(i-1)+2
    return c
print(age(5))
```

运行结果为

```
18
```

5.3   参数的传递

定义 Python 函数时,就已经确定了函数的名字和位置。当调用函数时,只需要知道如何正确地传递参数以及函数的返回值即可。

Python 的函数定义简单、灵活,尤其是参数。除了函数的必选参数外,还有默认参数、可变参数和关键字参数,使得函数定义出来的接口,不但能处理复杂的参数,还可以简化调用者的代码。

5.3.1   默认参数

在 Python 中,可以为函数的参数设置默认值。可以在定义函数时,直接在参数后面使用"="为其设置默认值。调用函数时,默认参数的值如果没有传入,则被认为是默认值。

【例 5-13】 输出 name 及 age。可以定义 printinfo(name,age) 函数来输出 name 及 age,参考代码如下:

```python
def printinfo(name,age):
    print("Name:",name)
    print("Age:",age)
    return
```

函数定义完后,该函数可以输出任何符合条件的 name 及 age。如调用该函数输出 Name 为 miki,Age 为 50,即 printinfo(age=50,name="miki"),运行结果为

```
Name: miki
Age: 50
```

若调用该函数时写成 printinfo(name="miki"),系统会给出如下输入错误提示。

```
TypeError: printinfo() missing 1 required positional argument: 'age'
```

为了使用方便,可以把第二个参数即 age 的值设为默认值 35,这样函数就变成下面这种形式。

```
def printinfo(name,age=35):
    print("Name:",name)
    print("Age:",age)
    return
```

在这种情况下,再次调用 printinfo(name＝"miki"),函数会自动将 age 的值赋为 35,此时 35 即是该函数的默认参数,相当于调用 printinfo("miki",35),运行结果如下:

```
Name: miki
Age: 35
```

而对于 age≠35 的情况,需要明确给出 age 的值。如 printinfo("miki,55")。

通过上面的例子可以看出,函数的默认值参数可以简化函数的调用,优点是可以降低调用函数的难度。只需定义一个函数,即可实现对该函数的多次调用。

在设置默认参数时,需要注意以下几点。

(1) 一个函数的默认参数,仅仅在该函数定义时,被赋值一次。

(2) 默认参数的位置必须在必选参数的后面,否则 Python 的解释器会报语法错误。错误为 SyntaxError:non-default argument follows default argument。

(3) 在设置默认参数时,变化大的参数位置在前,变化小的参数位置在后,变化小的参数就可作为默认参数。

(4) 默认参数一定要用不可变对象,如果是可变对象,程序运行会出现逻辑错误。

5.3.2　可变参数

在 Python 函数中,还可以定义可变参数。可变参数的含义就是传入的参数个数是可变的,可以是任意数量。

【例 5-14】　给定一组数字 $x,y,z,\cdots$,计算 $x+y+z+\cdots$。

分析:要定义这个函数,必须要输入确定的参数,但是该题中参数个数不确定。所以,解决方法就是把 $x,y,z,\cdots$ 作为一个列表(list)或元组(tuple)传进来,利用 list 或 tuple 来定义一个 sum(numbers)函数,参考代码如下:

```
def sum(numbers):
    s=0
    for i in numbers:
        s=s+i
    print("x+y+z+...的和是:",s)
    return
```

在该函数中,参数 numbers 接收到的是一个 tuple 或 list,因此函数的代码完全不变,但是调用该函数时,可以传入任意个参数。例如,分别调用如下函数。

```
sum([1,2,3])
sum([1,3,5,7,9])
sum([])
```

运行结果为

```
x+y+z+...的和是:6
```

```
x+y+z+...的和是：25
x+y+z+...的和是：0
```

同时,Python 允许在定义用于接收一个 list 或 tuple 的参数前加一个" * "号,表示可变参数,则函数定义变为 def sum(* numbers),但是函数代码块不变,函数整体代码如下:

```
def sum( * numbers):
    s=0
    for i in numbers:
        s=s+i
    print("x+y+z+...的和是: ",s)
    return
```

这样在利用可变参数后,numbers 接收到的是一个 tuple,调用该函数时可以简写如下:

```
sum(1,2,3)
sum(1,3,5,7,9)
sum()
```

运行结果为

```
x+y+z+...的和是：6
x+y+z+...的和是：25
x+y+z+...的和是：0
```

5.3.3 关键字参数

Python 函数中的关键字参数允许传入 0 个或任意多个含参数名的参数,这些关键字参数在函数内部自动组装为一个字典(dict)。关键字参数的作用是可以扩展函数的功能,保证能接收到必选参数,同时也可以接收到其他参数。在 Python 中,使用 ** 来表示关键字参数。

使用关键字参数时,可以通过"变量名＝值"或" * *｛键:值｝"的形式来进行参数的传递。

在 Python 函数中,参数定义的顺序必须是:必选参数→默认参数→可变参数→关键字参数。

【例 5-15】 定义一个函数,输出相关信息。定义一个 teacher(name,age, ** other),参考代码如下:

```
def teacher(name,age, ** other):
    print("Name:",name,"Age:",age,"Other:",other)
```

定义的函数除了必选参数 name 和 age 外,还可以接收关键字参数 other。在调用该函数时,可以只传入必选参数,例如:

```
teacher("lisi",35)
```

运行结果为

```
Name: lisi Age: 35 Other: {}
```

同时也可以传入任意个数的关键字参数，例如：

```
teacher("wangwu",40,sex="M")
teacher("wangwu",40,sex="M",tel="18501214582")
```

运行结果为

```
Name: wangwu Age: 40 Other: {'sex': 'M'}
Name: wangwu Age: 40 Other: {'sex': 'M', 'tel': '18501214582'}
```

5.4　函数的返回值

在 Python 中可以为函数指定一个返回值，返回值可以是任何数据类型，使用 return 语句可以返回函数值并退出函数。不带参数值的 return 语句返回 None。如果需要返回多个值时，可以返回一个元组。

【例 5-16】　求两数的和。打开 Python 编辑器，输入如下代码，保存为 5-16. py，并调试运行。

```
def sum(arg1,arg2):
    total=arg1+arg2
    print("函数内:",total)
    return
total=sum(10,15)
print("函数外:",total)
```

运行结果为

```
函数内：25
函数外：None
```

5.5　变量的作用域

一个程序的所有变量并不是在哪个位置都可以访问的。访问权限取决于这个变量是在哪里赋值的。变量的作用域决定了在哪一部分程序可以访问哪个特定的变量。两种最基本的变量作用域是全局变量和局部变量。

在函数中定义的变量称为局部变量。局部变量只在定义它的函数内部有效，在函数体之外，即使是使用相同名字的变量，也会被看作另一个变量。与之相对的，在函数体之外定义的变量称为全局变量，全局变量在定义之后的代码中都有效，包括在全局变量之后定义的函数体内的代码。如果局部变量和全局变量重名，则在定义局部变量的函数中只有局部变量是有效的。调用函数时，所有在函数内声明的变量名称都将被加入作用域中。

【例 5-17】　局部变量与全局变量举例。求两数之和。打开 Python 编辑器，输入如下代码，保存为 5-17. py，并调试运行。

```
total=0                    # 这是一个全局变量
def sum(arg1,arg2):
    total=arg1+arg2        # total 在这里是局部变量
    print("函数内是局部变量: ",total)
```

```
        return total
sum(10,15)
print("函数外是全局变量：",total)
```

运行结果为

```
函数内是局部变量：25
函数外是全局变量：0
```

在函数体中，如果要为定义在函数外的全局变量赋值，可以使用 global 语句，表明变量是在外面定义的全局变量。global 语句可指定多个全局变量，如 global x,y,z。一般应该尽量避免这样使用全局变量，因为全局变量会导致程序的可读性变差。

【例 5-18】 全局变量语句 global 示例。打开 Python 编辑器，输入如下代码，保存为 5-18.py，并调试运行。

```
pi=3.1415926                    # 全局变量
e=2.7182818                     # 全局变量
def fun():
    global pi                   # 全局变量，与之前的全局变量 pi 指向相同的对象
    pi=3.14
    print("global pi=",pi)
    e=2.718                     # 局部变量，与前面的全局变量 e 指向不同的对象
    print("local e=",e)
print("module pi=",pi)
print("module e=",e)
fun()
print("module pi=",pi)
print("module e=",e)
```

运行结果为

```
module pi=3.1415926
module e=2.7182818
global pi=3.14
local e=2.718
module pi=3.14
module e=2.7182818
```

在函数体中，可以定义嵌套函数，在嵌套函数中，如果要为定义在上级函数体的局部变量赋值，可以使用 nonlocal 语句，表明变量不是所在块的局部变量，而是在上级函数体中定义的局部变量。nonlocal 语句可指定多个非局部变量，如"nonlocal x,y,z"。

【例 5-19】 非局部变量语句 nonlocal 示例。打开 Python 编辑器，输入如下代码，保存为 5-19.py，并调试运行。

```
def out_fun():
    tax_rate=0.15               # 局部变量
    print("outerfucnc tax rate=",tax_rate)
    def in_fun():
        nonlocal tax_rate
        tax_rate=0.05
```

```
        print("inner func tax rate=",tax_rate)
    in_fun()
    print("outer fucnc tax rate=",tax_rate)
out_fun()
```

运行结果为

```
outerfucnc tax rate=0.15
inner func tax rate=0.05
outer fucnc tax rate=0.05
```

5.6　模　　块

为了编写可维护的代码,通常会把很多函数分组,然后分别放到不同的文件里,这样每个文件包含的代码相对较少,很多编程语言都采用这种组织代码的方式。在 Python 中,一个 .py 文件就称为一个模块(module)。

使用模块最大的好处就是大大提高了代码的可维护性。当一个模块编写完毕,便可以在其他地方被引用。同时,在写程序的时候,也经常引用其他模块。使用模块还可以避免函数名和变量名冲突,相同名字的函数和变量可以分别存在不同的模块中。因此,在编写模块时,不必考虑名字会与其他模块冲突。但是也要注意,尽量不要与内置函数名发生冲突。

5.6.1　模块的导入

在 Python 中,如果要引用一些内置的函数,需要使用关键字 import 来引入某个模块。import 语句的格式为

```
import module1[,module2,...,moduleN]
```

如引用模块 math 时需要在文件最开始的地方用 import math 引入。

在调用 math 模块中的函数时,必须这样引用:

```
模块名.函数名
```

为什么必须加上模块名呢？因为可能存在这样一种情况:在多个模块中含有相同名称的函数,此时如果只是通过函数名来调用,解释器无法判断具体要调用哪个函数,所以如果像上述这样引入模块时必须加上模块名。

```
import math
print(sqrt(25))            #这样会报错
print(math.sqrt(25))       #这样才能正常输出结果
```

有时如果需要用到模块中的某个函数,只需要引入该函数即可,此时可以通过 from...import 语句,其格式为

```
from modname import name1[,name2,...nameN]
```

通过这种方式引入时,调用函数时只能给出函数名,不能给出模块名,但是当两个模块中含有相同名称函数时,后面的一次引入会覆盖前一次引入。也就是说假如模块 A 和模块

B 中均有函数 function(),如果引入 A 中的 function()先于 B,那么当调用 function()函数时,是去执行模块 B 中的 function()函数。

如果想一次性引入 math 中的所有内容,还可以通过 from math import * 来实现,但是不建议这么做。只在下面两种情况下建议使用。

(1) 目标模块中的属性非常多,反复输入模块名很不方便。

(2) 在交互式解释器中,这样可以减少输入。

5.6.2　模块的创建

在 Python 中,每个 Python 文件都可以作为一个模块,模块的名字就是文件的名字。例如有一个文件 test.py,在 test.py 中定义了函数 sum()。

```
def sum(x,y):
    return x+y
```

这样在其他文件中就可以先输入 import test,然后通过 test.sum(x,y)进行调用。例如,在 test1.py 中有以下代码。

```
import test
print(test.sum(5,6))
```

运行结果为

```
11
```

当然也可以通过 from test import sum 来引入。

```
from test import sum
print(sum(5,6))
```

如果要将自定义目录下的模块导入,则需要先将此目录路径添加到系统搜索导入模块的路径列表中。这时需要用到系统模块 sys。sys 模块可供访问由解释器(interpreter)使用或维护的变量和与解释器进行交互的函数。如 sys.path 用于返回模块的搜索路径,返回值为列表;sys.path.insert()用来添加搜索路径。

例如,将目录路径“X:\Users\admin\Desktop\第 5 章\5 章源码”添加到模块的搜索路径中,并将此目录下的 test2 模块导入,然后引用该模块中的 sayhello()函数。代码如下:

```
>>> import sys
>>> sys.path.insert(0,"X:\\Users\\admin\\Desktop\\\第 5 章\\5 章源码")
>>>import test2
>>>test2.sayhello()
人生苦短,我用 Python!
```

5.7　任务实现

任务 1　创建一个名为 sum()的函数,并计算 n 以内的整数之和。打开 Python 编辑器,输入如下代码,保存为 task5-1.py,并调试运行。

```
def sum(n):
    total=0
    for i in range (1,n+1):
        total+=i
    return total
a=int(input("请输入计算范围最大值："))
total=sum(a)
print("%d 以内的所有整数和是：%d"%(a,total))
```

运行结果为

```
请输入计算范围最大值：10
10 以内的所有整数和是：55
```

任务 2　编写函数实现凯撒密码的加密和解密。

说明：凯撒密码原理是指通过对字母移动一定的位数来实现加密和解密功能。如 A 被替换成 C，B 被替换成 D，依此类推，则移动字母的步长为 2。打开 Python 编辑器，输入如下代码，保存为 task5-2.py，并调试运行。

```
def enCode(text,key):
    Len1=len(text)
    passtext=""
    for i in range(Len1):
        char=text[i]
        uniCode=ord(char)+ord(key)
        passtext=passtext+chr(uniCode)
    return passtext
def unCode(passtext,key):
    Len1=len(passtext)
    text=""
    for i in range(Len1):
        num=ord(passtext[i])-ord(key)
        text=text+chr(num)
    return text
text=input("请输入要加密的内容:")
passtext=enCode(text,"我")
print("明文:"+text)
print("密文:"+passtext)
print("解密后的明文:"+unCode(passtext,"我"))
```

运行结果为

```
请输入要加密的内容：
书山有路勤为径,学海无涯苦作舟
明文:书山有路勤为径,学海无涯苦作舟
密文:翌髎翍 㐃㘋舍㘁㖻㘻㗄㘵  㘮
解密后的明文:书山有路勤为径,学海无涯苦作舟
```

任务 3　使用 lambda 表达式，编写求输入的三个数之和，并输出这三个数各自平方的函数。打开 Python 编辑器，输入如下代码，保存为 task5-3.py，并调试运行。

```
f=lambda x,y,z:x+y+z
x=int(input("请输入第一个数："))
y=int(input("请输入第二个数："))
z=int(input("请输入第三个数："))
print("输入的三个数之和:",f(x,y,z))
L=[(lambda x:x ** 2),(lambda y:y ** 2),(lambda z:z ** 2)]
print("三个数的各自平方为:",L[0](x),",","L[1](y),",","L[2](z))
```

运行结果为

```
请输入第一个数：1
请输入第二个数：2
请输入第三个数：3
输入的三个数之和：6
三个数的各自平方为：1,4,9
```

任务4　创建一个学生信息管理系统，学生信息包含姓名、年龄和成绩，该系统具有添加、显示、修改、删除和退出功能。打开 Python 编辑器，输入如下代码，保存为 task5-4.py，并调试运行。

```
# 学生信息管理系统
def add_students():
    i=0
    students =[]
    while True:
        name=input('输入学生姓名:')
        age=int(input('输入学生年龄:'))
        score=float(input('输入学生成绩:'))
        student={'name': name, 'age': age, 'score': score}
        students.append(student)
        i+=1
        char=input('已输入% d条记录,是否继续输入(y/n)？'%i)
        if(char!="y"):
            break
        print()
    return students
def display_students(students):
    print('\t 姓名\t 年龄\t 成绩')
    print('\t-------------------- ')
    for student in students:
        print('\t%s\t%d\t%.1f'%(student['name'],student['age'],student['score']))
def modify_students(students):
    name =input('请输入待修改学生姓名:')
    for student in students:
        if name==student['name']:
            name=input('输入学生姓名:')
            age=int(input('输入该生新年龄:'))
            score=float(input('输入该生新成绩:'))
            student['name']=name
            student['age']=age
            student['score']=score
```

```
            print('%s 的信息修改成功!' %name)
            return
    print('%s 未找到,信息修改失败!' %name)
def delete_students(students):
    name =input('请输入待删除学生姓名:')
    for student in students:
        if name==student['name']:
            students.remove(student)
            print('姓名为[%s]的记录删除成功!' %name)
            return
    print('名为[%s]的记录未找到,删除失败!' %name)
def show_menu():
    print("""
    学生信息管理系统
    ----------------
    1. 添加学生信息
    2. 显示学生信息
    3. 修改学生信息
    4. 删除学生信息
    0. 退出管理系统
    ----------------
说明:通过数字选择菜单。
    """)
students=[]
while True:
    show_menu()
    op =input('输入操作选项:')
    if op =='1':
        students.extend(add_students())
    elif op =='2':
        display_students(students)
    elif op =='3':
        modify_students(students)
    elif op =='4':
        delete_students(students)
    else:
        break
    choice =input('输入 y 返回主菜单,按任意键退出系统!')
    if choice ! ='y':
        break
```

运行结果为

```
学生信息管理系统
-----------------------
1. 添加学生信息
2. 显示学生信息
3. 修改学生信息
4. 删除学生信息
0. 退出管理系统
```

说明:通过数字选择菜单。

5.8 习 题

课后习题答案 5

1. 填空题

(1) 下面程序输出的结果是_____。

```
def f():pass
print(type(f()))
```

(2) 下面程序输出的结果是_____。

```
def main():
    lst=[2,4,6,8,10]
    lst=2*lst
    lst[1],lst[3]=lst[3],lst[1]
    swap(lst,2,4)
    for i in range(len(lst)-4):
        print lst[i]," "
def swap(lists,ind1,ind2):
    lists[ind1],lists[ind2]=lists[ind2],lists[ind1]
main()
```

(3) 阅读下面程序:

```
def fact(n)
    return n*fact(n-1)
def main()
    print fact(5)
```

请问该程序是否正确? 如果正确,请写出运行结果; 如果不正确,则修改程序并写出相应的运行结果。

(4) 下面程序的作用是显示输入的三个整数的最大值和最小值,请补充完整。

```
def f(a,b,c):
    _____
    if(b>max):max=b
    if(c>max):max=c
    if(b<min):min=b
    if(c<min):min=c
    _____
x,y,z=input("please input three whole numbers:")
max,min=f(x,y,z)
print("max value:",max,"min value:",min)
```

(5) Python 中,若 def f1(p,**p2):print(type(p2)),则 f1(1,a=2)的运行结果是_____。

(6) Python 中,若 def f1(a,b,c):print(a+b),则 nums=(1,2,3);f1(*nums)的运行结果是_____。

（7）下面 Python 程序的功能是_____。

```python
def f(a,b):
    if b==0:print(a)
    else:f(b,a%b)
print(f(9,6))
```

（8）下列 Python 语句的输出结果是_____。

```python
def judge(param1, * param2):
    print(type(param2))
    print(param2)
judge(1,2,3,4,5)
```

2. 选择题

（1）以下内容关于函数描述正确的是（　　　）。

  A. 函数用于创建对象

  B. 函数可以重新执行得更快

  C. 函数是一段代码用于执行特定的任务

  D. 以上说法都正确

（2）
```python
x=True
def printLine(text):
    print(text,'Runoob')
printLine('Python')
```

以上代码输出结果为（　　　）。

  A. Python   B. Python Runoob

  C. text Runoob   D. Runoob

（3）如果函数没有使用 return 语句,则函数返回的是（　　　）。

  A. 0   B. None 对象

  C. 任意的整数   D. 错误! 函数必须要有返回值

（4）
```python
def greetPerson( * name):
    print('Hello',name)
greetPerson('Runoob','Google')
```

以上代码输出结果为（　　　）。

  A. Hello Runoob   B. Hello('Runoob','Google')

    Hello Google

  C. Hello Runoob   D. 错误! 函数只能接收一个参数

（5）关于递归函数描述正确的是（　　　）。

  A. 递归函数可以调用程序的使用函数

  B. 递归函数用于调用函数的本身

  C. 递归函数除了函数本身,可以调用程序的其他所有函数

  D. Python 中没有递归函数

（6）
```python
def foo(x):
    if(x==1):
```

```
            return 1
        else:
            return x+foo(x-1)
    print(foo(4))
```

以上代码输出结果为(   )。

    A. 10   B. 24   C. 7   D. 1

(7) 如果需要从 math 模块中输出 pi 常量,以下代码正确的是(   )。

    A. print(math. pi)   B. print(pi)

    C. from math import pi   D. from math import pi

       print(pi)   print(math. pi)

(8) 以下(   )符号用于从包中导入模块?

    A. .   B. *   C. −>   D. ,

(9) 以下代码(   )定义函数的语句是正确的。

    A. def someFunction():   B. function someFunction()

    C. def someFunction()   D. function someFunction():

(10) 代码 def a(b,c,d):pass 的含义是(   )。

    A. 定义一个列表,并初始化它   B. 定义一个函数,但什么都不做

    C. 定义一个函数,并传递参数   D. 定义一个空的类

(11) 下列(   )参数定义不合法。

    A. def myfunc(* args):   B. def myfunc(arg1=1):

    C. def myfunc(* args,a==1):   D. def myfunc(a=1, ** args):

(12) 一段代码定义如下,下列调用结果正确的是(   )。

```
def bar(multiple):
  def foo(n):
    return multiple ** n
  return foo
```

    A. bar(2)(3)==8   B. bar(2)(3)==6

    C. bar(3)(2)==8   D. bar(3)(2)==6

(13) 关于 import 引用,以下选项中描述错误的是(   )。

    A. 使用 import turtle 引入 turtle 库

    B. 可以使用 from turtle import setup 引入 turtle 库

    C. 使用 import turtle as t 引入 turtle 库,取别名为 t

    D. import 保留字用于导入模块或者模块中的对象

(14) 关于函数,以下选项中描述错误的是(   )。

    A. 函数能完成特定的功能,对函数的使用不需要了解函数内部实现原理,只要
了解函数的输入输出方式即可

    B. 使用函数的主要目的是降低编程难度和代码重用

    C. Python 使用 del 保留字定义一个函数

    D. 函数是一段具有特定功能、可重用的语句组

(15) 简单变量作为实参时,它和对应的形参之间数据传递方式是(　　)。

    A. 由形参传给实参

    B. 由实参传给形参,再由形参传给实参

    C. 由实参传给形参

    D. 由用户指定传递方向

3. 编程题

(1) 输入数组,最大的与第一个元素交换,最小的与最后一个元素交换,输出数组。

(2) 有 n 个整数,使其前面各数顺序向后移 m 个位置,最后 m 个数变成最前面的 m 个数。

(3) 编写 input()和 output()函数,输入和输出 5 个学生的数据记录。

(4) 编写一个函数,输入 n 为偶数时,调用函数求 $1/2+1/4+\cdots+1/n$,当输入 n 为奇数时,调用函数求 $1/1+1/3+\cdots+1/n$。

(5) 编写两个函数,分别求由键盘输入的两个整数的最大公约数和最小公倍数,最后调用这两个函数,并输出结果。

(6) 求方程的根。从主程序输入 a、b、c 的值,用三个函数分别求当 b^2-4ac 大于 0、等于 0 和小于 0 时的根,并输出结果。

(7) 已知 $\pi/4=1-1/3+1/5-1/7+\cdots$,求 π 的近似值。要求分母大于 10000 结束,用函数完成。

(8) 由键盘输入任意两个整数 x、y,编写一个函数用来求 x 的 y 次方。

(9) 设计一个函数,对输入的字符串(假设字符串中只包含小写字母和空格)进行加密操作,加密的规则是 a 变 d,b 变 e,c 变 f,$\cdots$,x 变 a,y 变 b,z 变 c,空格不变,返回加密后的字符串。

(10) 设计一个函数,统计一个字符串中出现频率最高的字符及其出现的次数。

第6章

面向对象基础

6.1 面向对象编程

面向对象编程(object oriented programming,OOP),是一种程序设计思想。OOP把对象作为程序的基本单元,一个对象包含了数据和操作数据的函数。面向过程的程序设计是把计算机程序视为一系列的命令集合,即一组函数的顺序执行。为了简化程序设计,面向过程的程序设计把函数切分为子函数,即把大块函数通过切割成小块函数来降低系统的复杂度。面向对象的程序设计把计算机程序视为一组对象的集合,而每个对象都可以接收其他对象发来的消息,并处理这些消息,计算机程序的执行就是一系列消息在各个对象之间的传递。

在 Python 中,所有数据类型都可以视为对象,当然也可以自定义对象。自定义的对象数据类型就是面向对象中的类(class)的概念。类和对象是面向对象编程的两个主要方面。类是创建一个新类型,而对象是这个类的实例。必须牢记类是抽象的模板,比如 Student 类,而实例是根据类创建出来的一个具体的"对象",每个对象都拥有相同的方法,但各自的数据可能不同。对象具有多态性、封装性和继承性等优点。

(1)多态性是指不同类的对象可以使用相同的操作。

(2)封装性是指对外部世界隐藏对象的具体描述过程,也就是将数据和操作捆绑在一起,定义一个新类的过程。

(3)继承性是指类之间的关系,在这种关系中,一个类共享了一个或多个其他类定义的结构和行为。继承描述了类之间的关系。子类可以对基类的行为进行扩展、覆盖、重定义。如果人类是一个类,则可以定义一个子类"男人"。"男人"可以继承人类的属性(如姓名、身高、年龄等)和方法(即动作,如吃饭和走路),这样在子类中就无须重新定义了。

6.2 类的定义和使用

1. 类的概念

具有相同或相似性质的对象的抽象就是类(class),即对象的抽象是类,类的具体化就是对象。例如,如果人类是一个类,则一个具体的人就是一个对象。

2. 类的声明

在 Python 中,可以使用 class 关键字来声明一个类,其基本语法格式为

```
class 类名：
    成员变量
    成员函数
```

class 之后是一个空格，然后是类的名字，再后是一个冒号，最后换行并定义类的内部实现。类名的首字母一般要大写，当然也可按照自己的习惯定义类名。例如：

```
class Person:
    def SayHello(self):
        print("How are you!")
```

可以看到，在成员函数 SayHello()中有一个参数 self，这也是类的成员函数（方法）与普通函数的主要区别。类的成员函数必须有一个参数 self（也可以用其他名称代替），而且位于参数列表的开始。self 就代表类的实例（对象）自身，可以使用 self 引用类的属性和成员函数。

3．类的使用

定义了类之后，就可以用来实例化对象，并通过"对象.成员"的方式来访问其中的数据成员或成员方法。

【例 6-1】 定义一个类 Person，定义 SayHello 成员函数，成员函数输出"How are you!"，并创建 Person 类的实例 p，使用实例 p 引用 SayHello 函数。

```
class Person:
    def SayHello(self):
    print("How are you!")
p=Person()
p.SayHello()
```

运行结果为

```
How are you!
```

【例 6-2】 定义一个字符串 MyString 类，定义成员变量 str，并同时对其赋初始值。

```
class MyString:
    str="MyString"
    def output(self):
        print(self.str)
s=MyString()
s.output()
```

运行结果为

```
MyString
```

在 Python 中，可以使用内置方法 isinstance()来测试一个对象是否为某个类的实例。

【例 6-3】 使用 isinstance()方法，分别测试实例 p 是否为例 6-1 和例 6-2 中类的实例。

```
>>>isinstance(p,Person)
```

运行结果为

```
True
>>>isinstance(p, MyString)
```

运行结果为

```
False
```

最后,在 Python 中提供了一个关键字 pass,类似于空语句,可以用在类和函数的定义中或者程序控制语句中。当暂时没有确定如何实现功能,或者为以后的软件升级预留空间时,可以使用该关键字进行"预留空位"。例如:

```
class A:
    pass
def sum():
    pass
if 35<50:
    pass
```

4. 类成员与实例成员

在 Python 中,成员有两种:一种是实例成员;另一种是类成员。同样,属性也有实例属性和类属性。实例属性一般是指在构造函数__ init__()中定义的,定义和使用时必须以 self 作为前缀;类属性是在类中所有方法之外定义的数据成员。在主程序中(或类的外部),实例属性属于实例(对象),只能通过对象名访问;而类属性属于类,可以通过类名或对象名访问。

在类的方法中可以调用类本身的其他方法,也可以访问类属性以及对象属性。在 Python 中比较特殊的是,可以动态地为类和对象增加成员。例如:

```
class Bike:                                    # 定义 Bike 类
    price=500                                  # 定义 Bike 类属性 price 并赋值
    def __init__(self,a):                      # 定义__init__()函数
        self.color=a                           # 定义实例属性 color 并赋值
bike1=Bike("blue")                             # 定义 Bike 类的实例 bike1 并带参数值
bike2=Bike("green")                            # 定义 Bike 类的实例 bike2 并带参数值
print(bike1.color,bike1.price)                 # 输出 bike1 的属性值
Bike.price=1000                                # 修改 Bike 类属性值 price 的值
Bike.name="number"                             # 增加 Bike 类属性 name 并赋值
bike1.color="red"                              # 修改 bike1 属性值
print(bike1.color,bike1.price,bike1.name)      # 输出 bike1 的 color,price,name 属性值
print(bike2.color,bike2.price,bike2.name)      # 输出 bike2 的 color,price,name 属性值
def setspeed(self,b):                          # 定义 setspeed()函数
    self.speed=b                               # 定义实例属性 speed 并赋值
# 导入 types 模块。types 模块定义了 Python 中所有的类型
import types
# 动态为对象增加成员方法。types.MethodType 可以把外部函数(方法)绑定到类或类的实例中
bike1.setspeed=types.MethodType(setspeed,bike1)   # setspeed 是方法,bike1 是实例对象
bike1.setspeed(15)                             # 调用对象的成员方法 setspeed()
print(bike1.speed)                             # 输出 bike1 的 speed 属性值
```

5. 类的公有成员和私有成员

在 Python 程序中定义的成员变量和方法默认都是公有成员,类之外的任何代码都可以随意访问这些成员。如果在成员变量和方法名前面加上两个下画线(＿＿)作为前缀,则访问变量或方法就是类的私有成员。私有成员只能在类的内部使用,类外的任何代码都无法访问这些成员。

【例 6-4】 访问私有成员。

```
class A:
    def __init__ (self,a,b):          #定义私有方法__init__ ()
        self. __a=a
        self. __b=b
    def add(self):                    #定义普通成员方法 add()
        self. __sum=self. __a+self. __b
        return self. __sum
    def printsum(self):               #定义普通成员方法 addprintsum()
            print(self. __sum)
t=A(2,3)
s=t.add()
t.printsum()
print("s=",s)
```

运行结果为

```
5
s=5
```

在 Python 中,以下画线开头的变量名和方法名具有特殊的含义,尤其是在类的定义中。用下画线作为变量名和方法名前缀和后缀来表示类的特殊成员。

以下是几种特殊成员的表示方式。

(1) _xxx:这样的对象叫作保护成员,不能用 from module import * 导入,只有类对象和子类对象能访问这些成员。

(2) __xxx__:这样的对象是系统的保护成员。

(3) __xxx:这样的对象是类中的私有成员,只有类对象自己能访问,子类对象也不能访问到这个成员,但在对象外部可以通过"对象名._类名__xxx"这样的特殊方式来访问。

【例 6-5】 访问保护成员和私有成员。

```
class A:
    def __init__ (self,x=1,y=2) :     #定义私有方法__init__()
        self._ x=x
        self. __y=y
    def setValue(self,x,y):           #定义普通成员方法 setValue ()
        self._ x=x
        self.__ y=y
    def show(self):                   #定义普通成员方法 show ()
        print(self._x)
        print(self. __y)
a=A()
```

```
print(a._x)
print(a._A__y)                          # 在外部访问对象的私有成员
```

运行结果为

```
1
2
```

另外,在 IDLE 交互模式下,一个下画线_表示解释器中最后一次显示的内容或最后一次语句正确执行的输出结果。例如:

```
>>>3+8
11
>>>_+2
13
>>>_ * 3
39
>>>_/4
9.75
>>>0/1
0.0
>>>_
0.0
>>>1/0
ZeroDivisionError: division by zero
>>>_
0.0
```

6.3 类的属性和方法

6.3.1 类的属性

Python 也允许声明属于类对象本身的变量,即类属性,也称为类变量、静态属性。类属性属于整个类,不是特定实例的一部分,而是所有实例之间共享一个副本。

类属性的语法格式为

类变量名=初始值

然后,可通过类名进行访问,格式为

```
类名.类变量名=值                         # 修改类属性值
类名.类变量名                            # 读取类属性值
```

【例 6-6】 定义 Class1 类,并定义相关类属性。

```
class Class1:
    sum=0                              # 定义属性 sum
    name="name1"                       # 定义属性 name
Class1.sum+=1                          # 通过类名访问 sum 属性,并加 1
print(Class1.sum)                      # 通过类名访问 sum 属性,并输出其值
```

```
print(Class1.name)              #通过类名访问 name 属性,并输出其值
class2=Class1()                 #创建实例对象 class2
class3=Class1()                 #创建实例对象 class3
print(class2.sum,class2.name)#通过实例对象 class2 访问 sum 和 name 属性,并输出值
Class1.name="一班"              #通过类名访问属性 name,并赋值
print(class2.name,class3.name) #通过实例对象 class2,class3 访问 name 属性,并输出值
class2.name="二班"              #通过实例对象 class2 访问 name 属性,并赋值
print(class2.name,class3.name) #通过实例对象 class2,class3 访问 name 属性,并输出值
```

运行结果为

```
1
name1
1 name1
一班 一班
二班 一班
```

在 Python 中通过"实例对象.属性名"进行访问的属性属于该实例对象属性。虽然类属性可以使用对象实例来访问,但这样较易混淆,因此,不建议这样使用,而是应该使用标准的访问方式:"类名.类变量名"。

Python 中可以通过@property 装饰器对类函数进行访问权限的限制。@property 装饰器默认对类属性为只读,如果需要对类函数进行修改、删除等,可以使用对应的@setter 和@deleter 装饰器来实现。

【例 6-7】　@property 装饰器只读示例。

```
class Name:
    def __init__(self,name):
        self.__name=name
    @property                   #设置@property 装饰器,默认只读权限
    def name(self):             #只读属性,不能修改和删除
        return self.__name
>>>t=Name("张三")
>>>t.name
张三
>>>t.name="李四"               #只读属性,不允许修改
AttributeError: can't set attribute
>>>del t.name                  #只读属性,不允许删除
AttributeError: can't delete attribute
>>>t.xuehao="001"              #动态增加实例成员 xuehao 值为 001
>>>t.xuehao
001
>>>t.xuehao="002"              #修改动态实例成员 xuehao 的值
>>>t.xuehao
002
>>>del t.xuehao               #删除动态实例成员 xuehao
```

【例 6-8】　@property、@setter 和@deleter 装饰器可读、可修改、可删除示例。

```
class Name:
    def __init__(self,name):
```

```
            self.__name=name
        @property                      #设置@property装饰器,默认只读权限
        def name(self):                #只读属性,不能修改和删除
            return self.__name
>>>t=Name("张三")
>>>t.name
张三
        @name.setter                   #设置 name 为@setter 装饰器,可修改
        def name(self,name):
            self.__name=name
>>>t.name="李四"                        #修改 name 属性值为李四
>>>t.name
李四
        @name.deleter                  #设置 name 为@deleter 装饰器,可删除
        def name(self):
            del Self.__name
>>>del t.name                          #删除 name 属性
>>>t.name
AttributeError: 'Name' object has no attribute '__Name__name'
```

【例 6-9】 property()函数装饰器可读、可修改、可删除示例。

```
class Car1:
    def __init__(self,name):
        self.__name=name
    def getname(self):
        return self.__name
    def setname(self,value):
        self.__name=value
    def delname(self):
        del self.__name
    #定义 name 为可读、可写、可删除
name=property(getname,setname,delname,"I'm the 'name' property.")
>>>a=Car1("帝豪")
>>>a.name                              #读取 name 属性值
帝豪
>>>a.name="远景"                        #修改 name 属性值
>>>a.name
远景
>>>del a.name                          #删除 name 属性
>>>a.name
AttributeError: 'Car1' object has no attribute '__Car1__name'
```

property()的调用语法格式为

```
property(fget=None,fset=None,fdel=None,doc=None)
```

其中,fget 为 get 访问器;fset 为 set 访问器;fdel 为 del 访问器;doc 为说明信息。

6.3.2　类的方法

1. 实例方法

方法是函数的抽象表述。一般情况下类方法的第一个参数为 self,这种方法称为实例

方法。实例方法对类的某个给定的实例进行操作,可以通过 self 显式地访问该实例。

实例方法的声明语法格式为

```
def 方法名(self,[形参列表]):
    语句
```

调用方法格式为

对象.方法名([实参列表])

在调用时,不必也不能给 self 参数传值。Python 自动把对象实例传递给该参数。例如,声明了一个 Person 类和类方法 My_person(self,a1,a2),则:

```
object1=Person()            # 创建 Person 的对象实例 object1
object1.My_person(a1,a2)    # 调用对象实例 object1 的方法
```

调用对象 object1 的方法 object1.My_person(a1,a2),Python 自动转换为 object1.My_person(object1,a1,a2),即自动把对象实例 object1 传值给 self 参数。

【例 6-10】　实例方法示例。定义 Car2 类,创建其对象,并调用对象函数。

```
class Car2:                          # 定义 Car2 类
    def car_new(self,name):          # 定义 car_new()方法
        self.name=name               # 把参数 name 赋给 self.name
        print("哦,是一辆新车呀!",self.name)
>>>c2=Car2()                         # 创建 Car2 类实例对象 c2
>>>c2.car_new("宾利")                # 使用实例对象 c2 调用 car_new()方法
哦,是一辆新车呀! 宾利
```

2. 静态方法

在 Python 中允许声明与类的对象无关的方法,称为静态方法。静态方法不对特定实例进行操作,在静态方法中访问对象实例会导致错误。静态方法通过@staticmethod 装饰器来定义,其语法格式为

```
@staticmethod
def 静态方法名([形参列表])
```

静态方法一般通过类名访问,可以通过对象实例调用。其调用语法格式为

类名.静态方法名([实参列表]) 或对象实例.静态方法名([实参列表])

【例 6-11】　静态方法示例。大小写英文字母之间的转换。

```
class Aa():
    @staticmethod
    def A2a(A_a):                    # 大写字母转换为小写字母
        A_a=ord(A_a)+32
        return chr(A_a)
    @staticmethod
    def a2A(a_A):                    # 小写字母转换为大写字母
        a_A=ord(a_A)-32
        return chr(a_A)
```

```
print("1.大写字母转换为小写字母")
print("2.小写字母转换为大写字母")
choice=int(input("请选择转换类型："))
if choice==1:
    A_a=input("请输入大写字母：")
    A_a=Aa.A2a(A_a)
    print("转换小写字母是：",A_a)
elif choice==2:
    a_A=input("请输入小写字母：")
    a_A=Aa.a2A(a_A)
    print("转换大写字母是：",a_A)
else:
    print("输入选项有误,请重新输入!")
```

运行结果如图 6-1 所示。

```
================ RESTART: X:/Users/admin/Desktop/例6-11.py ================
1.大写字母转换为小写字母
2.小写字母转换为大写字母
请选择转换类型：1
请输入大写字母：B
转换小写字母是： b
```

(a) 大写转换小写

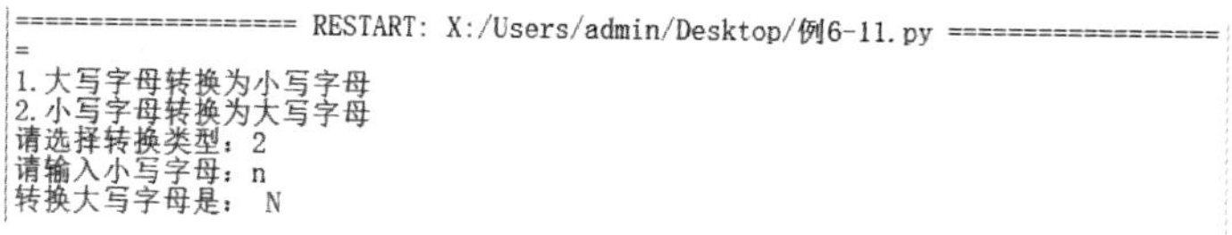

```
================ RESTART: X:/Users/admin/Desktop/例6-11.py ================
1.大写字母转换为小写字母
2.小写字母转换为大写字母
请选择转换类型：2
请输入小写字母：n
转换大写字母是： N
```

(b) 小写转换大写

图 6-1   例 6-11 的运行结果

3. 类方法

Python 也允许声明属于类本身的方法,即类方法。类方法不对特定实例进行操作,在类方法中访问对象实例属性会导致错误。类方法通过装饰器@classmethon 来定义,第一个形式参数必须是对象本身,通常为 cls。

类方法的语法格式为

```
@classmethod
def 类方法名(cls,[形参列表]):
    语句
```

类方法一般通过类名来访问,也可通过对象实例来调用。其调用语法格式为

类名.类方法名([实参列表])

或

对象实例.类方法名([实参列表])

注意：在调用时,不能给 cls 参数传值,因为 Python 会自动把类对象传递给该参数。类对象与类的实例对象不同,在 Python 中,类本身也是对象。

【**例 6-12**】   实例方法、静态方法和类方法示例。

```
class Zoo:
```

```
        classname="Zoo"
        def __init__ (self,name):
            self.name=name
        def z1(self):                          #定义实例方法
            print(self.name)
        @staticmethod                          #定义静态方法
        def z2():
            print("静态方法")
        @classmethod                           #定义类方法
        def z3(cls):
            print(cls.classname)
z=Zoo("老虎")
>>>z.z1()
老虎
>>>z.z2()
静态方法
>>>z.z3()
Zoo
```

4. __init__()方法(构造函数)和__del__()方法(析构函数)

Python 类体中,可以定义特殊的方法:__init__()方法和__del__()方法。

(1) __init__()方法

__init__()方法即构造函数(构造方法),主要用来在创建对象时初始化对象。创建完对象后,检查类中是否实现了构造器,如果类中没有实现__init__()方法,返回新创建的对象,实例化操作结束;如果实现了__init__()方法,调用这个特殊方法,新创建的实例作为它的第一个参数 self 被传递进去,整个过程与一个标准方法的调用一样,此时,就可以把要先初始化的属性放到这个方法中。

【例 6-13】　__init__()方法示例 1。

```
class Test():
    def __init__(self):
        print("__init__")
    def __common__ (self):
        print("__common__")
test1=Test()
```

运行结果为

```
__init__
```

程序运行后,输出__init__,说明在创建 test1 实例时,__init__()方法已被执行了。

【例 6-14】　__init__()方法示例 2。

```
class Test1():
    def __init__(self,topic):
        self.name=topic
    def __common__(self):
        print("试卷类型: ",self.name)
test2=Test1("A 卷")
test2.__common__()
```

运行结果为

试卷类型：A卷

（2）__del__()方法(析构函数)

Python 中还提供一个__del__()方法即析构函数。当使用 del 删除对象时,会调用它本身的析构函数,另外当对象在某个作用域中调用完毕,在跳出其作用域的同时析构函数也会被调用一次,用来释放内存空间。

默认情况下,当对象不再被使用时,__del__()方法运行,由于 Python 解释器实现自动垃圾回收,因此,无法保证该方法在什么时候运行。

通过 del 语句,可以强制销毁一个对象实例,从而保证调用对象实例的__del__()方法。

【例 6-15】   __del__()方法示例。

```
class Test():
    def __init__(self):
        print("__init__")
    def __common__(self):
        print("__common__")
    def __del__(self):
        print("创建的对象实例已删除!")
test1=Test()
test1.__common__()
```

运行结果为

```
__init__
__common__
>>>del test1                    # 删除 test1 实例对象,调用了__del__()方法
创建的对象实例已删除!
>>>test1.__common__()           # 验证 test1 实例对象是否还存在
NameError: name 'test1' is not defined
```

5. 私有方法与公有方法

在 Python 中,以两个下画线(中间无空格)开头,但不以两个下画线结束的方法是私有方法(private),其他为公共(public)的方法。以双下画线(中间无空格)开始和结束的方法是 Python 的特殊方法。不能直接访问私有方法,但可以在其他方法中访问。

【例 6-16】   私有方法示例。

```
class Book:                                  # 定义类 Book
    def __init__(self,name,author,price,date):  # 构造函数或构造方法
        self.name=name                       # 把参数 name 赋值给 self.name
        self.author=author                   # 把参数 author 赋值给 self.author
        self.price=price                     # 把参数 price 赋值给 self.price
        self.date=date                       # 把参数 date 赋值给 self.date
    def __check_name(self):                  # 定义私有方法
        if self.name=="":                    # 判断 self.name 是否为空
            return False
        else:
            return True
    def get_name(self):                      # 定义类 Book 的方法 get_name()方法
```

```
        if self.__check_name():              #调用私有方法__check_name()
            print(self.name,self.author,self.price,self.date)
        else:
            print("no book")
book1=Book("网站设计与管理","小骆",49,"2019-01")   #创建类 Book 的实例
book1.get_name()                                  #调用类 Book 的 get_name()方法
```

运行结果为

```
网站设计与管理 小骆 49 2019-01
>>>book1.__check_name()              #直接用实例 book1 调用私有方法,非法访问
AttributeError: 'Book' object has no attribute '__check_name'
```

6.4　类 的 继 承

类继承是指新类继承旧类的属性与方法,这种行为称为派生子类。继承的新类称为派生类(子类),被继承的旧类称为基类(父类)。

当用户创建派生类后,就可以在派生类内新增或是改写基类的保护方法。

派生类的语法格式为

class 派生类名[(基类 1,基类 2,基类,…)]:
　　语句

一个派生类可以同时继承多个基类,基类之间用逗号隔开。

例如,下列是一个基类 A 和一个基类 B,派生类 C 继承基类 A,派生类 D 继承基类 A 和基类 B。

```
>>>class A:        #基类 A
    pass           #占位
>>>class B:        #基类 B
    pass           #占位
>>>class C(A):     #派生类 C 继承基类 A
    pass           #占位
>>>class D(A,B):   #派生类 D 继承基类 A 和 B
    pass           #占位
```

派生类名后为所有基类的名称元组。如果在类定义中没有指定基类,则默认其基类为 object。object 是所有对象的根基类,定义了公用方法的默认实现。例如:

```
class Student:
    pass
```

等同于

```
Class Student(object):
    pass
```

声明派生类时,必须在其构造函数中调用基类的构造函数。调用语法格式为

基类名.__init__(self,参数列表)

【例 6-17】　派生类实例。创建一个基类 Student,包含四个数据成员 name、sex、age、phone。

```
class Student:                                    #定义基类
    def __init__(self,name,sex,age,phone):        #构造函数__init__()
        self.name=name                            #把参数 name 赋值给 self.name
        self.sex=sex                              #把参数 sex 赋值给 self.sex
        self.age=age                              #把参数 age 赋值给 self.age
        self.phone=phone                          #把参数 phone 赋值给 self.phone
    def printdata(self):                          #定义基类 Student 方法 printdata()
        print("我叫{0},{1},今年{2}岁,电话:{3}。
        ".format(self.name,self.sex,self.age,self.phone))  #输出参数值
class Person1(Student):                           #定义派生类
    def __init__(self,name,sex,age,phone):        #派生类 Person1 的构造函数 __init__()
        Student.__init__(self,name,sex,age,phone) #调用基类构造函数__init__()
x=Person1("王明","男",21,"15157580202")           #派生类实例对象 x
x.printdata()                                     #调用派生类方法 printdata()
```

运行结果为

我叫王明,男,今年 21 岁,电话:15157580202。

【例 6-18】　基类方法和派生类方法调用实例。创建一个基类 Student,包含四个数据成员 name、sex、age、phone。

```
class Student:                                    #定义基类
    def __init__(self,name,sex,age,phone):        #构造函数__init__()
        self.name=name                            #把参数 name 赋值给 self.name
        self.sex=sex                              #把参数 sex 赋值给 self.sex
        self.age=age                              #把参数 age 赋值给 self.age
        self.phone=phone                          #把参数 phone 赋值给 self.phone
    def printdata(self):                          #定义基类 Student 的方法 printdata()
        print("我叫{0},{1},今年{2}岁,电话:{3}。
        ".format(self.name,self.sex,self.age,self.phone))  #输出参数值
class Person1(Student):                           #定义派生类
    def __init__(self,name,sex,age,phone):        #派生类 Person1 的构造函数 __init__()
        Student.__init__(self,name,sex,age,phone) #调用基类构造函数 __init__()
        self.name=name                            #把参数 name 赋值给 self.name
        self.sex=sex                              #把参数 sex 赋值给 self.sex
    def printdata(self):                          #定义派生类 Person1 的方法 printdata()
        print("我叫{0},{1}。".format(self.name,self.sex))
x=Student("陈思","女",20,"15157580303")            #创建基类实例 x
x.printdata()                                     #调用基类方法 printdata()
y=Person1("黄文","男",21,"15702020142")            #创建派生类实例 y
y.printdata()                                     #调用派生类方法 printdata()
```

运行结果为

我叫陈思,女,今年 20 岁,电话:15157580303。
我叫黄文,男。

【例 6-19】　基类方法和派生类方法调用实例。创建三个类,分别是 AA、BB、CC。BB 继承 AA,CC 继承 BB。三个类都有一个相同名称的构造函数 printout()。

```
class AA:
    def __init__(self,name):
        self.name=name
    def printout(self):
        print("这是 AA 类的构造函数 printout(),name=%s"%self.name)
class BB(AA):                          #定义派生类 BB,继承基类 AA
    def __init__(self,name):
        AA.__init__(self,name)
    def printout(self):
        print("这是 BB 类的构造函数 printout(),name=%s"%self.name)
class CC(BB):                          #定义派生类 CC,继承基类 BB
    def __init__(self,name):
        BB.__init__(self,name)
    def printout(self):
        print("这是 CC 类的构造函数 printout(),name=%s"%self.name)
AA("AA").printout()                    #调用 AA 类的方法 printout()
BB("BB").printout()                    #调用 BB 类的方法 printout()
CC("CC").printout()                    #调用 CC 类的方法 printout()
```

运行结果为

```
这是 AA 类的构造函数 printout(),name=AA
这是 BB 类的构造函数 printout(),name=BB
这是 CC 类的构造函数 printout(),name=CC
```

在上述示例中,AA("AA").printout()只会调用 AA 类中的 printout()函数;BB("BB").
printout()会先调用 BB 类的 printout()函数,因为已经找到一个 printout()函数,所以不会
继续在基类 AA 中查找;CC("CC").printout()会先调用 CC 类的 printout()函数,因为已
经找到一个 printout()函数,所以不会继续在基类 BB 和 CC 中查找,只有当本类中没找到
时,才会在基类中查找。

在 Python 中,命名空间的搜索顺序依次为:类的实例→类→基类。Python 也允许多
重继承,即派生类(子类)可以继承多个基类(父类)。

【例 6-20】　多重继承示例。创建三个类 one、two、three,three 继承 one 和 two。

```
class one:
    def __init__(self):
        self.name1="这是第一个基类!"
class two:
    def __init__(self):
        self.name2="这是第二个基类!"
class three(one,two):                 #派生类 three 继承基类 one 和 two
    def __init__(self):
        one.__init__(self)
        two.__init__(self)
        self.name3="这是派生类!"
    def printout(self):
        print("\n",self.name1,"\n",self.name2,"\n",self.name3)
#输出基类 one 的属性 name1 的值,输出基类 two 的属性 name2 的值,输出派生类 three 的属性
  name3 的值
```

```
p=three()
p.printout()
```

运行结果为

这是第一个基类!
这是第二个基类!
这是派生类!

6.5 类 的 重 载

6.5.1 方法重载

在面向对象程序设计中,方法重载是指在一个类中定义多个同名的方法,但要求每个方法具有不同的参数类型或参数个数。但在 Pyhton 中,由于本身是动态语言,方法的参数没有声明类型(调用传值时才确定参数的类型),故对参数类型不同的方法无须考虑重载。对参数数量不同的方法,大多数情况下可以采用参数默认值来实现。

【例 6-21】 默认参数的方法重载示例。

```
class Grade1:
    def talk(self,name=None):
        self.name=name
        if name==None:
            print("请开始自我介绍!")
        else:
            print("您好,我叫",self.name)
c=Grade1()
c.talk()
c.talk("小明")
```

运行结果为

请开始自我介绍!
您好,我叫小明

在 Python 类体中,支持定义多个重名的方法,虽然运行类体时不会报错,但只有最后一个重名的方法有效。因此,在类体中不建议使用定义重名的方法。

【例 6-22】 同名方法重载示例。

```
class Person:                               #定义类 Person
    def speak(self,name):                   #定义类 Person 的方法 speak(),带两个参数
        self.name=name
        print("你好! 很高兴认识你。",self.name)
    def speak(self,name,age):               #重定义类 Person 的方法 speak(),带三个参数
        self.name=name
        self.age=age
        print("我叫{0},今年{1}岁。".format(self.name,self.age))
person1=Person()                            #创建类实例,运行时无报错
>>>person1.speak("小花")
```

```
# 调用类实例方法 speak(),运行时报错:TypeError: speak() missing 1 required
positional argument: 'age'
>>>person1.speak("小丽",19)              # 调用类实例方法 speak()
```

运行结果为

我叫小丽,今年 19 岁。

6.5.2　运算符重载

Python 中也支持运算符重载的功能。运算符重载是指重新定义运算法则。在 Python 中,重载加法运算使用__add__()方法,重载减法运算使用__sub__()方法,重载乘法运算使用__mul__()方法,重载取余运算使用__mod__()方法。例如:

(1) __add__(x,y)方法等于 x+y

(2) __sub__(x,y)方法等于 x-y

(3) __mul__(x,y)方法等于 x * y

(4) __mod__(x,y)方法等于 x%y

【例 6-23】　运算符重载示例。假设有两个数 50 和 30,它们的加法运算法则为两数相加,减法法则为两数相减,乘法运算法则为两数相乘,取余运算法则为两数相除。

```
class Calculator:
    def __init__(self,value):
        self.value=value
    def __add__(self,other):            # 定义加法运算法则
        return (self.value+other.value)
    def __sub__(self,other):            # 定义减法运算法则
        return (self.value-other.value)
    def __mul__(self,other):            # 定义乘法运算法则
        return (self.value * other.value)
    def __mod__(self,other):            # 定义取余运算法则
        return (self.value%other.value)
x=Calculator(50)                        # 定义类 Calculator 实例 x,并带一个参数
y=Calculator(30)                        # 定义类 Calculator 实例 y,并带一个参数
print("x+y=",x+y)                       # 调用方法__add__(),并输出结果
print("x-y=",x-y)                       # 调用方法__sub__(),并输出结果
print("x * y=",x * y)                   # 调用方法__mul__(),并输出结果
print("x%y=",x%y)                       # 调用方法__mod__(),并输出结果
```

运行结果为

```
x+y=80
x-y=20
x * y=1500
x%y=20
```

【例 6-24】　对__add__()、__sub__()、__mul__()和__mod__()运算符进行重载。

```
class List:
    def __init__(self, * args):
        self.__mylist=[]
```

```
        for arg in args:
            self.__mylist.append(arg)
    def __add__(self,n):
        for i in range(0,len(self.__mylist)):
            self.__mylist[i]+=n
    def __sub__(self,n):
        for i in range(0,len(self.__mylist)):
            self.__mylist[i]-=n
    def __mul__(self,n):
        for i in range(0,len(self.__mylist)):
            self.__mylist[i]*=n
    def __mod__(self,n):
        for i in range(0,len(self.__mylist)):
            self.__mylist[i]%=n
    def __printout__(self):
        str1=""
        for i in range(0,len(self.__mylist)):
            str1+=str(self.__mylist[i])+" "
        return str1
x=List(1,2,3,4)
x+5;print(x.__printout__())
x-5;print(x.__printout__())
x*5;print(x.__printout__())
x%5;print(x.__printout__())
```

运行结果为

```
6 7 8 9
1 2 3 4
5 10 15 20
0 0 0 0
```

6.6 任 务 实 现

任务 1　编写一个计算三个数之和的类。打开 Python 编辑器,输入如下代码,保存为 task6-1.py,并调试运行。

```
class Threesum():
    def __init__(self,a,b,c):
        self.a=a
        self.b=b
        self.c=c
    def sum(self):
        s=self.a+self.b+self.c
        print("三个数之和: ",s)
print("请输入三个数: ")
a1=int(input())
b1=int(input())
c1=int(input())
sum1=Threesum(a1,b1,c1)
sum1.sum()
```

运行结果为

请输入三个数：
1
2
3
三个数之和：6

任务 2　设计一个商品类，该类属性有商品编号、商品名称和商品价格。计算四种商品价格的总和。打开 Python 编辑器，输入如下代码，保存为 task6-2.py，并调试运行。

```
class Ware():
    def __init__(self,spbh,spmc,spjg):
        self.spbh=spbh
        self.spmc=spmc
        self.spjg=spjg
    def price(self):
        return self.spjg
    def printsp(self):
        print("商品编号:{0},商品名称:{1},商品价格:{2}".format(self.spbh,self.spm,
        self.spjg))
ware1=Ware("h1001","海飞丝",58.5)
  #ware11=ware1.price()
ware2=Ware("f1001","飞科电吹风",49.5)
  #ware22=ware2.price()
ware3=Ware("s1001","上海香皂",8)
  #ware33=ware3.price()
ware4=Ware("f2001","飞利浦台灯",45.7)
  #ware44=ware4.price()
ware1.printsp()
ware2.printsp()
ware3.printsp()
ware4.printsp()
sum=ware1.spjg+ware2.spjg+ware3.spjg+ware4.spjg
print("商品总价: ",str(sum) +"元")
# print("商品总价:",str(ware11+ ware22+ ware33+ ware44)+ "元")
```

运行结果为

商品编号:h1001,商品名称:海飞丝,商品价格:58.5
商品编号:f1001,商品名称:飞科电吹风,商品价格:49.5
商品编号:s1001,商品名称:上海香皂,商品价格:8
商品编号:f2001,商品名称:飞利浦台灯,商品价格:45.7
商品总价：161.7元

6.7　习　　题

1. 填空题

（1）Python 类中的方法有实例方法、_____和_____三种。

（2）Python 类中的属性分为_____和_____两种。

课后习题答案 6

（3）静态方法定义时用_____进行修饰,类方法用_____进行修饰。

（4）实例方法的第一个参数必须是_____。

（5）类方法以_____作为第一个参数。

（6）在 Python 中,定义类的关键字是_____。

（7）类分为简单继承和_____。

（8）构造函数是一种特殊方法,主要用来_____初始化对象。

（9）_____是指在一个类中定义多个同名的方法,但要求每个方法具有不同的参数类型或参数的个数。

（10）一个派生类可以同时继承_____基类,基类之间以_____隔开。

（11）Python 中可以通过_____装饰器对类属性进行访问权限的限制。

（12）对象具有多态性、_____和_____等优点。

（13）类名的首字母一般要_____,当然也可按照自己的习惯定义类名。

（14）"__xxx__:"这样的对象是_____的保护成员。

（15）在 Python 中,命名空间的搜索顺序依次为_____、_____、_____。

2. 选择题

（1）下面(   )不属于面向对象程序设计语言。

    A. Access   B. C++   C. Java   D. Python

（2）以下(   )不属于 Python 语言的特点。

    A. 多态性   B. 继承性   C. 传递性   D. 封装性

（3）以下(   )可实现将对象进行初始化。

    A. 构造函数   B. 析构函数   C. 公有成员   D. 静态方法

（4）以下(   )是乘法重载方法。

    A. __mul__()   B. __add__()

    C. __sub__()   D. __mod__()

（5）下列叙述中错误的是(   )。

    A. 对象是类的一个实例

    B. 任何一个对象只能属于一个基类

    C. 一个类只能有一个对象

    D. 类与对象的关系和数据类型与变量的关系相似

（6）下列选项中不正确的是(   )。

    A. 类的属性被类的所有实例所共有

    B. 类的属性不能被所有的实例所共有

    C. 类的属性在类体内定义

    D. 类的属性的访问形式为"类名.类属性名"

（7）下列关于属性的描述错误的是(   )。

    A. 实例属性被类的所有实例所共有

    B. 实例属性属于类的一个实例

    C. 实例属性使用"self.属性名"定义

    D. 实例属性使用"self.属性名"访问

（8）关于 Python 类的说法错误的是（　　　）。

　　A. 类的实例方法需要在实例化后才能调用

　　B. 类的实例方法可以在实例化之前调用

　　C. 静态方法和类方法都可以被类或实例访问

　　D. 静态方法无须传入 self 参数

（9）在 Python 中，为了不让某种属性或方法在类外部被调用或修改，可以使用（　　　）。

　　A. 单下画线为开头的名称　　　　　　B. 双下画线为开头的名称

　　C. 双下画线为开头和结尾的名称　　　D. 单下画线为开头和结尾的名称

（10）下列关于类的继承，叙述正确的是（　　　）。

　　A. 类可以被继承，但不能继承父类的私有属性和私有方法

　　B. 类可以被继承，能继承父类的私有属性和私有方法

　　C. 子类可以修改父类的方法，以实现与父类不同的行为表示或能力

　　D. 一个派生类可以继承多个基类

3. 编程题

（1）设计一个产品类，该类有产品编号、产品名称、产品单价、产品数量、产品生产地。应用该类，统计三种产品的总金额。

（2）设计一个 Student 类。该类属性有学号、姓名和成绩。计算 5 名学生的成绩平均分。

（3）有两个二维元组（8,4）和（5,3），它们的加法运算法则为对应的元素相加；减法法则为对应的元素相减。请编写程序计算两个元素相加、相减的值。

第 7 章

图形用户界面

7.1 图形用户界面概述

图形用户界面(graphical user interface,GUI,又称图形用户接口)是指采用图形方式显示的计算机用户操作界面。目前较常用的 Python 图形用户工具包有 tkinter、wxPython、PythonWin、Jython 等。

(1) tkinter 是 Python 标准的 GUI 接口,是 Python 系统自带的标准图形用户界面工具,它不仅可以运行在 Windows 系统里,还可以在大多数的 UNIX 平台下使用。由于 tkinter 应用广泛,所以本章主要介绍 tkinter 模块的图形用户界面的使用方法。

(2) wxPython 是一款开源软件,基于 wxWindows 系统,具有跨平台的特性。

(3) PythonWin。只能在 Windows 系统中使用,使用了本机的 Windows GUI 功能。

(4) Jython 是一种完整的语言,而不是一个 Java 翻译器,或仅仅是一个 Python 编译器,它是 Python 语言在 Java 中的完全实现的体现。除了一些标准模块外,Jython 还使用 Java 的模块。

7.2 认 识 tkinter

tkinter 是 Python 系统自带的标准 GUI 库,具有一套常用的图形组件。安装 Pyhton 3.x 后就能加载 tkinter 库,用户需要时只需将 tkinter 模块导入即可。

导入 tkinter 模块语句有如下两种格式。

```
(1) >>>import tkinter              #导入 tkinter 模块
(2) >>>from tkinter import *       #导入 tkinter 模块的所有内容
```

使用 tkinter 模块的操作步骤如下。

(1) 导入 tkinter 模块。

```
import tkinter
```

(2) 创建一个顶层容器对象。

```
win=tkinter.Tk()
```

(3) 在顶层容器对象中,添加其他组件。

（4）调用 pack()方法进行容器的区域布局。

（5）进入窗口事件循环。

```
win.mainloop()
```

当容器进入主事件循环状态时，容器内部的其他图形对象则处于循环等待状态，这样才能由某个事件引发容器区域内对象完成某种功能。

下面使用 tkinter 库创建一个简单图形用户界面。

【例 7-1】 创建窗体标题为"登鹳雀楼"的简单用户图形界面。

```
import tkinter                    # 导入 tkinter 模块
win=tkinter.Tk()                  # 使用 tkinter 模块的方法 Tk()创建一个窗体对象
win.title("登鹳雀楼")              # 设置窗体标题为"登鹳雀楼"
c=tkinter.Label(win,text="白日依山尽,黄河入海流。欲穷千里目,更上一层楼。")
                # 使用 tkinter 模块的方法 Label(),在窗体中创建一个标签控件,并输入值
c.pack()        # 调用标签控件的方法 pack(),用于设置控件的大小及位置等
win.mainloop    # 开始窗口事件循环
```

运行结果如图 7-1 所示。

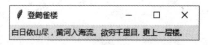

图 7-1 简单用户图形界面

7.3 窗体容器和控件

1. 窗体

窗体是带有标题、边框的一个顶层容器，在其内部可以添加 tkinter 的控件，如图 7-2 所示。

图 7-2 窗体结构

创建窗体的操作步骤如下。

（1）导入 tkinter 模块。

```
import tkinter
```

（2）创建窗体对象。

```
win=tkinter.Tk()
```

（3）设置窗体的大小和位置。

```
win.geometry("宽 x 高+水平坐标+垂直坐标")
```

说明："＋水平坐标"表示主窗口左边离屏幕左边的距离，"－水平坐标"表示主窗口右边离屏幕右边的距离；"＋垂直坐标"表示主窗口上边离屏幕上边的距离，"－垂直坐标"表示主窗口下边离屏幕下边的距离。

（4）进入窗口事件循环。

【例 7-2】　创建一个高为 700 像素、宽为 900 像素、水平坐标为 30 像素、垂直坐标为 20 像素的窗体。

```
import tkinter
win=tkinter.Tk()
win.title("宽为 900 像素,高为 700 像素,x 坐标为 30,y 坐标为 20")
win.geometry("900×700+30+20")
win.mainloop
```

运行结果如图 7-3 所示。

图 7-3　900×700 像素窗体

2. 控件

控件是指对数据和方法的封装。控件可以有自己的属性和方法，其中属性是控件数据的简单访问者，方法则是控件的一些简单而可见的功能。

tkinter 模块提供的控件如表 7-1 所示。

表 7-1　tkinter 提供的控件

控 件 名 称	描　　　述
Label	标签控件,可以显示文本和位图
Button	按钮控件,在程序中显示按钮
Frame	框架控件,在屏幕上显示一个矩形区域,多用来作为容器

控件名称	描　述
Entry	输入控件,用于显示简单的文本内容
Text	文本控件,用于显示多行文本
Canvas	画布控件,显示图形元素,如线条或文本
Listbox	列表框控件,用来显示多个元素提供给用户进行选择,其中每个元素都是字符串,支持用户单选和多选
Menu	菜单控件,显示菜单栏,下拉菜单和弹出菜单
Message	消息控件,用来显示多行文本,与 Label 类似
Radiobutton	单选按钮控件,显示一个单选的按钮状态
Scale	范围控件,显示一个数值刻度,为输出限定范围的数字区间
Scrollbar	滚动条控件,当内容超过可视化区域时使用,如列表框
Checkbutton	复选框控件,用于在程序中提供多项选择框
Toplevel	容器控件,用来提供一个单独的对话框,与 Frame 类似
PanedWindow	窗口布局管理插件,可以包含一个或者多个子控件

7.3.1　Label 控件

Label 控件用来创建一个显示区域,可在该区域内显示文本和图像。最终呈现出的 Label 由背景和前景叠加构成。

Label 的语法格式为

```
w=Tkinter.Label(master, option=value, ...)
```

说明:master 参数为其父控件,用来放置 Label 的控件;option 参数为可选项,即该控件可设置的属性。像其他控件一样,可以在创建 Label 控件之后再为其指定属性,因此创建方法中的 options 选项可以为空。option 选项可以用"键=值"的形式设置,并以逗号分隔。

Label 控件的常用属性如表 7-2 所示。

表 7-2　Label 控件的常用属性

属性名称	描　述
text	标签上显示的内容,可以多行,用'\n'分隔
width	标签上显示内容的字符个数。当显示的是图像时,单位为像素
height	标签上显示内容的行数。当显示的是图像时,单位为像素
anchor	标签上显示内容的位置,默认居中。anchor 可选值有 n、s、w、e、ne、nw、sw、se、center,e、s、w、n 是东、南、西、北英文的首字母,表示上北、下南、左西、右东
font	标签上显示内容的字体字号格式。默认由系统指定,如: font= ("隶书",16,"bold")
bitmap	标签上显示位图。bitmap 可选值有 error、hourglass、info、questhead、warning、gray12、gray25、gray50、gray75
image	标签上显示图像。仅支持 GIF、PPM/PGM 格式的图片。tkinter 的 PhotoImage 的实例化对象

属性名称	描　　述
textvariable	创建一个 StringVar 变量,标签控件显示该变量内容。如果变量被修改,标签控件的内容会自动更新
bd 或 borderwidth	设置边框宽度
bg 或 backgroud	标签背景颜色
fg 或 foreground	标签前景(文本)颜色
underline	标签上指定一个字符有下画线
justify	标签上指定多行文本的对齐方式
activebackground	标签激活时的背景颜色
activeforeground	标签激活时的文字和图像颜色
disabledforeground	指定标签不可用时的前景色
state	设置标签控件状态,state 可选值有 active、disable、normal,默认为系统设置
compound	指定文本与图像的显示状态,默认情况下,有图时不显示文字。compound 可选值有 bottom、center、left、none、right、top,默认值为 none
wraplength	指定文本在多少宽度后开始换行,单位是像素

【例 7-3】 标签控件示例 1。

```python
import tkinter
win=tkinter.Tk()
lab1 =tkinter.Label(win,text="这是 Python 语言时代######Label1",
                disabledforeground='blue',
                activeforeground='green',
                activebackground ='white',
                state='disabled')
lab2 =tkinter.Label(win,text="这是 Python 程序代码***********Label2",
                disabledforeground='yellow',
                activeforeground='green',
                activebackground ='white',
                state='active')
lab1.pack()
lab2.pack()
win.mainloop()
```

运行结果如图 7-4 所示。

【例 7-4】 标签控件示例 2。

```python
import tkinter
win=tkinter.Tk()
img=tkinter.PhotoImage(file="img01.gif")      # PhotoImage 只能读取 gif 格式的图像
    #绝对路径,如: file="d:/Documents/Desktop/img01.gif"
lab=tkinter.Label(win,image=img)
lab.pack()
win.mainloop()
```

运行结果如图 7-5 所示。

图 7-5 标签控件示例 2

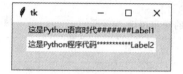

图 7-4 标签控件示例 1

【例 7-5】 标签控件示例 3。

```
import tkinter
win=tkinter.Tk()
win.geometry("150x100")
content=tkinter.StringVar()                  #创建 StringVar()对象实例
#StringVar()是 tkinter 模块对象,可以跟踪变量值的变化,通过 set()方法设置值并输出
content.set("好好学习")                       #设置实例的值
def func():
        content.set("天天向上")
        lab1=tkinter.Label(win,textvariable=content)
#设置标签宽度、背景色、前景色和文本对齐
lab1.config(width=20,bg="black",fg="white",anchor="e")
lab1.pack()
tkinter.Button(win,text="改变",command=func).pack()
win.mainloop()
```

运行结果如图 7-6 所示。

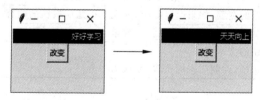

图 7-6 标签控件示例 3

7.3.2 Button 控件

Button 控件用来创建按钮和执行用户的单击操作,按钮内可显示文字或图片。当用户按下按钮时,会触发某个事件从而执行相应的操作。例如,焦点位于按钮上,按下空格键或单击时,则会触发 command 事件。

Button 的语法格式为

```
w=Tkinter.Button(master, option=value, ...)
```

说明：master参数为其父控件，用来放置Button的控件；option参数为可选项，即该控件可设置的属性。像其他控件一样，可以在创建Button控件之后再为其指定属性，因此创建方法中的options选项可以为空。option选项可以用"键=值"的形式设置，并以逗号分隔。

Button控件的常用属性如表7-3所示。

表7-3　Button控件的常用属性

属性名称	说　　明
activebackground	当光标放上去时按钮的背景色
activeforeground	当光标放上去时按钮的前景色
bd	按钮边框的大小，默认为2像素
bg	按钮的背景色
command	按钮关联的函数，当按钮被单击时，执行该函数
fg	按钮的前景色(按钮文本的颜色)
font	文本字体
height	按钮的高度
highlightcolor	高亮的颜色
image	按钮上要显示的图片
justify	显示多行文本时，设置不同行之间的对齐方式，可选项包括LEFT、RIGHT和CENTER
padx	按钮在x轴方向上的内边距(padding)，即按钮的内容与按钮左右边缘的距离
pady	按钮在y轴方向上的内边距(padding)，即按钮的内容与按钮上下边缘的距离
relief	边框样式，设置控件3D效果，可选项有FLAT、SUNKEN、RAISED、GROOVE、RIDGE。默认为FLAT
state	设置按钮组件状态，可选项有NORMAL、ACTIVE、DISABLED。默认为NORMAL
underline	下画线。默认按钮上的文本都不带下画线。取值就是带下画线的字符串索引，为0时，第一个字符带下画线，为1时，前两个字符带下画线，以此类推
width	按钮的宽度，如未设置此项，其大小以适应按钮的内容(文本或图片的大小)为准
wraplength	限制按钮每行显示的字符的数量
text	按钮的文本内容
anchor	锚选项，控制文本的位置，默认为中心

【例7-6】　按钮控件示例1。

```
from tkinter import *          # 导入tkinter模块所有内容
win=Tk()                       # 当用from tkinter import *语句时，直接用Tk()方法
win.title("按钮控件示例1")      # 设置窗体标题信息
win.minsize(300,100)           # 设置窗体大小,也可以用geometry("300×100")
bt1=Button(win,text ="禁用", width=15,state=DISABLED)
                               # 创建按钮对象实例,并设置按钮不可操作
bt1.pack(side=LEFT)            # 设置按钮在窗体上的左边位置
bt2=Button(win,text ="取消")
bt2.pack(side=LEFT)
```

```
bt3=Button(win,text="确定")
bt3.pack(side=LEFT)
#设置按钮在窗体上的右边位置,单击时退出窗体
Button(win, text="退出",command=win.quit).pack(side=RIGHT)
win.mainloop()
```

运行结果如图 7-7 所示。

说明：使用 from tkinter import * 语句时,在程序中设置 state 属性,可直接引用"state＝属性值",如：state＝DISABLED

图 7-7　按钮控件示例 1

【例 7-7】　按钮控件示例 2。

```
import tkinter
import tkinter.messagebox      #导入 tkinter 模块中的 messagebox 子模块
win=tkinter.Tk()
win.title("按钮控件示例 2")
win.geometry("200x50")
def close():
    #判断是否要关闭,单击"确定"按钮返回 True,反之,返回 False
    if tkinter.messagebox.askokcancel("提示","你确定要关闭吗!"):
        win.destroy()          #关闭窗体
t=tkinter.Button(win,text="点我",command=close)
t.pack()
win.mainloop()
```

运行结果如图 7-8 所示。单击"点我"按钮,弹出图 7-9 所示对话框,单击"确定"按钮,关闭窗体。

图 7-8　按钮控件示例 2

图 7-9　关闭对话框

【例 7-8】　按钮控件示例 3。

```
import tkinter
win=tkinter.Tk()
win.title("两个标签和两个控件")
win["background"]="red"
win.geometry("350x300+500+250")
label1=tkinter.Label(win,text="2019 年我要学 Python!",
        fg="white",bg="blue",font=("Arial",16,"bold"),width=28,height=2)
label1.pack()
var1=tkinter.StringVar()                  #创建绑定第一个按钮控件变量
var1.set("好好学习")                        #初始变量值
```

```
var2=tkinter.StringVar()              # 创建绑定第二个按钮控件变量
var2.set("好好学习")                    # 初始变量值
label2=tkinter.Label(win,textvariable=var1,fg="red",bg="white",
                  font=("宋体",14),width=15,height=2)
label2.pack(pady=10)                  # 设置 label2 离上一控件的垂直边距为 10
label3=tkinter.Label(win,textvariable=var2,fg="red",bg="white",
                  font=("宋体",14),width=15,height=2)
label3.pack(pady=10)                  # 设置 label3 离上一控件的垂直边距为 10
click1=False                          # 初始 click1 为假
def ClickMe1():                       # 第一个按钮回调函数
    global click1                     # 设置 click 全局变量
    if click1==False:
        click1=True
        var1.set("不玩游戏")
    else:
        click1=False
        var1.set("不刷微信")
    button3["state"]="normal"         # 设置复位按钮为正常模式
click2=False                          # 初始 click2 为假
def ClickMe2():                       # 第二个按钮回调函数
    global click2                     # 设置 click2 全局变量
    if click2==False:
        click2=True
        var2.set("上课专心听讲")
    else:
        click2=False
        var2.set("下课勤于复习")
    button3["state"]="normal"         # 设置复位按钮为正常模式
def ClickMe3():                       # 第三个按钮回调函数
    var2.set("好好学习")
    var1.set("好好学习")
button1=tkinter.Button(win,text="点我",command=ClickMe1)
button1.pack()
button2=tkinter.Button(win,text="点他",command=ClickMe2)
button2.pack()
button3=tkinter.Button(win,text="复位",
state="disabled",command=ClickMe3)
button3.pack()
win.mainloop()
```

运行结果如图 7-10 所示,单击"点我"按钮,结果如图 7-11 所示,单击"点他"按钮,结果如图 7-12 所示,单击"复位"按钮,结果如图 7-10 所示。

说明:使用 import tkinter 语句导入库,在程序中设置控件 state 属性,可直接引用:

控件["state"]="属性值"。

例如:

button3["state"]="normal"

图 7-10　按钮控件示例 3

图 7-11 单击"点我"按钮显示效果

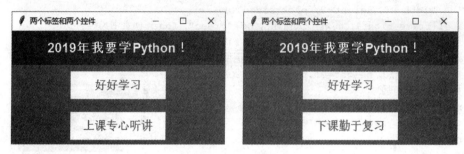

图 7-12 单击"点他"按钮显示效果

7.3.3 Frame 控件

Frame(框架)控件可以用来对其他控件进行分组,以便于用户识别。使用框架控件可以将一个窗体中的各种功能进一步进行分类,例如,将各种选项按钮控件分隔开。

语法格式为

```
F=Frame (master, option=value, ...)
```

说明：master 参数为其父控件,用来放置 Frame 的控件;option 参数为可选项,即该控件可设置的属性。像其他控件一样,可以在创建 Frame 控件之后再为其指定属性,因此创建方法中的 options 选项可以为空。option 选项可以用"键＝值"的形式设置,并以逗号分隔。

这些属性中很多与前面介绍的用法一致,此处不再一一介绍。

【例 7-9】 框架控件示例。

```
from tkinter import *
win=Tk()
win.title("Frame 控件示例")          # 设置标题
width=280
height=100
# 获取屏幕尺寸以计算布局参数,使窗口居屏幕中央
screenwidth=win.winfo_screenwidth()
screenheight=win.winfo_screenheight()
alignstr='%dx%d+%d+%d'%(width,height,(screenwidth-width)/2,(screenheight-
height)/2)
win.geometry(alignstr)
# 设置窗口的宽度不可变,高度可变(False 为不可变,True 为可变)
```

```
win.resizable(width=False, height=True)
# 框架布局
frame_root=Frame(win)
frame_left1=Frame(frame_root)
frame_right1=Frame(frame_root)
# 创建一个标签,并在窗口上显示
Label(frame_left1, text="太平洋", bg="red", font=("隶书", 12), width=10,
      height=2).pack(side=TOP)
Label(frame_left1, text="印度洋", bg="red", font=("隶书", 12),
      width=10, height=2).pack(side=TOP)
Label(frame_right1, text="大西洋", bg="green", font=("隶书", 12),
      width=10, height=2).pack(side=TOP)
Label(frame_right1, text="北冰洋", bg="green", font=("隶书", 12),
      width=10, height=2).pack(side=TOP)
# 框架的位置布局
frame_left1.pack(side=LEFT)
frame_right1.pack(side=RIGHT)
frame_root.pack()
```

运行结果如图 7-13 所示。

图 7-13　Frame 控件示例

7.3.4　Entry 控件

Entry 是用来接收字符串等输入的控件。该控件允许用户输入一行文字,如果用户输入的文字长度长于 Entry 控件的宽度时,文字会自动向后滚动。这种情况下所输入的字符串无法全部显示出来,单击箭头符号可以将不可见的文字部分移入可见区域。如果想要输入多行文本,就需要使用 Text 控件,Entry 控件只能使用预设字体。

语法格式为

```
w=Entry(master, option=value, ...)
```

说明:master 参数为其父控件,用来放置 Entry 的控件;option 参数为可选项,即该控件可设置的属性。像其他控件一样,可以在创建 Entry 控件之后再为其指定属性,因此创建方法中的 options 选项可以为空。option 选项可以用"键=值"的形式设置,并以逗号分隔。

这些属性中很多与前面介绍的用法一致,此处不再一一介绍。

【例 7-10】　Entry 控件示例 1。

```
from tkinter import *
win=Tk()
win.title("Entry 控件示例 1")
win.resizable(width=False, height=False)
Label(win,text="就读学校:").grid(row=0)
Label(win,text="所学专业:").grid(row=1)
v1=StringVar()
v2=StringVar()
Entry1=Entry(win,textvariable=v1,width=25)
Entry2=Entry(win,textvariable=v2,width=25)
Entry1.grid(row=0,column=1)
Entry2.grid(row=1,column=1)
```

```
def ShowValue():
    print("就读学校:%s\n所学专业:%s"%(Entry1.get(), Entry2.get()))
def Clear():
    v1.set("")
    v2.set("")
Button(win,text="退出",
    command=win.quit).grid(row=3,column=1,sticky=W,padx=4,pady=4)
Button(win,text="输出",
    command=ShowValue).grid(row=3,column=1,sticky=W,padx=44,pady=4)
Button(win,text="清除",
    command=Clear).grid(row=3,column=1,sticky=W,padx=84,pady=4)
mainloop()
```

运行结果如图 7-14 所示。单击"退出"按钮，窗体上失去焦点，单击"输出"按钮，窗体上的信息输出到 Console 上，如图 7-15 所示，单击"清除"按钮，如图 7-14 所示。

图 7-14　Entry 控件示例 1

图 7-15　单击"输出"按钮显示效果

Entry 控件提供了 insert()方法和 delete()方法。insert()方法的调用方式为

```
insert(first,text)
```

第一个参数表示要插入内容的开始位置(index)，第二个参数表示要插入的内容。
例如窗体初始化时让 Entry 控件默认显示"骆毅鑫"。

```
from tkinter import *
win=Tk()
win.geometry("250×50+200+250")
Label1=Label(win,text="姓名:")
Label1.pack(side="left")
Entry1=Entry(win,width=25)
Entry1.insert(0,"骆毅鑫")
Entry1.pack(side="left")
win.mainloop()
```

运行结果如图 7-16 所示。
delete()方法的调用方式为

```
delete(first,last)
```

两个参数都是整型,如果只传入一个参数,则会删除这个数字指定位置(index)上的字符。如果传入两个参数,则表示删除从 first 到 last 指定范围内的字符,使用 delete(0, END)可以删除 Entry 控件已输入的全部字符。

例如将图 7-16 窗体中的"鑫"删除的程序如下:

```python
from tkinter import *
win=Tk()
win.title("delete()方法")
win.geometry("300×50+200+250")
Label1=Label(win,text="姓名:")
Label1.pack(side="left")
Entry1=Entry(win,width=25)
Entry1.insert(0,"骆毅鑫")
Entry1.pack(side="left")
def Clear1():
    Entry1.delete(1,2)
def Reset1():
    Entry1.delete(0,END)
    Entry1.insert(0,"骆毅鑫")
Button(win,text="删除",command=Clear1).pack(side="left")
Button(win,text="重置",command=Reset1).pack(side="right")
win.mainloop()
```

运行结果如图 7-17 所示。

图 7-16   insert()方法

图 7-17   delete()方法

7.3.5 Text 控件

Text 控件与 Entry 控件都是用来输入文本的,Text 控件是多行文本输入控件,而且支持图像、文本等格式。

语法格式为

```python
T=Text(master,option=value,...)
```

说明:master 参数为其父控件,用来放置 Text 的控件;option 参数为可选项,即该控件可设置的属性。像其他控件一样,可以在创建 Text 控件之后再为其指定属性,因此创建方法中的 option 选项可以为空。option 选项可以用"键=值"的形式设置,并以逗号分隔。

当创建一个 Text 组件时里面是没有内容的,为了给其插入内容,可以使用 insert()方法,其调用格式为

```python
insert("INSERT"或索引号(实数)或"END",String)
```

其中,INSERT 索引号表示在光标处插入,索引号(实数)表示从索引号位置插入;END 索引号表示在最后插入;String 表示要插入的字符串内容。

这些属性中很多与前面介绍的用法一致,在此不再一一介绍。

【例 7-11】 Text 控件示例。

```
from tkinter import *
win=Tk()
win.title("文本控件示例")
win.geometry("250×70+50+50")
text1=Text(win,width=50,height=3,fg="red")
text1.insert(1.0,"数据科学与大数据技术")        #在文本框中的第 1 行第 1 个位置插入内容
text1.insert(1.0,"物联网,")
text1.insert("end","\n")
text1.insert(2.0,"信息与计算科学")              #在文本框中的第 2 行第 1 个位置插入内容
text1.insert(2.0,"信息管理与信息系统,")
text1.insert("end","\n")
text1.insert(3.0,"数字媒体技术")                #在文本框中的第 3 行第 1 个位置插入内容
text1.insert(3.0,"电子商务,")
text1.pack()
win.mainloop()
```

运行结果如图 7-18 所示。

说明:text.insert(2.1,"信息与计算科学"),表示在文本框中的第 2 行第 2 个位置插入内容。

图 7-18 Text 控件示例

7.3.6 Canvas 控件

Canvas(画布)控件和 HTML5 中的画布一样,用来创建与显示图形,如弧图、位图、线条、椭圆形、多边形、矩形等。可以将图形、文本、小部件或框架放置在画布上。Canvas 语法格式为

```
C=Canvas(master,option=value,...)
```

说明:master 参数为其父控件,用来放置 Canvas 的控件;option 参数为可选项,即该控件可设置的属性。像其他控件一样,可以在创建 Canvas 控件之后再为其指定属性,因此创建方法中的 option 选项可以为空。option 选项可以用“键=值”的形式设置,并以逗号分隔。

Canvas 控件的常用属性如表 7-4 所示。

表 7-4 Canvas 控件的常用属性

属性名称	说 明
bd	设置 Button 的边框大小,单位为像素,默认为 2 像素
bg	背景色
confine	如果为 True(默认),画布不能滚动到可滑动的区域外
cursor	光标的形状设定,如 arrow、circle、cross、plus 等
height	高度
highlightcolor	高亮颜色
relief	边框样式,可选值为 flat、sunken、raised、groove、ridge。默认为 flat
scrollregion	一个元组 tuple(w,n,e,s),定义了画布可滚动的最大区域,w 为左边,n 为头部,e 为右边,s 为底部

续表

属性名称	说　　明
width	宽度
xscrollincrement	用于滚动请求水平滚动的数量值
xscrollcommand	水平滚动条,如果画布是可滚动的,则该属性是水平滚动条的.set()方法
yscrollincrement	类似 xscrollincrement,但是垂直方向
yscrollcommand	垂直滚动条,如果画布是可滚动的,则该属性是垂直滚动条的.set()方法

除了 option 外,Canvas 控件还提供了一些专属的函数,如表 7-5 所示。

表 7-5　Canvas 控件专属函数

函 数 名 称	说　　明
create_arc(coord,start,extent,fill)	绘制圆弧
create_bitmap(x,y,bitmap)	绘制位图,支持 XBM,bitmap＝BitmapImage(file＝filepath)
create_image(x,y,image)	绘制图片,支持 GIF(x,y,image,anchor); image＝ PhotoImage (file＝"…/xxx/xxx.gif"),目前仅支持 gif 格式
create_line(x0,y0,x1,y1,…,xn,yn, options)	绘制直线
create_oval(x0,y0,x1,y1,options)	绘制椭圆或圆
create_ polygon (x0, y0, x1, y1,…, xn,yn,options)	绘制多边形(坐标依次罗列)
create _ rectangle (x0, y0, x1, y1, options)	绘制矩形((a,b,c,d),值为左上角和右下角的坐标)
create_text(x0,y0,text,options)	绘制文字(字体参数 font,font＝("Arial",8),font＝("Helvetica 16 bold italic"))

【例 7-12】　Canvas 控件示例 1。

```
from tkinter import *
win=Tk()
win.title("Canvas 控件示例 1")
# 创建一个 Canvas,设置其背景色为白色,宽度为 250,高度为 250
canvas1=Canvas(win,width=250,height=250,bg="white")
# 创建一个矩形,左上角坐标为(50,50),右下角坐标为(200,200)
canvas1.create_rectangle(50,50,200,200)
canvas1.pack()
win.mainloop()
```

运行结果如图 7-19 所示。

【例 7-13】　Canvas 控件示例 2。

```
from tkinter import *
win=Tk()
win.title("Canvas 控件示例 2")
coord=10,50,240,210        # 设置弧形区块的左上角与右下角坐标
canvas2=Canvas(win)
# create_arc(coord,start=0,extent=220,fill="blue")表示创建弧形的方法。Coord 设置
    左上角和右下角坐标,start 指弧形区块的起始角度(逆时针方向)
```

```
# extent 指弧形区块的结束角度,fill 指填满弧形区块的颜色
canvas2.create_arc(coord,start=0,extent=220,fill="blue")
canvas2.pack()
win.mainloop()
```

运行结果如图 7-20 所示。

图 7-19　Canvas 控件示例 1

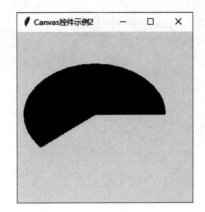

图 7-20　Canvas 控件示例 2

【例 7-14】　Canvas 控件示例 3。

```
from tkinter import *
win=Tk()
win.title("Canvas 控件示例 3")
img=PhotoImage(file="img01.gif")
img1=PhotoImage(file="img01-1.gif")
canvas=Canvas(win)
# create_image(x,y,image=img) 表示创建图片的方法。x 与 y 表示左上角坐标,image 表示位
    图来源,必须是 tkinter 模块的 BitmapImage 或者 PhotoImage 类的实例变量
canvas.create_image(190,120,image=img)
canvas.create_image(50,30,image=img1)
canvas.create_image(330,30,image=img1)
canvas.create_image(50,230,image=img1)
canvas.create_image(330,230,image=img1)
canvas.pack()
win.mainloop()
```

运行结果如图 7-21 所示。

【例 7-15】　Canvas 控件示例 4。

```
from tkinter import *
win=Tk()
win.title("Canvas 控件示例 4")
# create_text(x0,y0,text,options) 表示创建文字字符串的方法。x0,y0 表示左上角坐标,
    text 表示字符串文字,option 可以是 anchor 或 fill。anchor 表示 x0,y0 在文字字符串内的
    位置,默认值为 center,可以是 N、E、S、W 等。fill 表示文字颜色,默认为透明(empty)
canvas1=Canvas(win)
canvas1.create_text(100,40,text="吃得苦中苦,方为人上人。",fill="blue",anchor=W)
canvas1.pack()
```

```
win.mainloop()
```

运行结果如图 7-22 所示。

图 7-21　Canvas 控件示例 3

图 7-22　Canvas 控件示例 4

7.3.7　Listbox 控件

Listbox(列表框)控件用于显示项目列表。列表框内可以包含许多选项,用户可以选择一项或多项。Listbox 语法格式为

```
l=List(master,option,...)
```

说明:master 参数为其父控件,用来放置 Listbox 的控件;option 参数为常用的属性选项列表,可以有多个,用逗号隔开。

Listbox 控件常用属性如表 7-6 所示。

表 7-6　Listbox 控件常用属性

属性名称	说　　明
bg	背景色,如 bg="red",bg="♯FF56EF"
fg	前景色,如 fg="red",fg="♯FF56EF"
height	设置显示高度,如果未设置此项,其大小以适应内容为准
width	设置显示宽度,如果未设置此项,其大小以适应内容为准
state	设置组件状态;正常(NORMAL)、激活(ACTIVE)、禁用(DISABLE)
relief	指定外观装饰边界附近的标签,默认是平的,可以设置的参数包括 FLAT、GROOVE、RAISED、RIDGE、SOLID、SUNKEN
bd	设置 Button 的边框大小;bd(bordwidth)默认为 1 像素或 2 像素
selectmode	选择模式,multiple(多选)、browse(通过光标的移动选择)、extended(shift 和 ctrl 配合使用)
listvariable	设置控件绑定变量

除了 option 外,Listbox 控件还提供了一些专属的函数,如表 7-7 所示。

表 7-7　Listbox 控件专属函数

函 数 名 称	说　明
insert(row,string)	在指定行 row 位置插入字符串,如 listbox.insert(0,"addBox1","addBox2")
delete(row[,lastrow])	删除指定行 row,或删除 row 到 lastrow 之间的行,如 listbox.delete(3,4),删除全部(0,END)
select_set(startrow,endrow)	选择 startrow 到 endrow 之间的行,如 listbox.select_set(0,2)
select_clear()	取消选中,如 listbox.select_clear(0,1)
get(row)	返回指定索引的项值,如 listbox.get(1);返回多个项值,返回的结果是元组形式,如 listbox.get(0,2)
curselection()	返回当前选中项的索引,如 listbox.curselection()
selection_includes()	判断当前选中的项目中是否包含某项,如 listbox.selection_includes(4)

【例 7-16】　Listbox 控件示例 1。

```
from tkinter import *
win=Tk()
win.title("Listbox 控件示例 1")
# 创建列表框选项列表
name=["闽南理工学院","三明学院","吉林大学","泉州师范学院","厦门大学","集美大学","莆田学院","福州大学"]
listbox1=Listbox(win)                    # 创建 Listbox 控件示例
# 在 Listbox 控件内插入选项
for i in range(8):
    listbox1.insert(END,name[i])
listbox1.pack()
win.mainloop()                           # 开始程序循环
```

运行结果如图 7-23 所示。

【例 7-17】　Listbox 控件示例 2。

```
from tkinter import *
win=Tk()
win.title("Listbox 控件示例 2")
Listbox1=Listbox(win)
Listbox1.pack()
# Listbox1.insert(0,"英语")                # 0 代表插入的位置
# Listbox1.insert(END,"高数")             # END 表示最后一个位置插入
for item in["语文","数学","音乐","美术","科学","思想道德与法治"]:
    Listbox1.insert(END,item)            # END 表示每插入一个都是在最后一个位置
# Listbox1.delete(0)根据索引位置删除元素。如果是 Listbox1.delete(0,END)表示删除全部
# 使用删除按钮删除任意的元素
Button1=Button(win,text="删除", command=lambda x=Listbox1:x.delete(ACTIVE))
Button1.pack()
win.mainloop()
```

运行结果如图 7-24 所示。当选中列表框中的某一项,单击"删除"按钮,即可删除选中项。

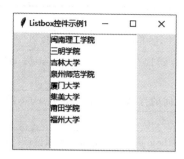

图 7-23 Listbox 控件示例 1

图 7-24 Listbox 控件示例 2

7.3.8 Checkbutton 控件

Checkbutton 是复选框控件,又称为多选按钮,可以表示两种状态,即选中和未选中。Checkbutton 语法格式为

```
Ch=Checkbutton(master,option,...)
```

说明:master 参数为其父控件,用来放置 Checkbutton 的控件;option 参数为常用的属性选项列表,可以有多个,用逗号隔开。

Checkbutton 控件的常用属性如表 7-8 所示。

表 7-8 Checkbutton 控件的常用属性

属性名称	说明
text	显示内容
command	指定 Checkbutton 的事件处理函数
onvalue	指定 Checkbutton 处于 on 状态时的值,如,onvalue="valueX"
offvalue	指定 Checkbutton 处于 off 状态时的值
image	可以使用 gif 格式的图像,图像的加载方法为 img = PhotoImage(root,file = filepath)
bitmap	指定位图,如 bitmap= BitmapImage(file = filepath)
variable	控制变量,跟踪 Checkbutton 的状态:on(1)、off(0)
bg	背景色,如 bg="red",bg="♯FF56A2"
fg	前景色,如 fg="red",fg="♯CF24ED"
font	字体及大小,如 font=("Arial",8)
height	设置显示高度,如果未设置此项,其大小以适应内容为准
relief	指定外观装饰边界附近的标签,默认是平的,可以设置的参数为 flat、groove、raised、ridge、solid、sunken
width	设置显示宽度,如果未设置此项,其大小以适应内容为准
wraplength	将此选项设置为所需的数量,限制每行的字符,默认为 0
state	设置组件状态,包括正常(normal)、激活(active)、禁用(disabled)
selectcolor	设置选中区域的颜色
selectimage	设置选中区域的图像,选中时会出现
underline	设置下画线
bd	设置 Checkbutton 的边框大小,bd(bordwidth)默认为 1 像素或 2 像素

续表

属性名称	说 明
textvariable	设置 Checkbutton 的 textvariable 属性
padx	标签水平方向的边距,默认为 1 像素
pady	标签竖直方向的边距,默认为 1 像素
justify	标签文字的对齐方向,可选值为 right、center、left,默认为 center

除了 option 外,Checkbutton 控件还提供了一些专属的函数,如表 7-9 所示。

表 7-9 Checkbutton 控件专属函数

属性名称	说 明
select()	选择复选框,并且设置变量的值为 onvalue
flash()	将前景色与背景色互换以产生闪烁的效果
invoke()	执行 command 属性所定义的函数
toggle()	改变选取按钮的状态,如果按钮的状态是 on,就改成 off,反之亦然

【例 7-18】 Checkbutton 控件示例 1。

```
from tkinter import *
win=Tk()
win.title("Checkbutton控件示例1")
check1=Checkbutton(win,text="大一",font=("宋体",14,"underline"),fg="red")
check2=Checkbutton(win,text="大二")
check3=Checkbutton(win,text="大三")
check4=Checkbutton(win,text="大四")
check5=Checkbutton(win,text="研一")
check6=Checkbutton(win,text="研二")
check7=Checkbutton(win,text="研三")
check1.select()
check1.pack(side=LEFT)
check2.pack(side=LEFT)
check3.pack(side=LEFT)
check4.pack(side=LEFT)
check5.pack(side=LEFT)
check6.pack(side=LEFT)
check7.pack(side=LEFT)
win.mainloop()
```

运行结果如图 7-25 所示。

图 7-25 Checkbutton 控件示例 1

【例 7-19】 Checkbutton 控件示例 2。

```
from tkinter import *
def callCheckbutton():
    #改变v的值,即改变Checkbutton的显示值
    if v.get()=="考试没通过":
        v.set("考试通过")
    else:
        v.set("考试没通过")
```

```
#初始化 Tk()
win=Tk()
#设置标题
win.title("Checkbutton 控件示例 2")
v=StringVar()
v.set("考试没通过")
#绑定 v 到 Checkbutton 的属性 textvariable
```

图 7-26 Checkbutton 控件示例 2

```
Checkbutton(win,textvariable=v,command =
callCheckbutton).pack()
win.mainloop()
```

运行结果如图 7-26 所示。

7.3.9 Radiobutton 控件

Radiobutton 是单选按钮控件,用于选择同一组单选按钮中的一个单选按钮(不能同时选择多个)。Radiobutton 控件可以显示文本,也可以显示图像。其语法格式为

```
Ra=Radiobutton (master,option, ...)
```

说明:master 参数为其父控件,用来放置 Radiobutton 的控件;option 参数为常用的属性选项列表,可以有多个,用逗号隔开。

Radiobutton 控件的常用属性与前面介绍的 Checkbutton 控件相同,在此不再介绍。

【例 7-20】 Radiobutton 控件示例 1。

```
from tkinter import *              #导入 tkinter 模块所有内容
win=Tk();
win.title("Radiobutton 控件示例 1")  #窗口标题
v=StringVar()                      #创建 StringVar 对象
v.set("A")                         #设置 StringVar 对象变量的初始值
R1=Radiobutton(win,text="答案 A",value="A",variable=v)
R2=Radiobutton(win,text="答案 B",value="B",variable=v)
R1.pack(side=LEFT)
R2.pack(side=LEFT)
v.get()                            #选择答案 B 后,获取其值 B
win.mainloop()
```

运行结果如图 7-27 所示。

【例 7-21】 Radiobutton 控件示例 2。

图 7-27 Radiobutton 控件示例 1

```
from tkinter import *
win=Tk()
win.title("Radiobutton 控件示例 2")
v=IntVar()
#列表中存储的是元组元素
language=[("JavaScript",0),("Python",1),("PHP",2),("Java",3)]
#定义单选按钮的响应函数
def Call():
    for i in range(4):
        if(v.get()==i):
            root1=Tk()
```

```
        Label(root1,text="你选择的是"+language[i][0]+"语言"+"!",
            fg="red",width=20,height=6).pack()
        Button(root1,text="确定",width=3,height=1,command=root1.
            destroy)pack(side="bottom")
Label(win,text="请选择你喜欢的一门编程语言:",fg="blue",font=("隶书",14)).pack
(anchor=W)
#for 循环创建单选按钮
for lan,num in language:
    Radiobutton(win,text=lan,value=num,command=Call,variable=v,fg="red").
        pack(side="left")
win.mainloop()
```

运行结果如图 7-28 所示。单击任意"单选按钮"选项,弹出如图 7-29 所示窗口。

图 7-28　Radiobutton 控件示例 2

图 7-29　单击"单选按钮"弹出的窗口

7.3.10　Message 控件

Message 消息框控件,用来展示一些文字消息。Message 和 Label 控件有些类似,但在展示文字方面比 Label 更灵活,比如 Message 控件可以改变字体,而 Label 控件只能使用一种字体。同时它还提供了一个换行对象,以使文字可以断为多行,支持文字的自动换行及对齐。Message 语法格式为

```
Me=Message(master,option,...)
```

说明:master 参数为其父控件,用来放置 Message 的控件;option 参数为常用的属性选项列表,可以有多个,用逗号隔开。

Message 控件常用属性如表 7-10 所示。

表 7-10　Message 控件常用属性

属性名称	说　　明
text	显示内容
bg	背景色,如 bg＝"red", bg＝"＃FF56A2"
fg	前景色,如 fg＝"red",fg＝"＃CF24ED"
font	字体及大小,如 font＝("Arial", 8)
relief	指定外观装饰边界附近的标签,默认是平的,可以设置的参数为 flat、groove、raised、ridge、solid、sunken
width	设置显示宽度,如果未设置此项,其大小以适应内容为准
takefocus	获取控件焦点。如果设置为 True,控件将可以获取焦点,默认为 False

续表

属性名称	说　　明
anchor	设置文本在控件上的显示位置,可用 n(north)、s(south)、w(west)、e(east) 和 ne、nw、se、sw
bd	设置 Checkbutton 的边框大小；bd(bordwidth)默认为 1 像素或 2 像素
textvariable	设置 Button 的 textvariable 属性,文本内容变量
aspect	控件的宽高比,即 width/height,以百分比形式表示,默认为 150,即 Message 控件宽度比其高度大 50%
cursor	定义光标移动到 Message 上时的光标样式,默认为系统标准样式

【例 7-22】 Message 控件示例。

```
from tkinter import *
win=Tk()
win.title("Message 控件示例")
#创建一个 Message
message1="      吉林大学是教育部直属的全国重点综合性大学,坐落在吉林省长春市。学校始建
于 1946 年,1960 年被列为国家重点大学,1984 年成为首批建立研究生院的 22 所大学之一,1995 年
首批通过国家教委"211 工程"审批,2001 年被列入"985 工程"国家重点建设的大学,2004 年被批准
为中央直接管理的学校,2017 年入选国家一流大学建设高校。"
Me=Message(win,text=message1)
Me.config(bg="lightgreen",font=("宋体",20,"bold"))
Me.pack()
win.mainloop()
```

运行结果如图 7-30 所示。

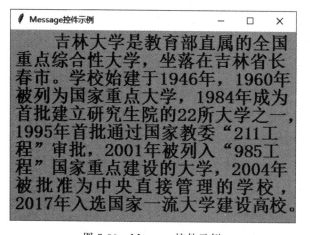

图 7-30　Message 控件示例

7.3.11　Scale 控件

Scale 滑块控件,支持水平滑动和垂直滑动。通过移动滑块可以在有限的范围内进行数值的设置。Scale 语法格式为

```
Sc=Scale(master,option,...)
```

说明：master 参数为其父控件，用来放置 Scale 的控件；option 参数为常用的属性选项
列表，可以有多个，用逗号隔开。

Scale 控件的常用属性如表 7-11 所示。

表 7-11　Scale 控件的常用属性

属性名称	说　明
label	在 Scale 控件旁边显示标签内容，水平滑块控件在上方显示，垂直滑块控件在右侧显示
length	Scale 控件的长度
from_	滑块的最小值
to	滑块的最大值
tickinterval	Scale 控件刻度的步长
resolution	滑块步长
command	滑动事件对应的回调函数
orient	Scale 控件类型，HORIZONTAL 表示水平 Scale 控件，VERTICAL 表示垂直 Scale 控件

除了 option 外，Scale 控件还提供了常用的两个专属的函数，如表 7-12 所示。

表 7-12　Scale 控件专属函数

函数名称	说　明	函数名称	说　明
get()	取得目前滑块上的光标值	Set(value)	设置目前滑块上的光标值

【例 7-23】　Scale 控件示例。

```python
import tkinter
win=tkinter.Tk()
win.title("Scale控件示例")                 #设置窗口标题
win.geometry("300×400")
win["background"]="red"                    #设置窗口背景色
label1=tkinter.Label(win,bg="white",width=15)  #设置标签属性
label1.pack(pady=5)                        # label 控件竖直方向的边距
def Scale1(v):
    label1.config(text="当前值: "+v)        #设置标签内容
scale1=tkinter.Scale(win,label="拖动滑动显示值: ",
    from_=5,to=15,orient=tkinter.HORIZONTAL,length=200,tickinterval=2,
    resolution=0.1,command=Scale1)
scale1.pack(pady=8)                        # scale1 控件竖直方向的边距
label2=tkinter.Label(win,bg="blue",width=20,fg="white")
label2.pack(pady=13)
def Scale2(v):
    label2.config(text="当前值: "+v)
    scale2 =tkinter.Scale(win,label="拖动滑动显示值: ",from_=5, to=15, orient=
    tkinter.VERTICAL,length=200,tickinterval=2, resolution=0.0,command=Scale2)
scale2.pack()
win.mainloop()
```

运行结果如图 7-31 所示。拖动水平滑块和垂直滑块即可改变滑块值且在标签上显示。

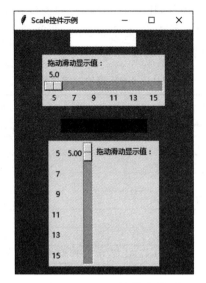

图 7-31   Scale 控件示例

7.3.12   Scrollbar 控件

Scrollbar 滚动条控件可以单独使用,也可以与其他控件(如 Listbox、Text、Canvas 等)结合使用。Scrollbar 语法格式为

```
Sc=Scrollbar(master,option,...)
```

说明:master 参数为其父控件,用来放置 Scrollbar 的控件;option 参数为常用的属性选项列表,可以有多个,用逗号隔开。这些属性中很多与前面介绍的用法一致,在此不再一一介绍。

除了 option 外,Scrollbar 控件还提供了两个专属的函数。

set(first,last):设置目前的显示范围,其值在 0 与 1 之间。

get():返回目前的滚动条设置值。

【例 7-24】   Scrollbar 控件示例。

```python
from tkinter import *
win=Tk()
win.title("Scrollbar 控件示例")
scrollbar=Scrollbar(win)
scrollbar.pack(side=RIGHT,fill=Y)
listbox1=Listbox(win,yscrollcommand=scrollbar.set)
for i in range(1,500,3):      #从 1 开始,步长为 3
    listbox1.insert(END,str(i))
listbox1.pack(side=LEFT,fill=BOTH)
scrollbar.config(command=listbox1.yview)
win.mainloop()
```

运行结果如图 7-32 所示。

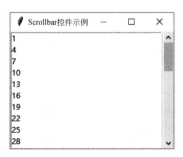

图 7-32   Scrollbar 控件示例

7.3.13　Toplevel 控件

Toplevel 顶级窗口控件,用于创建一个独立窗口,具有独立的窗口属性(如标题栏、边框等),可以不必有父控件。Toplevel 语法格式为

```
To=Toplevel(option,...)
```

说明:option 参数为常用的属性选项列表,可以有多个,用逗号隔开。这些属性中很多与前面介绍的用法一致,在此不再介绍。

除了 option 外,Toplevel 控件还提供了一些专属函数,见表 7-13。

表 7-13　Toplevel 控件专属函数

函 数 名 称	说　　明
deiconify()	在使用 iconify() 或者 withdraw() 方法后,显示该窗口
frame()	返回一个系统特定的窗口识别码
group(window)	将此窗口加入 window 窗口群组中
iconify()	将窗口缩小为小图标
protocol(name,function)	将 function 函数登记为 callback 函数
state()	返回目前窗口的状态,可以是 normal、iconic、withdrawn 或者 icon
transient([master])	将此窗口转换为 master,或者父窗口的暂时窗口,当父窗口变成小图标时,此窗口会跟着隐藏
withdraw()	将此窗口从屏幕上关闭,但不删除
maxsize(width,height)	定义窗口的最大值
minsize(width,height)	定义窗口的最小值
title(string)	定义窗口的标题
resizable(width,height)	定义是否可以调整窗口的大小
geometry(widthxheight+xoffset+yoffset)	定义窗口的位置和大小,如: geometry("150×200+50+50")
attributes()	设置窗口的不透明度,如 attributes("−alpha",0.5)

【例 7-25】　Toplevel 控件示例。

```
from tkinter import *
win=Tk()
win.title("Toplevel 控件示例")
win.geometry("280×70+200+200")
def Create():
    toplevel1=Toplevel()
    toplevel1.geometry("250x50+100+100")
    toplevel1.title("这是一个顶级窗口")
    toplevel1.attributes("-alpha",0.9)     #设置窗口不透明度为 90%
    msg=Message(toplevel1,text="明天是除夕了,祝大家新年快乐!",width=200)
    msg.pack()
Button(win,text="创建一个顶级窗口",command =Create).pack(padx=20,pady=20)
mainloop()
```

运行结果如图 7-33 所示。单击"创建一个顶级窗口"按钮,弹出如图 7-34 所示消息框。

图 7-33　Toplevel 控件示例　　　　　　　　图 7-34　消息框

7.3.14　Menu 控件

Menu 控件可以创建三种类型的菜单:pop-up(快捷式菜单)、toplevel(主菜单)和 pull-down(下拉式菜单)。Menu 语法格式为

```
Sc=Menu(master,...)
```

说明:master 参数为其父控件,用来放置 Menu 的控件。option 参数为常用的属性选项列表,可以有多个,用逗号隔开。

Menu 控件的常用属性见表 7-14。

表 7-14　Menu 控件函数的常用属性

属 性 名 称	说　明
accelerator	设置菜单项的快捷键。设置快捷键时要进行快捷键与函数的绑定才能起作用
command	选择菜单项时执行的回调函数
indicatorOn	设置属性,可以让菜单项选项开(on)或闭(off)
label	定义菜单项的内容
menu	此属性与 add_cascade()方法一起使用,用来新增菜单项的子菜单项
selectColor	菜单项 on 或者 off 的颜色
state	定义菜单项的状态,可以是 normal、active 或者 disabled
onvalue、offvalue	存储在 variable 属性内的数值。当选择菜单项时,将 onvalue 内的数值复制到 variable 属性内
tearOff	如果此选项为 true,在菜单项的上面显示一个可单击的分隔线。单击此分隔线,会将此菜单项分离出来成为一个新的窗口
underline	设置菜单项中的某个字符有下画线
value	选择菜单项的值
variable	存储数值变量

除了 option 外,Menu 控件还提供了一些专属的函数,见表 7-15。

表 7-15　Menu 控件专属函数

函 数 名 称	说　明
add_command(options)	新增一个菜单项
add_radiobutton(options)	创建一个单选按钮选项
add_checkbutton(options)	创建一个复选框选项
add_cacsade(options)	将一个指定的菜单与其父菜单联结,创建一个新的级联子菜单
add_separator()	添加分隔线
add(type,options)	新增一个特殊类型的菜单项
delete(startindex[,endindex])	删除 startindex 到 endindex 之间的菜单项

【**例 7-26**】 Menu 控件示例 1。

```
from tkinter import *
import tkinter.messagebox        #导入 tkinter 模块中的 messageox 子模块
win=Tk()
win.title("Menu 控件示例 1")
win.geometry("400x100")
M1=Menu(win)
def Domessage():
    tkinter.messagebox.showinfo("这是主菜单项!","请选择") # showinfo 消息提示框,
    showwarning 消息警告框,showerror 错误消息框
#创建主菜单
for i in["文件","开始","插入","页面布局","引用","邮件","审阅","视图","帮助"]:
    M1.add_command(label=i,command=Domessage)       #设置菜单项内容
win["menu"]=M1                                      #将 root 的 menu 属性设置为 M1
win.mainloop()
```

运行结果如图 7-35 所示,单击任一菜单项,弹出如图 7-36 所示消息提示框。

图 7-35   Menu 控件示例 1

图 7-36   消息提示框

【**例 7-27**】 Menu 控件示例 2。

```
from tkinter import *
import tkinter.messagebox
win =Tk()
win.title("Menu 控件示例 2")
#执行"文件"|"新建"菜单命令,显示一个消息框
def doFileNewCommand( * arg):                      #接收任意参数
    tkinter.messagebox.showinfo("menu 菜单","您正在选择"新建"菜单命令")
#执行"文件"|"打开"菜单命令,显示一个消息框
def doFileOpenCommand( * arg):
    tkinter.messagebox.showinfo("menu 菜单","您正在选择"打开"菜单命令")
#执行"文件"|"保存"菜单命令,显示一个对话框
def doFileSaveCommand( * arg):
    tkinter.messagebox.showinfo("menu 菜单","您正在选择"保存"菜单命令")
#执行"开始"|"剪切"菜单命令,显示一个对话框
def docutCommand( * arg):
    tkinter.messagebox.showinfo("menu 菜单","您正在选择"剪切"菜单命令")
#执行"开始"|"复制"菜单命令,显示一个对话框
def docopyCommand( * arg):
    tkinter.messagebox.showinfo("menu 菜单","您正在选择"复制"菜单命令")
#执行"开始"|"粘贴"菜单命令,显示一个对话框
def dopastCommand( * arg):
```

```
        tkinter.messagebox.showinfo("menu 菜单","您正在选择"粘贴"菜单命令")
# 执行"帮助"|"文档"菜单命令,显示一个对话框
def doHelpContentsCommand( * arg):
        tkinter.messagebox.showinfo("menu 菜单","您正在选择"文档"菜单命令")
# 执行"帮助"|"关于"菜单命令,显示一个对话框
def doHelpAboutCommand( * arg):
        tkinter.messagebox.showinfo("menu 菜单","您正在选择"关于"菜单命令")
# 创建一个下拉式菜单(pull-down)
mainmenu=Menu(win)
filemenu=Menu(mainmenu,tearoff=0)                   # 新增"文件"菜单的子菜单
# 新增"文件"菜单的菜单项
filemenu.add_command(label="新建",
        command=doFileNewCommand,accelerator="Ctrl-N")
filemenu.add_command(label="打开",
        command=doFileOpenCommand,accelerator="Ctrl-O")
filemenu.add_command(label="保存",
        command=doFileSaveCommand,accelerator="Ctrl-S")
filemenu.add_separator()
filemenu.add_command(label="退出",command=win.destroy)       # 关闭窗口
mainmenu.add_cascade(label="文件",menu=filemenu)            # 新增"文件"菜单
startmenu=Menu(mainmenu,tearoff=0)   # 新增"开始"菜单的子菜单,tearoff=0 表示菜单不
                                            能独立使用
# 新增"开始"菜单的子菜单项
startmenu.add_command(label="剪切",
      command=docutCommand,accelerator="Ctrl-X")
startmenu.add_command(label="复制",
      command=docopyCommand,accelerator="Ctrl-C",state="disabled")
startmenu.add_command(label="粘贴",
      command=dopastCommand,accelerator="Ctrl-V")
# 新增"开始"菜单
mainmenu.add_cascade(label="开始",menu=startmenu)
# 新增"帮助"菜单的子菜单项
helpmenu=Menu(mainmenu,tearoff=0)                      # tearoff=0 表示菜单不能独立使用
helpmenu.add_command(label="文档",command=doHelpContentsCommand)
helpmenu.add_command(label="关于",command=doHelpAboutCommand)
mainmenu.add_cascade(label="帮助",menu=helpmenu)
# 设置主窗口的菜单
win.config(menu=mainmenu)
win.bind("<Control-n>",doFileNewCommand)               # 将快捷键和函数绑定
win.bind("<Control-N>",doFileNewCommand)
win.bind("<Control-o>",doFileOpenCommand)
win.bind("<Control-O>",doFileOpenCommand)
win.bind("<Control-s>",doFileSaveCommand)
win.bind("<Control-S>",doFileSaveCommand)
win.bind("<Control-X>",docutCommand)
win.bind("<Control-x>",docutCommand)
win.bind("<Control-C>",docopyCommand)
win.bind("<Control-c>",docopyCommand)
win.bind("<Control-V>",dopastCommand)
win.bind("<Control-v>",dopastCommand)
win.mainloop()
```

运行结果如图 7-37 所示,单击任意菜单中的子菜单项,弹出如图 7-38 所示消息框。

图 7-37 Menu 控件示例 2

图 7-38 单击"子菜单"弹出消息框

【例 7-28】 Menu 控件示例 3。

```
from tkinter import *
import tkinter.messagebox
win=Tk()
win.title("Menu控件示例 3")
#执行菜单命令,显示一个对话框
def domessage():
    tkinter.messagebox.showinfo("菜单","这是快捷式菜单命令")
popupmenu=Menu(win,tearoff=0)                    #创建一个快捷式菜单(pop-up)
#新增快捷式菜单项
popupmenu.add_command(label="复制",command=domessage)
popupmenu.add_command(label="粘贴",command=domessage)
popupmenu.add_command(label="剪切",command=domessage)
popupmenu.add_command(label="删除",command=domessage)
#在单击鼠标右键的窗口(x,y)坐标处,显示此快捷式菜单
def showPopUpMenu(event):
    popupmenu.post(event.x_root, event.y_root)
win.bind("<Button-3>",showPopUpMenu)        #设置右击后,显示此快捷式菜单
win.bind("<Button-2>",showPopUpMenu)        #设置单击鼠标中键后,显示此快捷式菜单
win.bind("<Button-1>",showPopUpMenu)        #设置单击后,显示此快捷式菜单
win.mainloop()
```

运行结果如图 7-39 所示,单击、单击鼠标中键或右击,弹出如图 7-40 所示快捷菜单。

图 7-39 Menu 控件示例 3

图 7-40 快捷菜单

说明:创建下拉式菜单(pull-down)的主要步骤如下。

(1) 创建菜单条对象:menubar=Menu(窗体容器)。

(2) 将菜单条放置在窗体上:窗体容器.config(menu=menubar)。

(3) 在菜单条中创建菜单:菜单名称=Menu(menubar,tearoff=0),其中 tearoff 为 0 表示不能独立使用。

（4）为菜单添加文字标签：菜单名称.add_cascade(label="文字标签",menu="菜单名称")。

（5）在菜单中添加菜单项：菜单名称.add_command(label="菜单项名称",command="功能函数")。

7.4　界面布局管理

在 tkinter 模块中,Python 定义了三种界面布局管理方式,分别是 pack()、grid()和 place()。

7.4.1　pack()方法

pack()方法是将控件放置在父控件之前,规划此控件在区块内的位置。如果用户想要将一些控件依照顺序放入,必须将这些控件的 anchor 属性设为相同。如果没有设置任何选项,则这些控件会从上到下排列。

pack()方法有以下几个常用属性。

（1）expand。该选项是让控件使用所有剩下的空间。如果 expand 等于 1,当窗口改变大小时窗体会占满整个窗口剩余的空间。如果 expand 等于 0,当窗口改变大小时窗体保持不变。

（2）fill。该选项决定控件如何填满所有剩下的空间,其取值为 X、Y、BOTH、NONE,此选项必须在 expand 等于 1 时才起作用。当 fill 等于 X 时,窗体会占满整个窗口 X 方向剩余的空间。当 fill 等于 Y 时,窗体会占满整个窗口 Y 方向剩余的空间。当 fill 等于 BOTH 时,窗体会占满整个窗口剩余的空间。当 fill 等于 NONE 时,窗体保持不变。

（3）ipadx、ipady。该选项与 fill 选项共同使用,用来定义窗体内的控件与窗体边界之间的距离,单位是像素。

（4）padx、pady。该选项定义控件之间的距离,单位可以是像素(默认单位)、厘米(c)、英寸(i)等。

（5）side。该选项定义控件放置的位置,可以是 TOP(靠上对齐)、BOTTOM(靠下对齐)、LEFT(靠左对齐)与 RIGHT(靠右对齐)。

【例 7-29】　pack()方法示例。

```
from tkinter import *
win=Tk()
win.title("pack()方法示例")
# 创建第一个 frame 作为容器
frame1=Frame(win,relief=RAISED,borderwidth=3,bg="yellow")
frame1.pack(side=TOP,fill=BOTH,ipadx=20,ipady=20,expand=0)
B1=Button(frame1,text="按钮 1",fg="red")
B1.pack(side=LEFT,padx=10,pady=10)
B2=Button(frame1,text="按钮 2",fg="red")
B2.pack(side=LEFT,padx=10,pady=10)
B3=Button(frame1,text="按钮 3",fg="red")
B3.pack(side=LEFT,padx=10,pady=10)
B4=Button(frame1,text="按钮 4",fg="red")
B4.pack(side=LEFT,padx=10,pady=10)
B5=Button(frame1,text="按钮 5",fg="red")
```

```
B5.pack(side=LEFT,padx=10,pady=10)
B6=Button(frame1,text="按钮 6",fg="red")
B6.pack(side=LEFT,padx=10,pady=10)
#创建第二个 frame 作为容器
frame2=Frame(win,relief=GROOVE, borderwidth=2,bg="green")
frame2.pack(side=BOTTOM,fill=NONE,ipadx="1c",ipady="1c",expand=1)
B7=Button(frame2,text="按钮 7")
B7.pack(side=RIGHT,padx="1c",pady="1c")
B8=Button(frame2,text="按钮 8")
B8.pack(side=RIGHT,padx="1c",pady="1c")
B9=Button(frame2,text="按钮 9")
B9.pack(side=RIGHT,padx="1c",pady="1c")
#创建第三个 frame 作为容器
frame3=Frame(win,relief=SOLID,borderwidth=2,bg="red")
frame3.pack(side=LEFT,fill=X,ipadx="0.1i",ipady="0.1i",expand=1)
Button(frame3,text="按钮 10").pack(side=BOTTOM,padx="0.1i",pady="0.1i")
Button(frame3,text="按钮 11").pack(side=BOTTOM,padx="0.1i",pady="0.1i")
Button(frame3,text="按钮 12").pack(side=BOTTOM,padx="0.1i",pady="0.1i")
#创建第四个 frame 作为容器
frame4=Frame(win,relief=SUNKEN,borderwidth=4,bg="blue")
frame4.pack(side=RIGHT,fill=Y,ipadx="10p",ipady="10p",expand=1)
Button(frame4,text="按钮 13").pack(side=TOP,padx="10p",pady="10p")
Button(frame4,text="按钮 14").pack(side=TOP,padx="10p",pady="10p")
Button(frame4,text="按钮 15").pack(side=TOP,padx="10p",pady="10p")
win.mainloop()
```

运行结果如图 7-41 所示，将光标移动到窗口的对角线上，拖动光标对窗口进行放大，如图 7-42 所示。

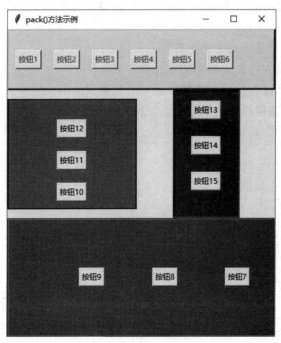

图 7-41　pack()方法示例

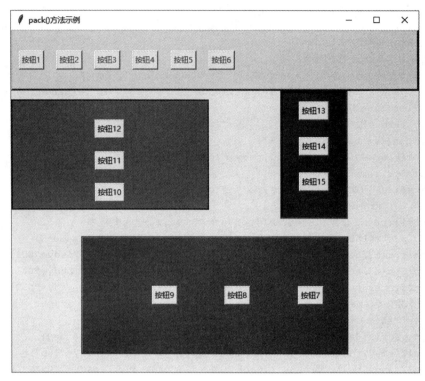

图 7-42   光标拖动窗口放大效果

7.4.2   grid()方法

grid()方法是将控件依照表格的行列方式放置在窗体或窗口内。grid()方法有以下几个常用属性。

(1) row：设置控件在表格中的第几行。

(2) column：设置控件在表格中的第几列。

(3) columnspan：设置控件在表格中合并的列数。

(4) rowspan：设置控件在表格中合并的行数。

【例 7-30】   grid()方法示例。

```python
from tkinter import *
win=Tk()
win.title("grid()方法示例")
win["background"]="black"
win.geometry("310×184+30+30")
colours=["1 行 1 列","2 行 1 列","3 行 1 列","4 行 1 列","5 行 1 列","6 行 1 列"]
colours1=["red","green","orange","white","yellow","blue"]
r=0
for c in colours1:
    Button(win,text=colours[r],relief=RIDGE,width=15).grid(row=r,column=0)
    Button(win,text=c,relief=RIDGE,width=15).grid(row=r,column=2)
    Label(win,bg=c,relief=SUNKEN,width=10,height=1).grid(row=r,column=1)
    r=r+1
win.mainloop()
```

运行结果如图 7-43 所示。

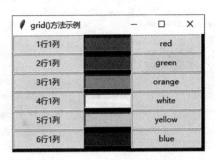

图 7-43　grid()方法示例

7.4.3　place()方法

place()方法是设置控件在窗体或窗口内的绝对地址或相对地址。place()方法有以下几个常用属性。

(1) anchor：设置控件在窗体或窗口内的位置。可以是 N、NE、E、SE、S、SW、W、NW、CENTER。默认值为 NW，表示在左上角位置。

(2) bordermode：设置控件的坐标是否要考虑边界的宽度。该选项可以是 OUTSIDE 或 INSIDE。

(3) height：设置控件的高度，单位是像素。

(4) width：设置控件的宽度，单位是像素。

(5) in(in_)：设置控件相对于参考控件的位置。

(6) relheight：设置控件相对于参考控件(使用 in_选项)的高度。

(7) relwidth：设置控件相对于参考控件(使用 in_选项)的宽度。

(8) relx：设置控件相对于参考控件(使用 in_选项)的水平位移。如果没有设置 in_选项，则是相对于父控件。

(9) rely：设置控件相对于参考控件(使用 in_选项)的垂直位移。如果没有设置 in_选项，则是相对于父控件。

(10) x：设置控件的绝对水平位置，默认值为 0。

(11) y：设置控件的绝对垂直位置，默认值为 0。

【例 7-31】　place()方法示例。

```
from tkinter import *
win=Tk()
win.title("place()方法示例")
frame=Frame(win,relief=FLAT,borderwidth=2,bg="yellow",width=350,height=170)
frame.pack(side=TOP,fill=BOTH,ipadx=5,ipady=5,expand=1)
button1=Button(frame,text="你来按",font=("楷体",14),bg="red")
button1.place(x=40,y=40,anchor=W,width=80,height=40)
button2=Button(frame,text="我来按",font=("楷体",14),bg="blue",fg="white")
button2.place(x=140,y=80,anchor=W,width=80,height=40)
button3=Button(frame,text="他来按",font=("楷体",14),bg="white")
button3.place(x=240,y=120,anchor=W,width=80,height=40)
win.mainloop()
```

运行结果如图 7-44 所示。

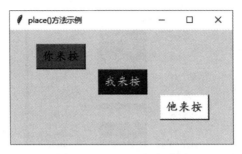

图 7-44　place()方法示例

7.5　对　话　框

tkinter 模块提供了不同类型的对话框,这些不同的对话框存放在 tkinter 的子模块里,主要有 messagebox 子模块、filedialog 子模块和 colorchooser 子模块。

7.5.1　messagebox 子模块

messagebox 子模块提供了以下几个专有方法,用来供用户选择项目的对话框。

(1) askokcancel:打开一个"确定与取消对话框",单击"确定"按钮,其返回值为 True;单击"取消"按钮,其返回值为 False。语法格式为

```
askokcancel(title,message)
```

其中,title 表示对话框的标题;message 表示对话框的提示内容。例如:

```
>>>import tkinter.messagebox
>>>tkinter.messagebox.askokcancel("确定与取消对话框","确定执行此对话框吗?")
```

执行上面语句,打开一个如图 7-45 所示对话框,在对话框中分别单击"确定"和"取消"按钮,返回值如图 7-46 所示。

图 7-45　确定与取消对话框

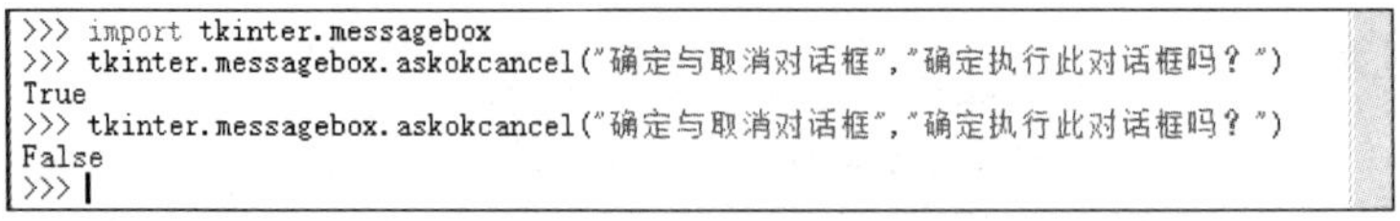

```
>>> import tkinter.messagebox
>>> tkinter.messagebox.askokcancel("确定与取消对话框","确定执行此对话框吗?")
True
>>> tkinter.messagebox.askokcancel("确定与取消对话框","确定执行此对话框吗?")
False
>>>
```

图 7-46　分别单击"确定"和"取消"按钮的返回值

（2）askquestion：打开一个"是与否对话框"，单击"是"按钮，其返回值为'yes'；单击"否"按钮，其返回值为'no'。语法格式为

```
askquestion (title,message)
```

例如：

```
>>>import tkinter.messagebox
>>>tkinter.messagebox. askquestion ("是与否对话框","确定关闭此对话框吗?")
```

执行上面的语句，打开一个如图 7-47 所示对话框，在对话框中分别单击"是"按钮和"否"按钮，返回值如图 7-48 所示。

图 7-47　是与否对话框

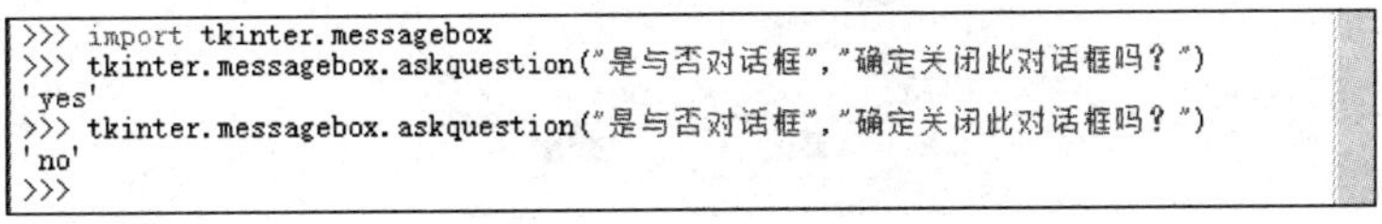

```
>>> import tkinter.messagebox
>>> tkinter.messagebox.askquestion("是与否对话框","确定关闭此对话框吗？")
'yes'
>>> tkinter.messagebox.askquestion("是与否对话框","确定关闭此对话框吗？")
'no'
>>>
```

图 7-48　分别单击"是"和"否"按钮的返回值

（3）askretrycancel：打开一个"重试与取消对话框"，单击"重试"按钮，其返回值为 True；单击"取消"按钮，其返回值为 False。语法格式为

```
askretrycancel (title,message)
```

例如：

```
>>>import tkinter.messagebox
>>>tkinter.messagebox. askretrycancel ("重试与取消对话框","确定关闭此对话框吗?")
```

执行上面的语句，打开一个如图 7-49 所示对话框，在对话框中分别单击"重试"按钮和"取消"按钮，返回值如图 7-50 所示。

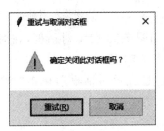

图 7-49　重试与取消对话框

```
>>> import tkinter.messagebox
>>> tkinter.messagebox.askretrycancel("重试与取消对话框","确定关闭此对话框吗？")
True
>>> tkinter.messagebox.askretrycancel("重试与取消对话框","确定关闭此对话框吗？")
False
>>> |
```

图 7-50　分别单击"重试"和"取消"按钮的返回值

（4）askyesno：打开一个"是与否对话框"，单击"是"按钮，其返回值为 True；单击"否"按钮，其返回值为 False。语法格式为

askyesno (title,message)

例如：

>>>import tkinter. messagebox
>>>tkinter.messagebox. askyesno ("是与否对话框","确定关闭此对话框吗?")

执行上面语句，打开一个如图 7-51 所示对话框，在对话框中分别单击"是"按钮和"否"按钮，返回值如图 7-52 所示。

图 7-51　是与否对话框

```
>>> import tkinter.messagebox
>>> tkinter.messagebox. askyesno ("是与否对话框","确定关闭此对话框吗？")
True
>>> tkinter.messagebox. askyesno ("是与否对话框","确定关闭此对话框吗？")
False
>>>
```

图 7-52　分别单击"是"和"否"按钮的返回值

（5）showerror：打开一个"错误提示对话框"，单击"确定"按钮，其返回值为'ok'。语法格式为

showerror (title,message)

例如：

>>>import tkinter. messagebox
>>>tkinter.messagebox. showerror ("错误提示对话框","确定关闭此对话框吗?")

执行上面的语句，打开一个如图 7-53 所示对话框，在对话框中单击"确定"按钮，返回值如图 7-54 所示。

（6）showinfo：打开一个"信息提示对话框"，单击"确定"按钮，其返回值为'ok'。语法格式为

showinfo (title,message)

例如：

图 7-53　错误提示对话框

```
>>> import tkinter. messagebox
>>> tkinter.messagebox.showerror("错误提示对话框","确定关闭此对话框吗？")
'ok'
>>>
```

图 7-54 单击"错误提示框"的"确定"按钮的返回值

```
>>>import tkinter. messagebox
>>>tkinter.messagebox. showinfo ("信息提示对话框","确定关闭此对话框吗?")
```

执行上面的语句，打开一个如图 7-55 所示对话框，在对话框中单击"确定"按钮，返回值如图 7-56 所示。

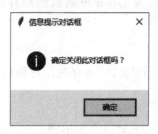

图 7-55 信息提示对话框

```
>>> import tkinter. messagebox
>>> tkinter.messagebox.showinfo("信息提示对话框","确定关闭此对话框吗？")
'ok'
>>>
```

图 7-56 单击"信息提示框"的"确定"按钮的返回值

（7）showwarning：打开一个"警告提示对话框"，单击"确定"按钮，其返回值为'ok'。语法格式为

```
showwarning (title,message)
```

例如：

```
>>>import tkinter. messagebox
>>>tkinter.messagebox. showwarning ("警告提示对话框","确定关闭此对话框吗?")
```

执行上面语句，打开一个如图 7-57 所示对话框，在对话框中单击"确定"按钮，返回值如图 7-58 所示。

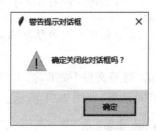

图 7-57 警告提示对话框

```
>>> import tkinter. messagebox
>>> tkinter.messagebox.showwarning("警告提示对话框","确定关闭此对话框吗？")
'ok'
>>> |
```

图 7-58 单击"警告提示框"的"确定"按钮的返回值

7.5.2　filedialog 子模块

tkinter 模块中的 filedialog 子模块可以打开"打开"对话框或"另存为"对话框。

1. Open()方法

Open()方法用来打开一个"文件"的对话框。语法格式为

```
Open (master,filetypes)
```

其中，master 表示父控件，用来放置 Open 对话框的控件；filetypes 表示要打开文件的类型，是一个列表。

2. SaveAs()方法

SaveAs()方法用来打开将一个"文件"另存为的对话框。语法格式为

```
SaveAs (master,filetypes)
```

【例 7-32】　Open()方法与 SaveAs()方法示例。

```
from tkinter import *
import tkinter.filedialog
win=Tk()
win.title("打开文件和保存文件")
def createOpenFileDialog():      #打开一个"打开文件"对话框函数
    myDialog1.show()
def createSaveAsDialog():      #打开一个"另存为"对话框函数
    myDialog2.show()
Button(win,text="打开文件",
command=createOpenFileDialog).pack(side=TOP,fill=BOTH,ipadx="1",ipady="1",
expand=1)                #按下按钮后，即打开对话框
Button(win,text="保存文件",
    command=createSaveAsDialog).pack(side=TOP,fill=BOTH,ipadx="1",ipady="1",
    expand=1)                #按下按钮后，即打开另存为对话框
myFileTypes=[("Python files","* .py * .pyw"),("All files","* ")]
                        #设置对话框打开的文件类型
myDialog1=tkinter.filedialog.Open(win,filetypes=myFileTypes)
                        #创建一个"打开文件"对话框
myDialog2 =tkinter.filedialog.SaveAs(win, filetypes=myFileTypes)
                        #创建一个"另存为"对话框
win.mainloop()
```

运行结果如图 7-59 所示，单击"打开文件"按钮，弹出"打开"对话框，如图 7-60 所示，单击"保存文件"按钮，弹出"另存为"对话框，如图 7-61 所示。

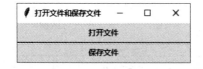

图 7-59　Open()方法与 SaveAs()方法示例

图 7-60 "打开"对话框

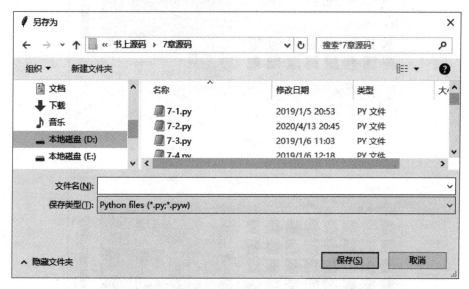

图 7-61 "另存为"对话框

7.5.3 colorchooser 子模块

tkinter 模块中的 colorchooser 子模块可以打开"颜色"对话框。colorchooser 子模块提供了两个打开颜色对话框的方法 skcolor()和 Chooser()。

1. skcolor()方法

skcolor()方法用于直接打开一个"颜色"对话框,该方法不需要父控件与 show()方法。返回值是一个元组,其格式为((R,G,B),"#rrggbb")。语法格式为

```
skcolor(color,option...)
```

其中,color 用来设置弹出颜色对话框的初始颜色;option 是属性选项。例如:

```
>>>from tkinter import *
>>>import tkinter.colorchooser
>>>r=tkinter.colorchooser.askcolor(color="red",title="askcolor")
```

执行上面的语句,打开一个如图 7-62 所示的颜色对话框,对话框中的初始选定颜色为红色,在对话框中选择需要的颜色,如图 7-63 所示,单击"确定"按钮,选择的蓝色值保存在变量 r 中,输出变量 r,如图 7-64 所示。

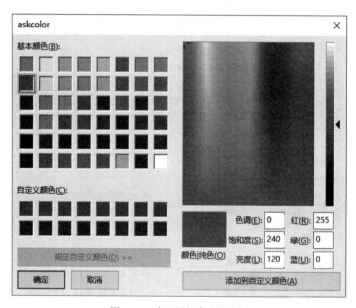

图 7-62　打开"颜色"对话框

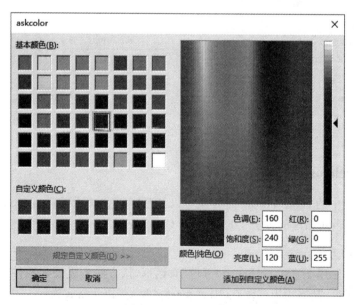

图 7-63　选择蓝色值

```
AttributeError: module 'tkinter.colorchooser' has no attribute 'skcolor'
>>> from tkinter import *
>>> import tkinter.colorchooser
>>> r=tkinter.colorchooser.askcolor(color="red",title="askcolor")
>>> r
((0.0, 0.0, 255.99609375), '#0000ff')
>>>
```

图 7-64　"蓝色"RGB 值

2. Chooser()方法

Chooser()方法用于打开一个"颜色"对话框,需要父控件与 show()方法。返回值是一个元组,其格式为((R,G,B),"♯rrggbb")。语法格式为

```
Chooser(master)
```

其中,master 表示父控件,用来放置 Chooser 对话框的控件。

【例 7-33】　Chooser()方法示例。

```
from tkinter import *
import tkinter.colorchooser
import tkinter.messagebox
win=Tk()
win.geometry("380×100")
win.title("使用 Chooser()方法打开颜色对话框")
def openColorDialog():                          #打开颜色对话框函数
     color=colorDialog.show()                   #显示颜色对话框
     #显示选择颜色的 R,G,B 值
     tkinter.messagebox.showinfo("提示","您选择的颜色是" +color[1]+"\n"+\
       "R="+str(color[0][0])+"G="+str(color[0][1])+"B="+str(color[0][2]))
Button(win,text="打开颜色对话框",
command=openColorDialog,width=20,height=3,      #按下按钮后,即打开对话框
font=("隶书",16)).pack(side=TOP,ipadx="1",ipady="1",expand=1)
colorDialog=tkinter.colorchooser.Chooser(win) #创建一个"颜色"对话框
win.mainloop()
```

运行结果如图 7-65 所示。单击"打开颜色对话框"按钮,即可打开如图 7-66 所示的"颜色"对话框,单击"确定"按钮,弹出"信息"提示框,如图 7-67 所示。

图 7-65　Chooser()方法示例

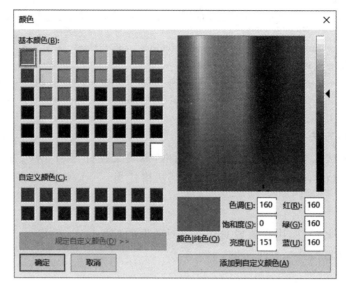

图 7-66　"颜色"对话框

图 7-67　颜色值提示框

7.6　事　　件

7.6.1　tkinter 事件

当使用 tkinter 创建图形模式应用程序时,需要用到一些事件,如鼠标单击事件和键盘回车事件等。只要设置好事件处理程序(此程序称为回调函数 callback),就可以在控件内处理这些事件。

事件处理程序语法格式为

```
def function(event):
    pass                          #语句
widget.bind("<event>",function)
widget 是 tkinter 控件的实例变量
    <event>:事件的名称
function:事件处理程序
```

当事件被调用时,tkinter 会传给事件处理程序一个 event 变量,此变量内含事件发生时的 x、y 坐标(鼠标事件),以及 ASCII 码(键盘事件)等。event 变量属性见表 7-16。

表 7-16 event 变量属性

属 性 名 称	描 述
char	一个字符代码,如键盘 f 的字符码为"f"
keycode	一个字符的 ASCII 码,如 a 键的 ASCII 值为 97
keysym	一个符号,如 F1 键的 keysym 为 F1
width	控件的宽度,单位为像素
height	控件的高度,单位为像素
num	鼠标单击的事件数字码(左键为 1,中键为 2,右键为 3)
widget	事件发生所在的控件实例变量
x,y	鼠标所在的当前光标位置
x_root,y_root	相对于屏幕左上角,鼠标所在的当前光标位置
type	显示事件类型,如键盘为 2,鼠标单击为 4,光标移动为 6

用户可以使用 tkinter 提供的以下两个方法对控件与事件进行绑定与解除。

(1) bind(event,callback):设置 event 事件的处理程序函数 callback。

(2) unbind(event):删除 event 事件与 callback 函数的绑定。

7.6.2 鼠标事件

当处理鼠标事件时,左键为 1,中键为 2,右键为 3。以下是鼠标事件。

(1) <Enter>事件:当光标移入控件时发生。

(2) <Leave>事件:当光标移出控件时发生。

(3) <Button-1>、<ButtonPress-1>或<1>事件:当鼠标在控件上单击时发生。

(4) <Button-2>、<ButtonPress-2>或<2>事件:当鼠标在控件上单击中键时发生。

(5) <B1-Motion>事件:当鼠标单击、移经控件时发生。

(6) <ButtonRelease-1>事件:当鼠标左键释放时发生。

(7) <Double-Button-1>事件:当鼠标双击时发生。

【例 7-34】 鼠标事件示例。

```
from tkinter import *                    # 导入 tkinter 模块所有内容
win=Tk()
win.title("鼠标事件示例")
win.geometry("350×50")
la1=Label(win,text="鼠标当前 x 坐标:",fg="red",font=(12))
la1.pack(side=LEFT,padx=10,pady=10)
la2=Label(win,text="x 坐标值",bg="white",width="5")
la2.pack(side=LEFT)
la3=Label(win,text="鼠标当前 y 坐标:",fg="red",font=(12))
la3.pack(side=LEFT)
la4=Label(win,text="y 坐标值",bg="white",width="5")
la4.pack(side=LEFT)
def Mouseleft(event):                    # 事件处理函数
    la2["text"]=event.x
    la4["text"]=event.y
win.bind("<Button-1>",Mouseleft)         # 左键绑定事件
win.mainloop()
```

运行结果如图 7-68 所示。在窗口中任意单击,如图 7-69 所示。

图 7-68 鼠标事件示例   图 7-69 光标当前坐标值

7.6.3 键盘事件

在 Python 中,可以处理以下键盘事件。

(1)<Keypress>事件:按下键盘上的任意键时发生。

(2)<KeyRelease>事件:释放键盘上的任意键时发生。

(3)<KeyPress-key>事件:按下键盘上指定的 key 键时发生。

(4)<KeyRelease-key>事件:释放键盘上的 key 键时发生。

(5)<Prefix-key>事件:按住 Prefix 的同时,按下指定的 key 键时发生。其中 Prefix 是指 Alt、Ctrl 和 Shift 键中的一个,也可以是它们的组合,如 Ctrl+Alt+key 键。

【例 7-35】 键盘事件示例。

```
from tkinter import *                    # 导入 tkinter 模块所有内容
win=Tk()
win.title("键盘事件示例")
win.geometry("280×50")
la1=Label(win,text="键盘字符: ",fg="red",font=(12))
la1.pack(side=LEFT)
la2=Label(win,text="",bg="white",width="5")
la2.pack(side=LEFT)
la3=Label(win,text="对应 ASCII 值: ",fg="red",font=(12))
la3.pack(side=LEFT)
la4=Label(win,text="",bg="white",width="5")
la4.pack(side=LEFT)
def Key1(event):                         # 事件处理函数
    la2["text"]=event.char
    la4["text"]=ord(event.char)
win.bind("<KeyPress>",Key1)              # 按键盘任意键
win.mainloop()
```

运行结果如图 7-70 所示。在键盘中按任意一个英文字母键或数字键,如图 7-71 所示。

图 7-70 键盘事件示例   图 7-71 字符及对应的 ASCII 值

7.7 任务实现

任务 1 简单登录界面。打开 Python 编辑器,输入如下代码,保存为 task7-1.py,并调试运行。

```
import tkinter
import tkinter.messagebox
win=tkinter.Tk()
win.title("简单登录界面")
win.geometry("240×100")
# 在窗口上创建标签组件
label1=tkinter.Label(win,text="用户名：",justify=tkinter.RIGHT,anchor="e",
width=80)
label1.place(x=10,y=5,width=80,height=20)
# 创建字符串变量和文本框组件,同时设置关联的变量
varName=tkinter.StringVar()
entry1=tkinter.Entry(win,width=80,textvariable=varName,bg="#80ffff")
entry1.place(x=100,y=5,width=80,height=20)
label2=tkinter.Label(win,text="密码：",justify=tkinter.RIGHT,anchor="e",
width=80)
label2.place(x=10,y=30,width=80,height=20)
# 创建密码文本框
varPwd=tkinter.StringVar()
entry2=tkinter.Entry(win,show="*",width=80,textvariable=varPwd,bg="#80ffff")
entry2.place(x=100,y=30,width=80,height=20)
def Login():                              # 登录按钮事件处理函数
    # 获取用户名和密码
    name=entry1.get()
    pwd=entry2.get()
    if name=="123" and pwd=="123":
        tkinter.messagebox.showinfo(title="密码正确",message="登录成功!")
    else:
        tkinter.messagebox.showerror("警告提醒",message="用户名或密码错误")
# 创建按钮组件,同时设置按钮的事件处理函数
button1=tkinter.Button(win,text="登录",command=Login)
button1.place(x=50,y=70,width=50,height=20)
def Cancel():                  # 取消按钮的事件处理函数
    varName.set("")            # 用户名置空
    varPwd.set("")             # 密码置空
button2=tkinter.Button(win,text="重输",command=Cancel)
button2.place(x=120,y=70,width=50,height=20)
win.mainloop()
```

　　运行结果如图 7-72 所示,若输入正确的用户名和密码时,单击"登录"按钮,登录成功如图 7-73 所示,登录失败如图 7-74 所示,单击"确定"按钮后,单击"重输"按钮,清空用户名和密码。

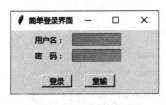

图 7-72　登录界面

图 7-73　登录成功

图 7-74　用户名和密码错误

任务 2　简单信息发送窗口。打开 Python 编辑器,输入如下代码,保存为 task7-2. py,并调试运行。

```python
from tkinter import *
import tkinter
import datetime
import time
win=Tk()
win.title("简单信息发送窗口")
win.resizable(width=False,height=False)
def sendmessage():                            # 发送按钮事件
# 在聊天内容上方加一行,显示发送人及发送时间
    msgcontent="小骆说:"+time.strftime("%Y-%m-%d%H:%M:%S",time.localtime()
())+"\n"
    text_msglist.insert(END,msgcontent)
    text_msglist.insert(END,text_msg.get("0.0",END))
    text_msg.delete("0.0", END)
def clearmessage():
    text_msglist.delete("0.0",END)
# 创建几个 frame 作为容器
frame_left_top=Frame(width=380,height=270)
frame_left_center=Frame(width=380,height=100)
frame_left_bottom=Frame(width=380,height=50)
img=tkinter.PhotoImage(file="img01.gif")
frame_right=Frame(width=170,height=426,bg="#80ffff")
Label(frame_right,image=img).pack()
# 创建需要的几个元素
text_msglist=Text(frame_left_top)
text_msg=Text(frame_left_center)
button1=Button(frame_left_bottom,text=("发送"),command=sendmessage,
    width=26,height=2).pack(side=LEFT)
button2=Button(frame_left_bottom,text=("清除"),command=clearmessage,
    width=26,height=2).pack(side=LEFT)
# 使用 grid 设置各个容器的位置
frame_left_top.grid(row=0,column=0,padx=2,pady=5)
frame_left_center.grid(row=1,column=0,padx=2,pady=5)
frame_left_bottom.grid(row=2,column=0)
frame_right.grid(row=0,column=1,rowspan=3,padx=4,pady=5)
frame_left_top.grid_propagate(0)
frame_left_center.grid_propagate(0)
frame_left_bottom.grid_propagate(0)
# 把元素填充进 frame
text_msglist.grid()
text_msg.grid()
win.mainloop()
```

运行结果如图 7-75 所示。在第二个文本框中输入信息,单击"发送"按钮,如图 7-76 所示,单击"清除"按钮,即可清除发送的信息。

图 7-75　简单信息发送窗口

图 7-76　发送信息

7.8　习　　题

1. 填空题

（1）Python 的标准 GUI 库 tkinter 由＿＿＿＿＿＿、＿＿＿＿＿＿和＿＿＿＿＿＿等模块组成。

课后习题答案 7

(2) tkinter 提供了 pack()、_____和_____ 3 个方法用于组织和布局管理。

(3) 窗体的宽度和高度是通过_____和_____属性进行设置的。

(4) _____属性可将窗体设置成不可放大或缩小。

(5) 通过_____属性可设置字体样式、字号大小等。

(6) _____控件用于在有界区间内,通过移动滑块来选择值。

(7) tkinter 中的颜色对话框模块名称是_____。

(8) tkinter 中的文件打开对话框模块名称是_____。

(9) tkinter 中的消息对话框模块名称是_____。

(10) _____用于显示对象列表,并且允许用户选择一个或多个项。

(11) _____属性可以设置控件的启用或禁用状态。

(12) 菜单分为快捷式菜单、_____和_____。

(13) 菜单中的_____方法,用于新增一个菜单项。

(14) 当用户在 Entry 控件内输入数值时,其值会存储在 tkinter 的 StringVar 类内。可将 Entry 控件的_____属性设置成 StringVar 类的_____。

(15) 按钮控件中的_____属性可用于将某个字符加下画线。

2. 简答题

(1) 简述 Python 中有几种导入 tkinter 模块的方法,以及导入语句的含义。

(2) 简述使用 tkinter 模块的操作步骤。

(3) 什么是图形用户界面? 目前常用的图形用户界面工具有哪几种?

(4) 简述在 Python 中创建下拉式菜单的操作步骤。

(5) 简述在 tkinter 模块中 Entry 控件与 Text 控件的区别。

3. 编程题

(1) 创建一个名为 MyForm 的窗体,窗体的标题为"我的窗体",窗体宽为 250、高为 200,窗体不可用鼠标调整大小,窗体背景色为红色,窗体中有一个"点我"按钮,当单击此按钮时,会弹出一个消息窗体。

(2) 设计一个减法计算器的图形用户界面,如图 7-77 所示。在文本框中输入两个整数,单击"="按钮时,在第三个文本框中显示这两个数的差。

| 被减数 | − | 减数 | = | 差 |

图 7-77   减法计算器图形

(3) 编写一个菜单窗口,主菜单中有"文件"和"编辑","文件"菜单中有"新建""打开""保存"和"退出"。"退出"与"保存"之间有一条分隔线。当选择"退出"时,即可关闭窗口并结束程序。

## 第 8 章

Python 标准库与第三方库

8.1 库的导入与使用

在 Python 中包含大量的库,在使用时根据需要进行导入,可通过 import 语句将库导入,并使用其定义的功能。

1. 导入库与使用

使用 import 语句对库进行导入,其语法格式如下 3 种。

(1) import 库名	#导入单个库
(2) import 库名 1, 库名 2, ... , 库名 n	#导入多个库
(3) import 库名 as 库别名	#导入库并使用别名

其中,库名是要导入的库名称。注意区分库名的大小写。

在程序编写中,库的导入一般位于程序语句的开始位置。导入库后,就可以使用"库名.函数名/变量名"对成员进行访问。例如:

```
>>>import math              #导入 math 库
>>>math.pow(2,3)
8.0                         #使用 math.pow(2,3)输出的结果
>>>import math,time         #导入 math 和 time 库
>>>time.ctime(time.time())
'Sat Jan 26 15:36:28 2019'  #使用 time.ctime(time.time())输出的结果
>>>import os as ts          #导入 os 库
>>>ts.getcwd()
'X:\\ProgramFiles\\Python310'
                            #使用 ts.getcwd()输出的结果。getcwd()方法用于获取文件路径
```

2. 导入库中的成员

在 Python 中还可以直接导入库中的某个成员,其语法格式为

```
from 库名 import 成员名    #导入库中的某个成员
成员名                     #直接使用成员名
```

例如:

```
>>>from math import sqrt   #导入 math 库中的 sqrt 成员
```

```
>>>sqrt(36)                     # 直接使用 sqrt()成员
6.0                             # 输出 sqrt(36)的结果
```

如果希望同时导入一个库中的多个成员,可以使用以下形式。

```
from 库名 import 成员名 1,成员名 2,…,成员名 n
>>>from math import sqrt,sin,cos  # 导入 math 库中的 sqrt、sin、cos 成员
>>>sin(10)                      # 直接使用 sin()成员
-0.5440211108893698             # 输出 sin(10)的结果
>>>cos(10)                      # 直接使用 cos()成员
-0.8390715290764524             # 输出 cos(10)的结果
```

如果要导入一个库中的所有成员,可以使用以下形式。

```
from 库名 import *              # 导入 math 库中的所有成员
>>>from math import *           # 导入 math 库中的所有成员
>>>tan(10)                      # 直接使用 tan()成员
0.6483608274590866              # 输出 tan(10)的结果
>>>sqrt(9)                      # 直接使用 sqrt()成员
3.0                             # 输出 sqrt(9)的结果
>>>sin(8)                       # 直接使用 sin()成员
0.9893582466233818              # 输出 sin(8)的结果
```

8.2　turtle　库

turtle(海龟)库是 Python 语言中一个很流行的绘制图像的函数库,在一个横轴为 x、纵轴为 y 的坐标系中的原点(0,0)位置开始,它根据一组函数指令的控制,在这个平面坐标系中移动进行图形绘制。

turtle 库包含了 100 多个功能函数,主要包括窗体函数、画笔状态函数和画笔运动函数。

8.2.1　窗体函数

1. screensize()函数
screensize()函数用于设置绘制窗口大小及背景颜色。语法格式为

```
turtle.screensize(canvwidth, canvheight, bg)
```

其中,canvwidth 指窗口的宽度,单位是像素;canvheight 指窗口的高度,单位是像素;bg 指窗口的背景颜色。例如:

```
>>>import turtle
>>>turtle.screensize(700,500,"green")
```

执行上面两行语句,弹出如图 8-1 所示的 turtle 图形绘制窗口。

2. setup()函数
setup()函数用于设置绘制窗口的大小及位置。语法格式为

图 8-1　使用 screensize()函数创建窗口

```
turtle.setup(width, height, startx, starty)
```

其中，width 指窗口的宽度，输入值为整数时，单位为像素；输入值为小数时，表示窗口宽度与计算机屏幕的比例。height 指窗口的高度，输入值为整数时，单位为像素；输入值为小数时，表示窗口高度与计算机屏幕的比例。(startx，starty)指窗口左上角顶点的位置，此位置如果为空，则窗口位于屏幕中心。例如：

```
>>>import turtle
>>>turtle.setup(width=700,height=500,startx=10,starty=10)
```

执行上面两行语句，弹出如图 8-2 所示的 turtle 图形绘制窗口。

8.2.2　画笔状态函数

1. penup()函数

penup()函数用于设置画笔提起，之后移动画笔不绘制形状，与 pendown()配对使用。语法格式为

```
turtle.penup()              #不带参数
```

2. pendown()函数

pendown()函数用于设置画笔放下，之后移动画笔开始绘制形状。语法格式为

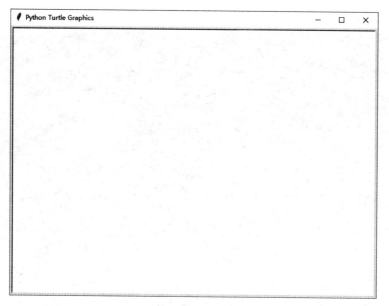

图 8-2 　使用 setup()函数创建窗口

```
turtle. pendown()            #不带参数
```

3. pensize()函数

pensize()函数用于设置画笔宽度,当无参数时,画笔宽度为当前画笔宽度。语法格式为

```
turtle. pensize (width)      #width 表示画笔的宽度
```

4. pencolor()函数

pencolor()函数用于设置画笔颜色。语法格式为

```
turtle. pencolor (colorstring)或 turtle. pencolor (R,G,B)
#colorstring 表示字符串的颜色,如 red、green、blue 等。R、G、B 表示红、绿和蓝三种颜色分别
  对应的十进制数值,如 R: 255,G: 255,B:120 等
```

5. color()函数

color()函数可用于同时设置画笔颜色和背景颜色。语法格式为

```
turtle.color(colorstring1,colorstring2)  #colorstring1 用来设置画笔绘制颜色,
                             colorstring2 用来设置填充背景颜色
```

6. begin_fill()函数

turtle. begin_fill()函数用于设置填充区域色彩,需要在开始绘制拟填充背景图形前调用。语法格式为

```
turtle.begin_fill ()         #不带参数
```

7. end_fill()函数

turtle. end_fill()函数与 turtle. begin_fill()函数配对,需要在结束绘制拟填充背景图形

后调用。语法格式为

```
turtle.end_fill ()                    #不带参数
```

例如：

```
>>>import turtle                      #导入 turtle 库
>>>turtle.color("red","blue")         #设置画笔颜色为红色,填充区域颜色为蓝色
>>>turtle.begin_fill()                #在开始绘制拟填充背景图形前调用
>>>turtle.circle(80)                  #绘制一个圆,半径为 80 像素
>>>turtle.end_fill()                  #在结束绘制拟填充背景图形后调用
```

执行上面五行语句,运行结果如图 8-3 所示。

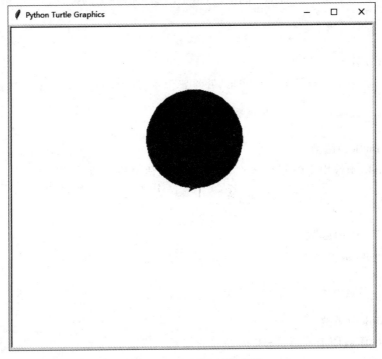

图 8-3　end_fill()函数应用

8. filling()函数

filling()函数用于返回当前图形背景颜色的填充状态,即如果当前代码在 turtle. begin_fill()和 turtle. end_fill()函数之间,则返回 True,否则返回 False。语法格式为

```
turtle.filling()                      #不带参数
```

例如：

```
(1) >>>import turtle
    >>>turtle.begin_fill()
    >>>turtle.end_fill()
    >>>turtle.filling()
    False                  #不在 turtle.begin_fill()和 turtle.end_fill()之间,所以
                             返回值为 False
```

（2）>>>import turtle

　　>>>turtle.begin_fill()

　　>>>turtle.filling()

　　True　　　　　　　#在 turtle.begin_fill()和 turtle.end_fill()之间,所以返
　　　　　　　　　　　　　回值为 True

（3）>>>import turtle

　　>>>turtle.end_fill()

　　>>>turtle.filling()

　　False　　　　　　　#在 turtle.end_fill()后,所以返回值为 False

9. clear()函数

clear()函数用于清空当前窗口的图形,但不改变当前画笔的位置。语法格式为

```
turtle.clear()          #不带参数
```

10. reset()函数

reset()函数用于清空当前窗口图形,并重置位置,返回绘制原点。语法格式为

```
turtle.reset()          #不带参数
```

11. hideturtle()函数

hideturtle()函数用于隐藏画笔的 turtle 形状。语法格式为

```
turtle.hideturtle()     #不带参数
```

12. showturtle()函数

showturtle()函数用于显示画笔的 turtle 形状。语法格式为

```
turtle. showturtle()    #不带参数
```

13. isvisible()函数

isvisible()函数用于判断 turtle 对象是否显示。语法格式为

```
turtle. isvisible()     #如果画笔的状态为显示,则返回 True,否则返回 False
```

14. write()函数

write()函数用于向画布上输出字符。语法格式为

```
turtle.write(str,font)  #str 是要输出的字符串,font 是字体名称、字体尺寸和字体类型 3 个
                         元素构成的元组。根据设置的 font 形式,将 str 显示在画布上
```

例如:

```
>>>import turtle
>>>turtle.circle(100)
>>>turtle.write("画一个圆",font=("宋体",20,"bold"))
```

执行上面三行语句,运行结果如图 8-4 所示。

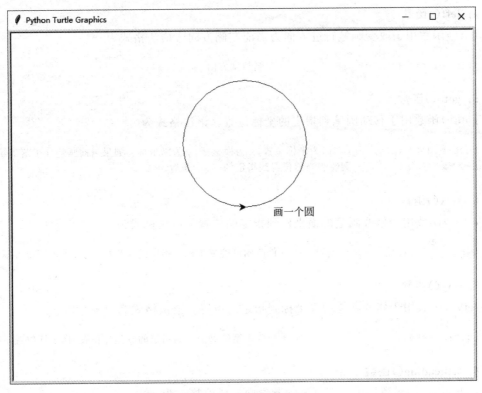

图 8-4　write() 函数应用

8.2.3　画笔运动函数

1. forward() 函数

forward() 函数表示沿着当前方向前进指定距离。语法格式为

```
turtle.forward(distance)
```

或

```
turtle.fd(distance)          #distance 表示向当前前进的距离
```

2. backward() 函数

backward() 函数用于控制画笔向行进的反方向运动一个距离。语法格式为

```
turtle.backward(distance)    #distance 表示向当前前进的距离
```

或

```
turtle. bk(distance)
```

3. right() 函数

right() 函数用于改变画笔行进方向为当前右侧方向。语法格式为

```
turtle.right(angle)          #右侧角度方向
```

4. left() 函数

left() 函数用于改变画笔行进方向为当前左侧方向。语法格式为

```
turtle.left (angle)            #左侧角度方向
```

5. goto() 函数

goto() 函数用于移动画笔到指定的坐标位置。语法格式为

```
turtle.goto (x,y)   #(x,y)为坐标位置,x 为横坐标,y 为纵坐标。如果当前画笔处于落下状态,
                     则绘制当前位置到指定的(x,y)位置
```

6. setx() 函数

setx() 函数用于修改画笔的横坐标到指定的位置。语法格式为

```
turtle.setx(x)                 #修改画笔的横坐标为指定的 x 坐标位置,纵坐标位置不变
```

7. sety() 函数

sety() 函数用于修改画笔的纵坐标到指定的位置。语法格式为

```
turtle.sety(y)                 #修改画笔的纵坐标为指定的 y 坐标位置,横坐标位置不变
```

8. setheading() 函数

setheading() 函数用于改变画笔绘制方向。语法格式为

```
turtle.setheading(to_angle)
```

或

```
turtle.seth(to_angle)  #设置画笔当前行进方向为 to_angle 角度,该角度是绝对方向角度值
```

图 8-5 给出了 turtle 库的角度坐标系,供 turtle 库中的函数使用。需要注意的是,turtle 库的角度坐标系以正东向为绝对 0°,即为小海龟绘图的初始方向位置,正西方向为绝对 180°,这个坐标体系是方向的绝对方向体系,与小海龟爬向当前方向无关。因此,可以利用这个绝对坐标体系随时更改小海龟的前进方向。

9. home() 函数

home() 函数用于移动画笔到坐标系原点,画笔方向为初始方向。语法格式为

```
turtle.home ()                 #不带参数
```

10. dot() 函数

dot() 函数用于绘制一个带有背景色、特定大小的圆点。语法格式为

```
turtle.dot(size,color)         #绘制一个尺寸为 size 大小且带有背景色 color 的圆点
```

例如:

```
>>>import turtle
>>>turtle.dot(10,"green")
```

执行上面两行语句,运行结果如图 8-6 所示。

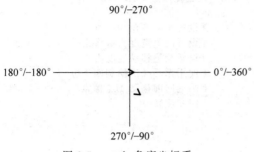

图 8-5　turtle 角度坐标系

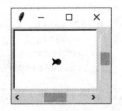

图 8-6　dot()函数应用

11. undo()函数

undo()函数用于撤销绘图的最后一次动作。语法格式为

```
turtle.undo()                       #不带参数
```

12. speed()函数

speed()函数用于设置画笔的绘制速度。语法格式为

```
turtle.speed(s)                     #设置画笔的速度为 s,s 取值为 0～10,0(或 fastest)表示
                                     没有绘制动作(即速度最快),1～10 之间表示逐步增加绘
                                     制速度,超过 10 则等同于 0(没有绘制动作)
```

13. circle()函数

circle()函数用于绘制一个弧形。语法格式为

```
turtle.circle(radius,extent)   #根据半径 radius 绘制 extent 角度的弧形。radius 值为
                                正数时,半径在小海龟左侧,当值为负数时,半径在小海龟右
                                侧;当省略 extent 参数时,绘制一个圆
```

例如:

```
>>>import turtle
>>>turtle.clear()
>>>turtle.circle(100,30)
```

执行上面三行语句,如图 8-7 所示。

```
>>>import turtle
>>>turtle.clear()
>>>turtle.circle(100)
```

执行上面三行语句,运行结果如图 8-8 所示。

图 8-7　使用 circle()函数画弧形

8.2.4　基于 turtle 库的绘图应用

【例 8-1】　绘制正方形示例。

```
import turtle                               #导入 turtle 库
```

```
turtle.title("正方形示例")                    #设置窗体标题
#设置窗口大小(宽 500 像素,高 400 像素),初始位置在原点坐标(0,0)
turtle.setup(500,400,0,0)
turtle.color("blue")                          #设置画笔颜色为蓝色
turtle.pensize(3)                             #设置画笔宽度为 3 像素
turtle.speed(2)                               #设置画笔移动速度为 2
for i in range(4):                            #使用循环 4 次绘制四条边
    turtle.forward(100)                       #画笔向前移动 100 像素
    turtle.left(90)                           #向左旋转 90°
```

运行结果如图 8-9 所示。

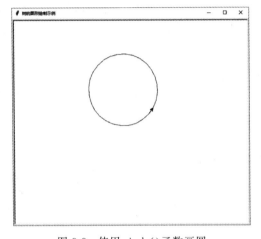

图 8-8　使用 circle()函数画圆

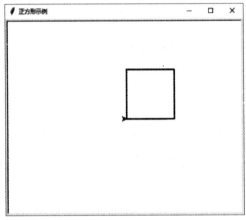

图 8-9　绘制正方形示例

【例 8-2】　绘制多边形示例。

```
import turtle
turtle.title("绘制多边形示例")
turtle.screensize(300,300,"blue")
turtle.color("yellow")                        #设置绘制画笔颜色
turtle.penup()                                #画笔抬起
turtle.goto(0,80)                             #设置画笔移到(0,80)坐标位置
turtle.pendown()                              #画笔落下
for j in range(3):                            #绘制 3 次
    for i in range(10):                       #绘制 10 条边
        turtle.forward(50)                    #画笔向前行进 50 像素
        turtle.right(360.0/10)                #设置画笔旋转角度
    turtle.up()
    turtle.goto(j,80)
    turtle.down()
turtle.forward(25)
turtle.left(75)
turtle.forward(50)
turtle.left(30)
turtle.forward(20)
turtle.left(270)
turtle.forward(10)
turtle.right(90)
turtle.forward(20)
```

```
turtle.right(30)
turtle.forward(54)
turtle.hideturtle()                          #设置画笔隐藏
```

运行结果如图 8-10 所示。

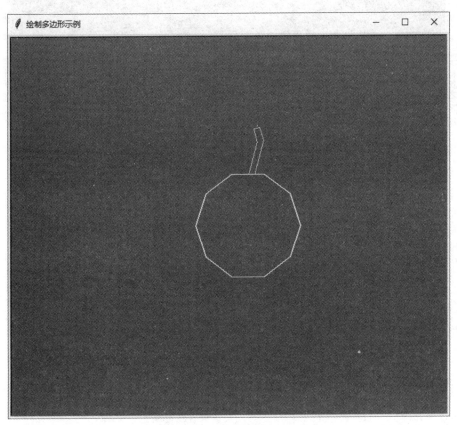

图 8-10　绘制多边形示例

【例 8-3】　绘制圆形示例。

```
import turtle
turtle.title("绘制圆形示例")
turtle.screensize(500,400,"black")          #设置窗口大小及背景颜色
turtle.speed("fastest")                      #定义绘图的速度(fastest 和 0 均表示最快)
colors=["red", "blue", "green", "yellow","white"]    #红、蓝、绿、黄和白五种颜色
for i in range(150):                         #i 取值为 0～149
    turtle.pencolor(colors[i%5])            #设置画笔颜色(红或蓝或绿或黄或白)
    turtle.circle(i)                        #画圆
    turtle.left(91)                         #设置画笔向左旋转 91°
turtle.hideturtle()                          #隐藏画笔
```

运行结果如图 8-11 所示。

【例 8-4】　绘制一颗心的图形示例。

```
import turtle
```

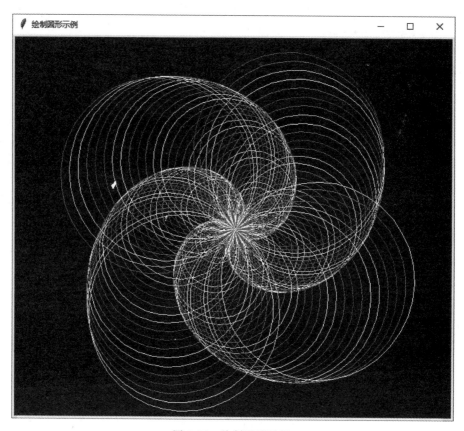

图 8-11　绘制圆形示例

```
turtle.title("绘制一颗心")
turtle.color("red","pink")                    #设置画笔绘制颜色和背景区域填充颜色
turtle.pensize(1)                             #设置画笔宽度
turtle.begin_fill()                           #开始设置填充区域
turtle.left(135)                              #向左旋转角度
turtle.forward(100)                           #向前行进绘制
turtle.right(180)                             #向右旋转角度
turtle.circle(50,-180)                        #在小海龟右侧绘制弧形
turtle.left(90)
turtle.circle(50,-180)
turtle.right(180)
turtle.forward(100)
turtle.end_fill()                             #结束填充区域
turtle.up()
turtle.goto(-45,80)                           #移动画笔到坐标(-45,80)位置
turtle.write("I love you",font=("隶书",14))   #输出字符内容,并设置字体格式
turtle.hideturtle()                           #隐藏画笔
```

运行结果如图 8-12 所示。

【例 8-5】 绘制一棵树的图形示例。

```
import turtle as t
```

图 8-12　绘制一颗心的图形示例

```
def tree(length,level):
    if level<=0:
        return
    t.penup()
    t.forward(length)
    t.pendown()
    t.left(45)
    tree(0.6*length,level-1)        #绘制左边树形
    t.right(90)
    tree(0.6*length,level-1)        #绘制右边树形
    t.left(45)
    t.backward(length)
    return
t.title("树的图形绘制示例")
t.pensize(2)
t.color("green")
t.left(90)
tree(100,6)
t.hideturtle()
```

运行结果如图 8-13 所示。

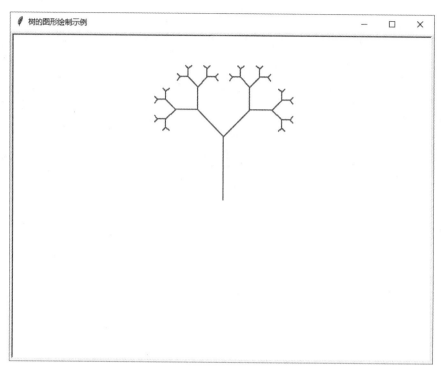

图 8-13　绘制一棵树的图形示例

8.3　random 库和随机数

random 库包含各种随机数生成函数。表 8-1 列出常用的 random 库随机生成函数。

表 8-1　常用的 random 库随机生成函数

函　数　名	说　明
seed(s)	初始化随机数种子,s 是一个整数或浮点数
random()	生成一个[0.0,1.0)之间的随机小数
randint(a,b)	生成一个[a,b]之间的整数
getrandbits(k)	生成一个 k 比特长度的随机整数
randrange(start,stop[,step])	生成一个[start,stop]之间以 step 为步数的随机整数
uniform(a,b)	生成[a,b]之间的随机小数
choice(seq)	从序列类型(例如列表)中随机返回一个元素
shuffle(seq)	将序列类型中元素随机排列,返回打乱后的序列
sample(pop,k)	从 pop 类型中随机选取 k 个元素,以列表类型返回

1. seed()函数

seed()函数用于为随机序列确定种子。语法格式为

```
random.seed(s)                          #s 表示随机数种子,是一个整数或浮点数
```

说明:设置随机数种子的好处是可以准确复现随机数序列,用于重复程序的运行轨迹。

对于仅使用随机数但不需要复现的情形，可以不用设置随机数种子。如果没有设置随机数种子，则使用随机数生成函数前，将默认以当前系统的运行时间为种子产生随机序列。

2. random() 函数

random() 函数用于生成 [0.0, 1.0) 之间的随机小数。语法格式为

```
random.random()                      #不带参数
```

例如：

```
>>>import random
>>>random.seed(10)                   #第 1 次设置随机数种子
>>>random.random()                   #第 1 次使用随机产生函数
0.5714025946899135                   #第 1 次随机产生数
>>>random.random()                   #第 2 次使用随机产生函数
0.4288890546751146                   #第 2 次随机产生数
>>>random.seed(10)                   #第 2 次设置相同的随机数种子
>>>random.random()                   #第 3 次使用随机产生函数
0.5714025946899135                   #与第 1 次随机产生数相同
>>>random.random()                   #第 4 次使用随机产生函数
0.4288890546751146                   #与第 2 次随机产生数相同
```

3. randint() 函数

randint() 函数用于生成 $[a, b]$ 之间的随机整数。语法格式为

```
random.randint(a,b)                  #a,b 为一个自然整数
```

例如：

```
>>>import random
>>>random.randint(2,10)              #随机产生一个 2~10 的整数
2                                    #随机产生一个数为 2
>>>random.randint(-300,300)          #随机产生一个-300~300 的整数
-89                                  #随机产生一个数为-89
```

4. getrandbits() 函数

getrandbits() 函数用于生成一个 k 比特长度的随机整数。语法格式为

```
random. getrandbits(k)               #k 表示二进制数的长度
```

例如：

```
>>>import random
>>>random.getrandbits(20)            #产生一个 20 比特位的随机整数
485050
>>>len(bin(485050))                  #转换二进制位并求二进制位数,含前导符 0b
21
>>>bin(485050)                       #二进制形式显示,包含前导符 0b
'0b1110110011010111010'
```

5. randrange() 函数

randrange() 函数用于生成一个随机整数。语法格式为

```
random.randrange(start,stop[,step])    #生成一个从 start 到 stop 之间以 step 为步数
                                          的随机整数。start 表示开始的一个整数,stop
                                          表示结束的一个整数,step 表示步数
```

例如:

```
>>>import random
>>>random.randrange(10,50,5)    #生成一个从 10 到 50 步长为 5 的整数
35
```

6. uniform()函数

uniform()函数用于生成一个随机小数。语法格式为

```
random. uniform (a,b)    #生成一个从 a 到 b 的随机小数,a 和 b 可以是小数或整数
```

例如:

```
>>>import random
>>>random.uniform(1,9)    #生成一个从 1 到 9 的随机小数
7.075317155855828
```

7. choice()函数

choice()函数用于从序列类型中随机返回一个元素。语法格式为

```
random. choice (seq)    # seq 可以是列表、元组和字符串
```

例如:

```
>>>import random
>>>random.choice("I like Python")    #从字符串内容随机返回一个字符
'n'
>>>import random
>>>random.choice(["123","245","356"])    #从列表中随机返回一个元素
'245'
>>>import random
>>>random.choice(("abc","cde","fgh"))    #从元组中随机返回一个元素
'fgh'
```

8. shuffle()函数

shuffle()函数用于将列表类型中的元素随机排列,返回打乱后的序列。语法格式为

```
random.shuffle(seq)    # seq 为一个列表变量
```

例如:

```
>>>import random
>>>seq=["1","2","3","4","5"]    # seq 为一个列表变量
>>>random.shuffle(seq)    #将 seq 变量中的内容打乱
>>>seq                    #输出打乱后的列表内容
['1', '2', '5', '4', '3']
```

9. sample()函数

sample()函数用于从指定的序列类型中,随机返回指定个数的元素内容。语法格式为

```
random.sample(seq,k)                  #从 seq 中随机返回 k 个元素,seq 的元素不能少于 k 个。
                                       seq 可以是集合、元组、列表和字符串等
```

例如：

```
>>>import random
>>>random.sample({1,2,3,4,5},3)        # 从集合中随机返回 3 个元素
[2, 5, 3]
>>>import random
>>>random.sample(("luo","li","huang","zhang","chen"),3)
                                       # 从元组中随机返回 3 个元素
['luo', 'chen', 'zhang']
>>>import random
>>>random.sample([110,119,120,114,122],3)   # 从列表中随机返回 3 个元素
[119, 110, 120]
>>>import random
>>>random.sample("how are you",3)      # 从字符串中随机返回 3 个元素
['r', ' ', 'a']
```

【例 8-6】 随机数示例。

```
import random
cs=random.randrange(1,50)                    #随机产生一个 1~50 的整数
guess=0                                       #初始化 guess 为 0
while guess!=cs:                              #循环判断
    guess=int(input("请猜测一个 50 以内的数："))   #输入猜测的数
    if (guess<cs): print("太小了!")            #判断太小
    elif (guess>cs): print("太大了!")          #判断太大
    else: print("恭喜您,猜中了!")              #判断猜中
```

运行结果如图 8-14 所示。

```
请猜测一个50以内的数：15
太小了！
请猜测一个50以内的数：25
太小了！
请猜测一个50以内的数：30
太大了！
请猜测一个50以内的数：27
太小了！
请猜测一个50以内的数：28
恭喜您，猜中了！
>>>
```

图 8-14　随机数示例

8.4　time 库

time 库是 Python 中的时间标准库,可以用来分析程序性能,也可以让程序运行暂停。time 库主要包括时间处理、时间格式化和程序计时 3 方面。

1. 时间处理函数

时间处理函数主要包括 time()函数、gmtime()函数、localtime()函数和 ctime()函数。

（1）time()函数。time()函数用于获取当前时间戳。语法格式为

```
time.time()                          # 不带参数
```

例如：

```
>>>import time
>>>time.time()
1548767595.6508613
```

（2）gmtime()函数。gmtime()函数用于获取当前时间戳对应的 struct_time 对象。语法格式为

```
time.gmtime ()                       # 获取当前 struct_time 对象
```

例如：

```
>>>import time
>>>time.gmtime()
time.struct_time(tm_year=2019,tm_mon=1,tm_mday=29,tm_hour=13,tm_min=16, tm_
sec=24, tm_wday=1, tm_yday=29, tm_isdst=0)
```

（3）localtime()函数。localtime()函数用于获取当前时间戳对应的本地 struct_time 对象。语法格式为

```
time.localtime ()                    # 获取本地当前 struct_time 对象
```

例如：

```
>>>import time
>>>time.localtime()
time.struct_time(tm_year=2019,tm_mon=1,tm_mday=29,tm_hour=21,tm_min=21, tm_
sec=45, tm_wday=1, tm_yday=29, tm_isdst=0)
```

（4）ctime()函数。ctime()函数用于获取当前时间戳对应的易读字符串，内部会自动调用 localtime()函数以输出本地时间。语法格式为

```
time.ctime ()                        # 获取当前时间戳对应的易读字符串表示
```

例如：

```
>>>import time
>>>time.ctime()
'Tue Jan 29 21:26:32 2019'
```

2. 时间格式化函数

时间格式化函数主要包括 mktime()函数、strftime()函数和 strptime()函数。

（1）mktime()函数。mktime()函数用于将 struct_time()对象转换为时间戳。语法格式为

```
time.mktime(t)                       # 将 struct_time()对象 t 转换为时间戳,t 代表当地时间。
```

struct_time()对象所构成的元素见表 8-2。

表 8-2　struct_time() 对象所构成的元素

属性名称	说　明	下标
tm_year	年份	0
tm_mon	月份[1～12]	1
tm_mday	日期[1,31]	2
tm_hour	小时[0,23]	3
tm_min	分钟[0,59]	4
tm_sec	秒[0～59]	5
tm_wday	星期[0～6],0 表示星期一	6
tm_yday	当年第几天[1～366]	7
tm_isdst	是否夏令时,0：否,1：是,−1：未知	8

例如：输出当前时间的年、月、日、时、分、秒、星期。

```
>>>import time
>>>t=time.localtime()
>>>time.ctime(time.mktime(t))
'Wed Jan 30 08:58:49 2019'
```

例如：分别取当前时间的年、月、日、时、分、秒、星期、当年第几天以及是否为夏令时。

```
>>>import time                    # 导入 time 库
>>>t=time.localtime()             # 获取当前时间戳对应的 struct_time 对象
>>>t                              # 输出 struct_time 对象的元素
time.struct_time(tm_year=2019,tm_mon=1,tm_mday=30,tm_hour=9,tm_min=10,tm_sec=
25, tm_wday=2, tm_yday=30, tm_isdst=0)
>>>t.tm_year                      # 取年
2019
>>>t.tm_mon                       # 取月
1
>>>t.tm_mday                      # 取日
30
>>>t.tm_hour                      # 取时
9
>>>t.tm_min                       # 取分
10
>>>t.tm_sec                       # 取秒
25
>>>t.tm_wday                      # 取星期
2
>>>t.tm_yday                      # 取当年第几天
30
>>>t.tm_isdst                     # 取是否为夏令时
0
```

（2）strftime() 函数。strftime() 函数为对 struct_time 对象元素进行时间格式化。语法格式为

```
time.strftime(format,t)          # 将 struct_time 对象元素按指定的日期格式进行显示
                                   format 表示日期格式,t 表示 struct_time 对象
```

例如:

```
>>>import time                   # 导入 time 库
>>>t=time.localtime()            # 获取当前时间戳对应的 struct_time 对象
>>>t                             # 输出 struct_time 对象的元素
time.struct_time(tm_year=2019,tm_mon=1,tm_mday=30,tm_hour=9,tm_min=10, tm_sec=25,
tm_wday=2, tm_yday=30, tm_isdst=0)
# 按时间格式:年、月、日、时、分、秒、上午或下午输出
>>>time.strftime("%Y-%m-%d%H:%M:%S:%p",t)
'2019-01-30 09:10:25:AM'
```

表 8-3 列出了 strftime()函数的格式化控制符。

表 8-3   strftime()函数的格式化控制符

格式	日期/时间	说　　明
%Y	年份	0001~9999,例如:2019
%m	月份	01~12,例如:11
%B	月名	January~December,例如:April
%b	月名缩写	Jan~De,例如:Apr
%d	日期	01~31,例如:18
%A	星期	Monday~Sunday,例如:Wednesday
%a	星期缩写	Mon~Sun,例如:Wed
%H	小时(24h 制)	00~23,例如:15
%I	小时(12h 制)	01~12,例如:10
%p	上午/下午	AM/PM,例如:AM
%M	分钟	00~59,例如:35
%S	秒	00~59,例如:25

(3) strptime()函数。strptime()函数为将时间格式字符串转换成对应的 struct_time 对象元素。它与 strftime()函数相反。语法格式为

```
time.strptime(string,format)  # 按给定的日期字符串转换成对应的 struct_time 对象元素,
                                string 表示日期字符串,format 表示日期格式字符串
```

例如:

```
>>>import time
>>>ts="2019-01-30 09:10:25"
# 将给定的日期字符串转成对应的 struct_time 对象元素
>>>time.strptime(ts,"%Y-%m-%d%H:%M:%S")
time.struct_time(tm_year=2019, tm_mon=1, tm_mday=30, tm_hour=9, tm_min=10, tm_
sec=25, tm_wday=2, tm_yday=30, tm_isdst=-1)
```

3. 程序计时函数

time 库包含以下三个程序计时函数。

(1) process_time()函数,用于返回当前进程处理器运行时间。

（2）perf_counter()函数，用于返回性能计数器。

（3）monotonic()函数，用于返回单向时钟。

【例 8-7】　time 库与程序计时示例。

```
import time
def Sum_test(): ·                        #计算 1~10 的阶乘和
    sum=0
    sum1=1
    for i in range(1,11):
        sum1*=i
        sum+=sum1
    print("1~10 的阶乘和: ",sum)
Sum_test()
t1=time.monotonic()                      #单向时钟
print("进程处理器运行时间: ",time.process_time())  #当前进程处理器运行时间
t2=time.monotonic()                      #单向时钟
print("两处单向时钟的时间差值: ",t2-t1)    #计算两处单向时钟的时间差值
```

运行结果如图 8-15 所示。

```
1~10的阶乘和: 4037913
进程处理器运行时间: 0.53125
两处单向时钟的时间差值: 0.015000000013969839
>>>
```

图 8-15　程序计时示例

8.5　datetime 库

datetime 库包含 date 对象、time 对象和 datetime 对象。

datetime 库包含 datetime. MINYEAR 和 datetime. MAXYEAR 两个常量，用于表示最小年份和最大年份，最小年份为 1，最大年份为 9999。

1. today()函数

today()函数用于返回当前日期的 date 对象，通过其对象实例可以获取年、月、日等信息。语法格式为

```
datetime.date.today()                    #获取当前日期
```

例如：

```
>>>import datetime
>>>datetime.date.today()
datetime.date(2019, 1, 30)
```

2. now()函数

now()函数用于返回当前日期时间的 datetime 对象，通过其对象实例可以获取年、月、日、时、分、秒等信息。语法格式为

```
datetime.datetime.now()                  #获取当前日期时间
```

例如：

```
>>>import datetime
>>>datetime.datetime.now()
datetime.datetime(2019, 1, 30, 11, 21, 53, 376545)
```

【例 8-8】 datetime 库应用示例。

```
import datetime
da=datetime.date.today()
dt=datetime.datetime.now()
print("当前的日期是:%s"%da)
print("当前的日期和时间是:%s"%dt)
print("当前的年份是:%s"%dt.year)
print("当前的月份是:%s"%dt.month)
print("当前的日期是:%s"%dt.day)
print("mm/dd/yyyy格式是:%s/%s/%s"%(dt.month,dt.day,dt.year))
print("当前小时是:%s"%dt.hour)
print("当前分钟是:%s"%dt.minute)
print("当前秒是:%s"%dt.second)
```

运行结果如图 8-16 所示。

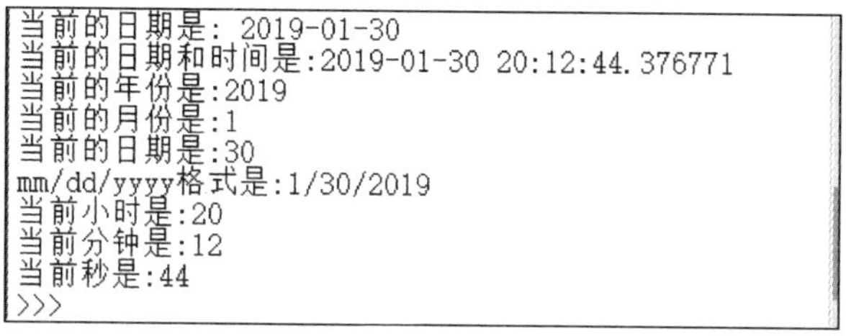

```
当前的日期是: 2019-01-30
当前的日期和时间是:2019-01-30 20:12:44.376771
当前的年份是:2019
当前的月份是:1
当前的日期是:30
mm/dd/yyyy格式是:1/30/2019
当前小时是:20
当前分钟是:12
当前秒是:44
>>>
```

图 8-16   datetime 库应用示例

8.6   Matplotlib 库

Matplotlib 库是一套面向对象的绘图库，主要使用了 Matplotlib. pyplot 工具包，其绘制的图表中的每个绘制元素(如线条、文字等)都是对象。Matplotlib 库配合 NumPy 库使用，可以实现科学计算结果的可视化显示。Matplotlib 是第三方库，如果使用的是标准的 Python 开发环境，需要在命令行下使用 pip 工具进行安装，安装命令如下：

```
pip install Matplotlib
```

安装完成后，可以测试一下 Matplotlib 是否安装成功。可以在命令行下进入 Python 的 REPL 环境，然后输入导入语句：import matplotlib. pyplot，如果没有提示错误，就说明 Matplotlib 库已经安装成功，如图 8-17 所示。

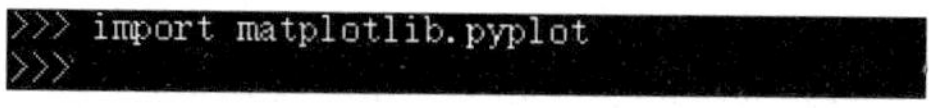

```
>>> import matplotlib.pyplot
>>>
```

图 8-17   Matplotlib 库安装成功

如果使用的是 Anaconda Python 开发环境,那么 Matplotlib 已经被集成进 Anaconda,并不需要单独安装。

有关 Matplotlib 库的更多知识介绍,请访问 http://www.matplotlib.org/。

1. 绘制折线图 plot()函数

plot()函数用于绘制单个或多个线条的折线图。是一种将数据点按照顺序连接起来的图形,主要用于查看因变量 y 随着自变量 x 改变的趋势。其语法格式为

```
plot(x,y,color,linestyle,marker,alpha,label)
```

参数说明如下。

x:用于表示 x 轴的数据。

y:用于表示 y 轴的数据。

color:用于指定线条的颜色,取值可以是"r"(红色)、"b"(蓝色)、"g"(绿色)、"c"(青色)、"m"(品红色)、"y"(黄色)、"k"(黑色)、"w"(白色)等。默认值为 None。

linestyle:用于指定线条的类型,取值可以是"—"(实线)、"--"(虚线)、"-."(点画线)、"."(点线)等。默认值为"—"。

marker:用于表示指定绘制点的类型,取值可以是"."(点)、","(像素)、"o"(圆圈)、"v"(一角朝下三角形)、"^"(一角朝上三角形)、"<"(一角朝左三角形)、">"(一角朝右三角形)、"s"(正方形)、"p"(五边形)、"∗"(星号)、"h"(六边形 1)、"H"(六边形 2)、"+"(加号)、"x"(X)、"D"(菱形)、"d"(小菱形)、"|"(竖线)、"-"(水平线)等,默认值为 None。

alpha:用于指定点的透明度,取值为 0.0～1.0 的小数。默认值为 None。

label:用于指定图例的标签内容。

【例 8-9】　使用 plot()函数绘制泉州市未来 10 天的天气情况折线图。天气情况如表 8-4 所示。

表 8-4　泉州市未来 10 天的天气情况

日　　期	最高气温	最低气温
9 月 18 日	33	25
9 月 19 日	33	26
9 月 20 日	34	26
9 月 21 日	35	26
9 月 22 日	34	26
9 月 23 日	33	26
9 月 24 日	32	25
9 月 25 日	32	25
9 月 26 日	32	24
9 月 27 日	32	25

```
import matplotlib.pyplot as plt
#设置字体为 SimHei,用于解决中文显示为方块的问题
plt.rcParams["font.sans-serif"]=["SimHei"]
x=["9月"+str(i)+"日" for i in range(18,28)]
y1=[33,33,34,35,34,33,32,32,32,32]
```

```
y2=[25,26,26,26,26,26,25,25,24,25]
plt.plot(x,y1,color="y",label='最高气温情况',linestyle='--',marker='8',alpha=1.0)
plt.plot(x,y2,color="b",label='最低气温情况',linestyle=':',marker='>',alpha=1.0)
plt.xticks(rotation=15)
plt.ylabel("温度",fontsize=14,rotation=0,labelpad=13)
plt.xlabel("日期",fontsize=14,labelpad=13)
plt.legend()
plt.show()
```

运行结果如图 8-18 所示。

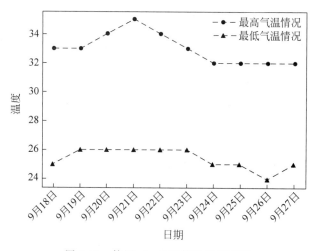

图 8-18　使用 plot()函数绘制折线图

通过运行结果的折线图,得知泉州市未来 10 天的最高气温开始几天温度趋于上升,而后温度趋于下降和平稳状态,最低气温趋于平稳和下降状态。

2. 绘制散点图 scatter()函数

scatter()函数用于绘制散点图。主要是以一个特征为横坐标,另一个特征为纵坐标,使用坐标点的分布形态反映特征间统计关系的一种图形。其语法格式为

```
scatter(x,y,s,c,marker,alpha,linewidths,edgecolors)
```

参数说明如下。

x:用于表示 x 轴的数据。

y:用于表示 y 轴的数据。

s:用于指定 x 轴数据与 y 轴数据相交点的大小。

c:用于指定 x 轴数据与 y 轴数据相交点的颜色。

marker:用于指定 x 轴数据与 y 轴数据相交点的样式类型,取值请参照 plot()函数中的 marker 参数,默认值为 None。

alpha:用于指定 x 轴数据与 y 轴数据相交点的透明度,取值为 $0.0 \sim 1.0$,默认值为 None。

linewidths:用于指定 x 轴数据与 y 轴数据相交点的边缘宽度。

edgecolors:用于指定 x 轴数据与 y 轴数据相交点的边缘颜色。

【例 8-10】 使用 scatter()函数绘制豆瓣电影评分与评价人数关系的散点图。豆瓣电影评分与评价人数如表 8-5 所示。

表 8-5 豆瓣电影评分与评价人数情况

评 分	评 价 人 数	评 分	评 价 人 数
9.7	2448892	9.2	1612787
9.6	1850666	9.1	1550224
9.5	1841065	9.0	1343360
9.4	1802933	8.9	859621
9.3	1770066	8.8	736047

根据表 8-5 所示的数据,将"评分"列作为绘制散点图的 x 轴数据,"评价人数"列作为绘制散点图的 y 轴数据。

```python
import matplotlib.pyplot as plt
plt.rcParams["font.sans-serif"] =["SimHei"]
plt.rcParams['font.size']=14.0
plt.title("豆瓣电影评分与评价人数情况",pad=10,color="blue")
x=[9.7,9.6,9.5,9.4,9.3,9.2,9.1,9.0,8.9,8.8]
y=[2448892,1850666,1841065,1802933,1770066,1612787,1550224,1343360,859621,736047]
plt.scatter(x,y,s=200,c="red",marker="o",linewidths=2,edgecolors="yellow")
plt.xticks([9.8,9.7,9.6,9.5,9.4,9.3,9.2,9.1,9.0,8.9,8.8,8.7])
plt.legend(labels=["评分与评价人数关系"],fontsize=14)
plt.show()
```

程序运行结果如图 8-19 所示。

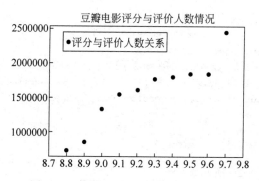

图 8-19 使用 scatter()函数绘制散点图

通过运行结果的散点图,得知,电影的评分分值越高,观看的人数越多。

3. 绘制柱形图 bar()函数

bar()函数用于绘制柱形图,是一种以长方形的长度为变量的统计图表。语法格式为

```
bar(x,height,width,bottom,align,tick_label,color,edgecolor,linewidth,label,
alpha)
```

参数说明如下。

x:用于表示柱形的 x 轴数据。

height：用于指定柱形的高度。

width：用于指定柱形的宽度,默认值为0.8。

bottom：用于指定柱形底部的坐标值,默认值为0。

align：用于指定柱形的对齐方式,取值有center和edge。取值为center表示将柱形与刻度线居中对齐,取值为edge表示将柱形的左边与刻度线对齐。

tick_label：用于指定柱形对应的标签。

color：用于指定柱形的颜色。

edgecolor：用于指定柱形边框的颜色。

linewidth：用于指定柱形边框的宽度。

label：用于指定图例的标签内容。

alpha：用于指定柱形填充颜色的透明度。

【例8-11】 使用bar()函数绘制厦门市2012—2021年房价柱形图。厦门市2012—2021年房价如表8-6所示。

表8-6   厦门市2012—2021年房价情况   单位:元/m²

年　份	房　价	年　份	房　价
2012	17185	2017	47177
2013	23124	2018	43565
2014	24843	2019	46003
2015	25970	2020	49924
2016	38883	2021	50412

根据表8-6所示的数据,将"年份"列作为 x 轴的刻度标签,"房价"列作为 y 轴数据。

```python
import matplotlib.pyplot as plt
plt.rcParams["font.sans-serif"] =["SimHei"]
plt.rcParams['font.size']=12.0
x=[str(i)+"年" for i in range(2012,2022)]
height=[17185,23124,24843,25970,38883,47177,43565,46003,49924,50412]
plt.bar(x,height,color="yellow",edgecolor="blue",label="房价",alpha=0.8,width=0.5)
plt.xticks(rotation=45)
plt.legend()
plt.show()
```

程序运行结果如图8-20所示。

通过运行结果的柱形图,得知厦门市2012—2021年的房价基本趋于逐年上涨。

4. 绘制饼图pie()函数

pie()函数用于绘制饼图。主要用于表示不同分类的占比情况,通过弧度大小来对比各种分类。语法格式为

```
barh(x,explode,labels,colors,autopct,pctdistance,shadow,labeldistance,startangle,
radius,center,frame)
```

参数说明如下。

x：用于表示绘制饼图的数据。

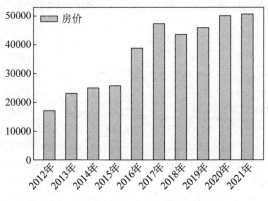

图 8-20　使用 bar()函数绘制柱形图

explode：用于指定每块扇形离饼图圆心的距离，默认值为 None。

labels：用于指定每块扇形所对应的标签内容，默认值为 None。

colors：用于指定每块扇形的颜色，默认值为 None。

autopct：用于指定每块扇形的数值显示方式，可通过格式字符串指定小数点后的位数，默认值为 None。

pctdistance：用于指定每块扇形对应的标签距离圆心的比例，默认值为 0.6。

shadow：用于设置扇形是否显示阴影。

labeldistance：用于指定标签内容的显示位置（相对于半径的比例），默认值为 1.1。

startangle：用于设置绘制的起始角度，默认从 x 轴的正方向逆时针绘制。

radius：用于设置扇形的半径。

center：用于指定绘制饼图的中心位置。

frame：用于设置是否显示图框。

【例 8-12】　使用 pie()函数绘制 515 汽车排行网 8 月轿车销售前十名的饼图。8 月轿车销售情况见表 8-7。

表 8-7　515 汽车排行网 8 月轿车销售情况　　　　　　　　单位：辆

车　　型	所 属 厂 商	销　　量
五菱宏光 MINI EV	上汽通用五菱	41188
日产轩逸	东风日产	40876
大众朗逸	上汽大众	38453
特斯拉 Model 3	特斯拉中国	27066
别克英朗	上汽通用别克	25299
比亚迪秦 PLUS	比亚迪	20676
日产天籁	东风日产	16776
宝马 3 系	华晨宝马	16125
大众宝来	一汽-大众	15782
宝马 5 系	华晨宝马	14674

根据表 8-7 所示的数据,将"销量"列作为绘制饼图的数据,"车型"列为绘制饼图的标签内容。

```
import matplotlib.pyplot as plt
plt.rcParams["font.sans-serif"] =["SimHei"]
plt.rcParams['font.size']=16.0
plt.title("汽车销售情况",pad=30,color="red")
x=[41188,40876,38453,27066,25299,20676,16776,16125,15782,14674]
explode=[0.05,0.05,0.1,0.08,0.05,0.05,0.05,0.05,0.05,0.05,]
labels=["五菱宏光 MINI EV.","日产轩逸","大众朗逸","特斯拉 Model 3","别克英朗",
"比亚迪秦 PLUS","日产天籁","宝马 3 系","大众宝来","宝马 5 系"]
plt.pie(x,explode,labels=labels,autopct="%1.1f%%",pctdistance=0.8,labeldistance=
1.1,startangle=57,radius=1.2)
plt.show()
```

运行结果如图 8-21 所示。

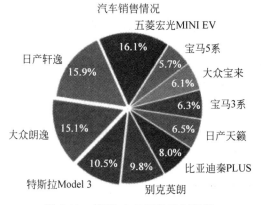

图 8-21　使用 pie() 函数绘制饼图

5．绘制直方图 hist() 函数

hist() 函数用于绘制直方图,是由一系列高度不等的纵向条纹或线段表示数据分布的情况。一般用横轴表示数据类型,纵轴表示分布情况。其语法格式为

```
hist (x, bins, range, histtype, align, orientation, label, color, edgecolor, alpha,
stacked, density,rwidth)
```

参数说明如下。

x：用于表示 x 轴的数据,可以是单个数或者不需要相同长度的多个数组序列。

bins：用于指定绘制矩形条数的个数,默认为 10。

range：用于剔除较大和较小的离群值,是一个 tuple。如果取值为 None,则默认为($x.$min(),$x.$max()),即 x 轴的范围。

histtype：用于指定直方图的类型,取值为 bar、barstacked、step 或 stepfilled 四种,取值为 bar,表示传统的直方图；取值为 barstacked,表示堆积直方图；取值为 step,表示未填充的线条直方图；取值为 stepfilled,表示填充的线条直方图。默认值为 bar。

align：用于指定矩形条边界的对齐方式，取值为 left、mid 或 right，默认值为为 mid。

orientation：用于指定矩形条的摆放方式，取值为 vertical 表示垂直排列，取值为 horizontal 表示水平排列。

label：用于指定直方图的图例内容，可通过 legend 展示其图例。

color：用于指定矩形条的颜色。

edgecolor：用于指定矩形条边框的颜色。

alpha：用于指定矩形条的透明度，取值为 0.0～1.0，默认值为 None。

stacked：用于指定有多个数据时，是否需要将直方图呈堆叠摆放，取值为 True 或 False。取值为 True，表示堆叠摆放；取值为 False，表示水平摆放，默认值 False。

density：用于表示是否将直方图的频数图转换成频率图，取值为 True 或 False。取值为 True，表示将频数图转换为频率图；取值为 False，表示绘制频数图，默认值为 False。

rwidth：用于设置直方图条形宽度的百分比。

【例 8-13】　使用 hist() 函数绘制 200 个极片厚度的直方图。

```python
import matplotlib.pyplot as plt
import numpy as np
plt.rcParams["font.sans-serif"] =["SimHei"]
plt.rcParams['axes.unicode_minus'] =False
plt.rcParams['font.size']=14.0
plt.title("100 个极片直方图",pad=10,color="blue")
x=np.random.randn(200)
plt.hist(x,bins=10,label=["极片厚度"],edgecolor="black")
plt.ylabel("频数")
plt.xlabel("极片分组")
plt.legend()
plt.show()
```

运行结果如图 8-22 所示。

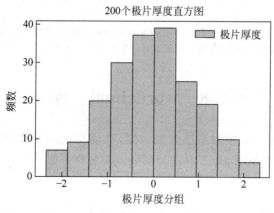

图 8-22　使用 hist() 函数绘制直方图

8.7　jieba　库

jieba（"结巴"）库是 Python 中的第三方中文分词库，能够将一段中文文本分隔成中文词语的序列。由于是第三方库，因此需要在命令行下使用 pip 工具进行安装。安装命令为

```
pip install jieba
```

安装完后，可以测试一下 jieba 库是否安装成功。可以在命令行下进入 Python 的 REPL 环境，然后输入导入语句：import jieba，如果没有提示错误，就说明 jieba 库已经安装成功，如图 8-23 所示。

图 8-23　jieba 库安装成功

jieba 库支持 3 种分词模式，分别为精确模式、全模式和搜索引擎模式 3 种。

（1）精确模式是指将句子最精确地切开，适合文本分析。

（2）全模式是指把句子中所有可以成词的词语都扫描出来，速度非常快，但是不能解决歧义。

（3）搜索引擎模式是指在精确模式下，对长词再次切分，提高召回率，适合用于搜索引擎分词。

对于中文分词，jieba 库只需要 1 行语句即可进行切分。例如：

```
>>>import jieba
>>>jieba.lcut("中国福建省泉州市惠安县张坂镇")    #精确模式
Building prefix dict from the default dictionary ...
Loading model from cache X:\Users\admin\AppData\Local\Temp\jieba.cache
Loading model cost 2.244 seconds.
Prefix dict has been built succesfully.
['中国', '福建省', '泉州市', '惠安县', '张坂镇']
>>>jieba.lcut("中国福建省泉州市惠安县张坂镇",cut_all=True)    #全模式
['中国', '福建', '福建省', '泉州', '泉州市', '州市', '惠安', '惠安县', '安县', '张', '坂', '镇']
>>>jieba.lcut_for_search("中国福建省泉州市惠安县张坂镇")        #搜索引擎模式
['中国', '福建', '福建省', '泉州', '州市', '泉州市', '惠安', '安县', '惠安县', '张坂镇']
```

8.8　wordcloud　库

wordcloud 库是 Python 中的第三方词云库，能够将文本转换成词云。由于是第三方库，因此需要在命令行下使用 pip 工具进行安装。安装命令如下：

```
pip install wordcloud
```

安装完后，可以测试一下 wordcloud 库是否安装成功。可以在命令行下进入 Python 的 REPL 环境，然后输入导入语句：import wordcloud，如果没有提示错误，就说明 wordcloud 库已经安装成功，如图 8-24 所示。

wordcloud 库使用简单且有趣,以一个字符串为例。

```
>>>from wordcloud import WordCloud
>>>string1="Babies love to learn."
>>>w=WordCloud().generate(string1)          #产生词云图
>>>w.to_file("t.png")                       #保存词云为图片
```

执行上面语句后,分词如图 8-25 所示。

图 8-24　wordcloud 库安装成功　　　图 8-25　一个字符串分词效果

在生成词云时,wordcloud 库默认会以空格或标点为分隔符对目标文本进行分词处理。对于中文文本,分词处理需要由用户来完成。一般分为以下 3 个步骤:①将文本分词处理;②以空格拼接;③调用 wordcloud 库函数。

在处理中文文本时还需要指定中文字体。例如,选择了微软华文中宋字体(STZHONGS.TTF)作为显示效果,需要将该字体文件与代码存放在同一目录下或在字体文件名前增加完整的路径。

【例 8-14】　中文文本分词示例。

```
import jieba
from wordcloud import WordCloud
txt="在教育的主要矛盾从规模增长转到质量提升的大背景下,教育改革的主体责任需要从宏观领域下沉到微观领域,实现教育改革回归学校、教育改革回归课堂、教育改革回归教师、教育改革回归学生"
words=jieba.lcut(txt)                        #精确分词
newtxt=" ".join(words)                       #空格拼接
wordcloud=WordCloud(font_path="C:\\windows\Fonts\STZHONGS.TTF",width=500,min_
font_size=10,max_font_size=80).generate(newtxt)      #设置词云图片属性
wordcloud.to_file("词云中文示例图.png")                #保存词云图片
```

运行结果如图 8-26 所示。

图 8-26　中文文本分词示例

wordcloud 库的核心是 WordCloud 类,所有的功能都封装在 WordCloud 类中。使用时需要实例化一个 WordCloud 类的对象,并调用 generate(text)方法,将 text 文本转换为词

云。WordCloud 类在创建时有一系列可选参数,用于配置词云图片,其常用参数如表 8-8 所示,WordCloud 类的常用方法如表 8-9 所示。

表 8-8　WordCloud 类创建对象常用参数

参　　数	说　　明
font_path	指定字体文件的完整路径,默认 None
width	生成图片宽度,默认 400 像素
height	生成图片高度,默认 200 像素
mask	词云形状,默认 None,即方形图
min_font_size	词云中最小的字体字号,默认 4 号
font_step	字号步进间隔,默认为 1
max_font_size	词云中最大的字体字号,默认 None,根据高度自动调节
max_words	词云图中最大词数,默认 200
stopwords	被排除词列表,排除词不在词云中显示
background_color	图片背景颜色,默认黑色

表 8-9　WordCloud 类创建对象常用方法

方　　法	说　　明
generate(text)	由 text 文本生成词云
to_file(filename)	将词云图保存成名为 filename 的文件

8.9　任务实现

任务 1　绘制分形树。打开 Python 编辑器,输入如下代码,保存为 task8-1.py,并调试运行。

```
import turtle
def draw_branch(branch_length):                      #绘制分形树
    if branch_length >5:
    #绘制右侧树枝
        turtle.forward(branch_length)
        #print('向前 ', branch_length)
        turtle.right(20)
        #print('右转 20')
        draw_branch(branch_length -15)
    #绘制左侧树枝
        turtle.left(40)
        #print('左转 40')
        draw_branch(branch_length -15)
    #返回之前的树枝
        turtle.right(20)
        #print('右转 20')
        turtle.backward(branch_length)
        #print('向后 ', branch_length)
```

```
def main():                                        # 主函数
    turtle.left(90)
    turtle.penup()
    turtle.backward(150)
    turtle.pendown()
    turtle.color('brown')
    draw_branch(80)
    turtle.exitonclick()
main()
```

运行结果如图 8-27 所示。

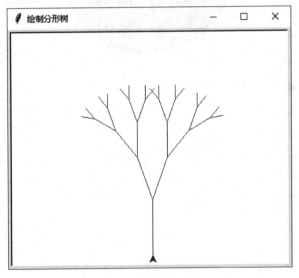

图 8-27　绘制分形树

任务 2　使用 pie()函数绘制某用户某月的消费明细饼图。消费明细数据为购物 800 元,休闲娱乐 300 元,其他 250 元。打开 Python 编辑器,输入如下代码,保存为 task8-2.py,并调试运行。

```
import matplotlib.pyplot as plt
plt.rcParams['font.sans-serif'] = ['SimHei']
plt.title("某用户某月的消费明细情况",pad=30,color="red")
x=[800,150,1200,250,350,300,300,250]
explode=[0.05,0.05,0.1,0.08,0.05,0.05,0.05,0.05]
labels=["购物","人情往来","餐饮美食","通信物流","生活日用","交通出行","休闲娱乐",
"其他"]
plt.pie(x,explode,labels=labels,autopct="%1.1f%%",pctdistance=0.8,labeldistance=
1.1,startangle=57,radius=1.2)
plt.show()
```

运行结果如图 8-28 所示。

任务 3　"青年"词云。打开 Python 编辑器,输入如下代码,保存为 task8-3.py,并调试运行。

```
import jieba
```

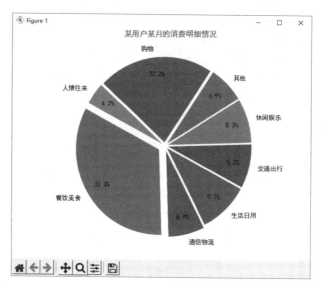

图 8-28　某用户某月的消费明细

```
from wordcloud import WordCloud
excludes ={"生气","的","今天","处在","最好","难得", "我们"}
f =open("青年.txt", "r", encoding="utf- 8")
txt =f.read()
f.close()
words =jieba.lcut(txt)
newtxt =" ".join(words)              # " "空格拼接
wordcloud =WordCloud(background_color="red",width=400, height=200,\
        font_path="msyh.ttc",max_words=200, max_font_size=50, \
                     stopwords =excludes).generate(newtxt)
wordcloud.to_file("青年.png")
```

运行结果如图 8-29 所示。

图 8-29　"青年"词云

8.10 习　　题

1. 填空题

（1）在 Python 中_____库用于海龟绘图。

（2）在 Python 中_____库用于画布绘图。

（3）在 turtle 库中_____函数用于设置绘图窗口大小及背景颜色。

（4）_____函数设置画笔放下，之后，移动画笔开始绘制形状；_____函数用于设置画笔大小。

（5）_____函数与 turtle.begin_fill() 函数配对。在结束绘制拟填充背景图形后调用。

（6）_____函数清除当前窗口的图形，但不改变当前画笔的位置。

（7）用于向画布上输出字符的函数是_____。

（8）_____函数用来绘制一个弧形。

（9）random() 函数为生成_____之间的随机小数。

（10）_____函数为生成 $[a,b)$ 之间的随机整数。

课后习题答案 8

2. 选择题

（1）下列（　　）是 Python 中文分词的第三方库。

    A. turtle   B. itchat   C. jieba   D. time

（2）下列（　　）不是 Python 的第三方库。

    A. math   B. numpy   C. pandas   D. Matplotlib

（3）下列（　　）不是 Python 中用于开发用户界面的第三方库。

    A. turtle   B. PyQt5   C. wxPython   D. PyGTK

（4）以下描述错误的是（　　）。

    A. random.randint(1,10) 生成 $[1,10]$ 之间的整数

    B. import random 可以不导入，就能直接调用

    C. 安装第三方库的命令是 pip install 库名

    D. Python 是面向结构化语言

（5）关于 time 库的描述，以下选项中错误的是（　　）。

    A. time 库是 Python 中处理时间的标准库

    B. time 库提供获取系统时间并格式化输出的功能

    C. time.sleep(s) 的作用是休眠 s 秒

    D. time.perf_counter() 用于返回一个固定的时间计数值

（6）关于 jieba 库的描述，以下选项中错误的是（　　）。

    A. jieba 是 Python 中一个重要的标准函数库

    B. jieba.cut(s) 是精确模式，返回一个可迭代的数据类型

    C. jieba.lcut(s) 是精确模式，返回列表类型

    D. jieba.add_word(s) 是向分词词典里增加新词

(7) 以下选项中,修改 turtle 画笔颜色的函数是(　　)。

    A. pencolor()　　　　B. seth()　　　　C. colormode()　　　　D. hk()

(8) 下列函数中,不能改变 turtle 绘制方向的是(　　)。

    A. turtle.fd()　　　B. turtle.seth()　　C. turtle.right()　　D. turtle.circle()

(9) 对于 turtle 绘图中颜色值的表示,以下选项中错误的是(　　)。

    A. "grey"　　　　　　　　　　　　　B. (190.202.212)

    C. ECECEC　　　　　　　　　　　　D. ♯ABABAB

(10) Python 为源文件指定系统默认字符编码的声明语句是(　　)。

    A. ♯coding:utf-8　　　　　　　　　B. ♯coding:GB2312

    C. ♯coding:GBK　　　　　　　　　　D. ♯coding:cp936

3. 编程题

(1) 使用 turtle 库的 turtle.fd()函数和 turtle.seth()函数绘制一个等边三角形,边长为 200 像素。

(2) 使用 jieba.cut()对"Python 是非常有前景的一门面向对象程序设计语言"进行分词,并输出保存为图片文件。

(3) 使用 bar()函数绘制泉州市和厦门市 2012—2021 年房价柱形图。泉州市和厦门市 2012—2021 年房价如表 8-10 所示。

表 8-10　泉州市和厦门市 2012—2021 年房价情况　　　　单位:元/m²

年　份	泉州市房价	厦门市房价
2012	8266	17185
2013	8724	23124
2014	9402	24843
2015	7845	25970
2016	8417	38883
2017	10651	47177
2018	11219	43565
2019	11343	46003
2020	12514	49924
2021	14541	50412

## 第 9 章

文　件

9.1　文件的使用

文件是存储在辅助存储器上的一组数据序列,可以包含任何数据内容。文件是数据的集合和抽象,主要包括二进制文件和文本文件两种。

9.1.1　文件的类型

二进制文件由二进制比特位 0 和 1 组成,没有统一的字符编码,文件内部数据的组织格式与文件用途有关。二进制是信息按照非字符但有特定格式形成的文件,如 png 格式的图片文件、avi 格式的视频文件。

文本文件一般由单一特定编码的字符组成,如 UTF-8 编码,内容容易统一展示和阅读。大部分文本文件都可以通过文本编辑软件或文字处理软件创建、修改和阅读。由于文本文件存在编码,所以,它可以被看作是存储在磁盘上的长字符串,如一个 txt 格式的文本文件。

二进制文件和文本文件的区别在于是否有统一的字符编码。二进制文件由于没有统一的字符编码,只能当作字节流,而不能看作是字符串。

无论文件创建类型是二进制文件还是文本文件,都可以用"文本文件方式"和"二进制文件方式"打开,但打开后的操作不同。

【例 9-1】　分别用文本文件方式和二进制文件方式打开一个 luo1.txt 文件,内容为"正大气象,厚德载物!"。

```
# 使用文本文件打开方式,t 表示文本文件方式
>>>f=open("luo1.txt","rt")        # 当前目录下打开 luo1.txt 文件(本章当前目录为第 9 章)
>>>print(f.readline())            # 输出文本内容
正大气象,厚德载物!
>>>f.close()                      # 关闭文件
# 使用二进制文件打开方式,b 表示二进制文件方式
>>>f=open("luo1.txt","rb")
>>>print(f.readline())
# \xd5 是十六进制数,代表字节 11010101。
b'\xd5\xfd\xb4\xf3\xc6\xf8\xcf\xf3\xa3\xac\xba\xf1\xb5\xc2\xd4\xd8\xce\xef\xa3\xa1'
>>>f.close()
```

说明:若使用的是相对路径,应将 luo1.txt 文本文件与 Python 程序文件存放在同一目

录中。采用文本方式读入文件,文件经过编码形成字符串,打印出有含义的字符;采用二进制方式打开文件,文件被解析为字节流。由于存在编码,字符串中的一个字符由多个字节表示。

9.1.2 文件的打开和关闭

Python 对二进制文件和文本文件采用统一的操作步骤:打开、操作和关闭。操作系统中的文件默认处于存储状态,若文件已存在,则将其打开,使得当前程序有权操作这个文件;若文件不存在且以只读方式打开,则提示如下异常信息。

```
Traceback (most recent call last):
  File "<pyshell#8>", line 1, in <module>
    f=open("luo11.txt","rb")
FileNotFoundError: [Errno 2] No such file or directory: 'luo11.txt'
```

若指定的文件存在且已被打开,则此时的文件处于占用状态,另一个进程不能操作这个文件。可以通过一组方法读取文件的内容或向文件写入内容,操作完文件后,需要将文件关闭,关闭将释放对文件的控制使用权,使文件恢复成存储状态,以便让其他进程访问。

1. 文件的打开函数 open()

在 Python 中,通过 open()函数打开文件,并返回操作的文件给变量。语法格式为

```
fp=open(name,mode)
```

参数说明如下。

name:文件名或包含完整的路径和文件名。

mode:打开文件的操作方式。

open()函数提供了 7 种文件打开方式,如表 9-1 所示。

表 9-1   open()函数打开方式

打开方式	说　　明
"r"	只读方式,若文件不存在,则返回 FileNotFoundError 信息
"w"	写方式,文件若不存在则创建文件,若存在则覆盖文件原有内容
"x"	创建方式,文件若不存在则创建文件,若存在则返回 FileExistsError 信息
"a"	追加方式,文件若不存在则创建文件,若存在则在文件内容最后追加新内容
"b"	二进制文件方式
"t"	文本文件方式,默认值
"+"	与 r/w/x/a 一同使用,在原功能基础上增加具有读写功能

打开方式使用字符串表示,采用单引号或者双引号均可。打开方式中的"r"、"w"、"x"、"a"可以和"b"、"t"、"+"组合使用,常用组合使用方法如下。

(1) fp=open(文件名,"r")或 fp=open(文件名),这种方法的功能是以文本方式只读打开一个文件,读入后不能对文件进行修改。

(2) fp=open(文件名,"r+"),这种方法的功能是以文本方式可读写地打开一个文件,可以读入并修改文件。

(3) fp=open(文件名,"w"),这种方法的功能是以文本方式打开一个空文件,准备写入

一批内容,并保存为新文件。

(4) fp＝open(文件名,"a＋"),这种方法的功能是以文本方式打开一个空文件或已存在文件,以追加形式写入一批内容,更新原文件。

(5) fp＝open(文件名,"rb"),这种方法的功能是以二进制方式只读打开一个文件,读入后不能对文件进行修改。

当文件使用结束后需要用 close()方法关闭,释放文件的使用控制权。语法格式为

```
文件变量名.close()
```

【例 9-2】 新建一个文本文件名为 luo2.txt,文件内容为"吉林大学是教育部直属的全国重点综合性大学,坐落在吉林省长春市。学校始建于 1946 年,1960 年被列为国家重点大学,1984 年成为首批建立研究生院的 22 所大学之一,1995 年首批通过国家教委'211 工程'审批,2001 年被列入'985 工程'国家重点建设的大学,2004 年被批准为中央直接管理的学校,2017 年入选国家一流大学建设高校",保存在当前目录中。打开 Python 编辑器,输入如下代码,保存为 9-2.py,并调试运行。

```
fp=open("luo2.txt","rt")           # 打开文件
print(fp.readline())               # 读取文件并输出
fp.close()                         # 关闭文件
```

运行结果如图 9-1 所示。

图 9-1　读取并关闭 luo2.txt 文件示例

说明:如果使用绝对路径打开文件时,由于"\"是字符串中的转义字符,因此"\"在表示路径时,需用"\\"或"/"代替。

2. 文件的读写操作

打开文件后,即可利用 Python 提供的方法读取文件的内容。常用的读取方法如表 9-2 所示。

表 9-2　文件读取方法

方　　法	说　　明
fp. read(size)	从文件中读入整个文件内容。size 可选项,若给出,读入前 size 长度的字符串或字节流
fp. readline(size)	从文件中读入一行内容。size 可选项,若给出,读入该行前 size 长度的字符串或字节流
fp. readlines(hint)	从文件中读入所有行,以每行为元素形成一个列表。hint 可选项,若给出读入 hint 行
fp. seek(offset)	改变当前文件操作指针的位置,offset 的值:0 为文件开头;1 为当前位置;2 为文件结尾

(1) 读取文件 read()方法。在 Python 中,read()方法用于从文件读取指定的字符数,如果未给出参数或参数值为负数则读取文件所有内容。语法格式为

```
fp=read(size)
```

参数 size 指定用于读取文件内容的字符数。

例如:创建一个文本文件 luo3.txt,内容为"江南可采莲莲叶何田田鱼戏莲叶间鱼戏莲叶东鱼戏莲叶西鱼戏莲叶南鱼戏莲叶北"。保存在当前目录中。

以每行 5 个字符进行输出,语句为

```
>>>fp=open("luo3.txt","rt")
>>>print(fp.read(5))
江南可采莲
>>>print(fp.read(5))
莲叶何田田
>>>print(fp.read(5))
鱼戏莲叶间
>>>print(fp.read(5))
鱼戏莲叶东
>>>print(fp.read(5))
鱼戏莲叶西
>>>print(fp.read(5))
鱼戏莲叶南
>>>print(fp.read(5))
鱼戏莲叶北
>>>fp.close()
```

若以整个文件进行输出,语句为

```
>>>fp=open("luo3.txt","rt")
>>>print(fp.read())
江南可采莲莲叶何田田鱼戏莲叶间鱼戏莲叶东鱼戏莲叶西鱼戏莲叶南鱼戏莲叶北
```

(2) 逐行读取文件 readline()方法。在 Python 中,readline()方法用于从文件读取整行,包括"\n"字符。如果指定了一个非负数的参数,则读取文件中指定大小的字符,包括"\n"。语法格式为

```
fp=readline(size)
```

参数 size 用于读取文件内容的字符数。

例如:创建一个文本文件 luo4.txt,内容为
"黄河远上白云间,一片孤城万仞山。
羌笛何须怨杨柳,春风不度玉门关。"
保存在当前目录中。以每行字符进行输出,语法格式为

```
>>>fp=open("luo4.txt","rt")
>>>print(fp.readline())
黄河远上白云间,一片孤城万仞山。
>>>print(fp.readline())
```

羌笛何须怨杨柳,春风不度玉门关。
```
>>>fp.close()
```

若以指定大小为 7 个字符进行输出,语句为

```
>>>fp=open("luo4.txt","rt")
>>>print(fp.readline(7))
黄河远上白云间
>>>fp.close()
```

(3) 读取文件各行内容并返回列表的 readlines()方法。在 Python 中,readlines()方法用于读取所有行并返回列表。语法格式为

```
fp=readlines(size)
```

参数 size 指定用于读取文件内容的字符数。

例如: 创建一个文本文件 luo5.txt,内容为

"关东有义士,兴兵讨群凶。初期会盟津,乃心在咸阳。
军合力不齐,踌躇而雁行。势利使人争,嗣还自相戕。
淮南弟称号,刻玺于北方。铠甲生虮虱,万姓以死亡。
白骨露于野,千里无鸡鸣。生民百遗一,念之断人肠。"

保存在当前目录中。以每行字符进行输出,语句为

```
>>>fp=open("luo5.txt","rt")
>>>print(fp.readlines())
['关东有义士,兴兵讨群凶。初期会盟津,乃心在咸阳。\n', '军合力不齐,踌躇而雁行。势利使人
争,嗣还自相戕。\n', '淮南弟称号,刻玺于北方。铠甲生虮虱,万姓以死亡。\n', '白骨露于野,
千里无鸡鸣。生民百遗一,念之断人肠。\n']
>>>fp.close()
```

以指定行进行输出,语句为

```
>>>fp=open("luo5.txt","rt")
#输出第一行内容。12 在第一行的字符数范围内,因此输出第一行内容
>>>print(fp.readlines(12))
['关东有义士,兴兵讨群凶。初期会盟津,乃心在咸阳。\n']
#输出第二行、第三行内容。25 大于第二行的字符数,在第三行的字符数范围内,因此输出第二行、
 第三行内容
>>>print(fp.readlines(25))
['军合力不齐,踌躇而雁行。势利使人争,嗣还自相戕。\n', '淮南弟称号,刻玺于北方。铠甲生虮
虱,万姓以死亡。\n']
>>>print(fp.readlines(10))
#输出第四行内容。10 在第四行的字符数范围内,因此输出第四行内容
['白骨露于野,千里无鸡鸣。生民百遗一,念之断人肠。\n']
>>>fp.close()
>>>fp=open("luo5.txt","rt")
>>>print(fp.readlines(97))
#输出所有内容。97 已大于四行的字符数,因此输出全部内容。
['关东有义士,兴兵讨群凶。初期会盟津,乃心在咸阳。\n', '军合力不齐,踌躇而雁行。势利使人
争,嗣还自相戕。\n', '淮南弟称号,刻玺于北方。铠甲生虮虱,万姓以死亡。\n', '白骨露于野,
```

千里无鸡鸣。生民百遗一,念之断人肠。\n']
```
>>>print(fp.readlines())
```
[]　#输出内容为空。内容已被全部输出,再次输出时已没有内容,因此输出空
```
>>>fp.close()
```

说明:"\n"表示回车符。

(4) 设置文件当前位置 seek()方法。seek()方法用于移动文件读取指针到指定位置。语法格式为

```
seek(offset)
```

参数 offset 指定文件当前指针位置,offset 的值为 0 表示文件开头,offset 的值为 1 表示当前位置,offset 的值为 2 表示文件结尾。例如:

```
>>>fp=open("luo5.txt","rt")
>>>print(fp.readlines())
```
['关东有义士,兴兵讨群凶。初期会盟津,乃心在咸阳。\n', '军合力不齐,踌躇而雁行。势利使人争,嗣还自相戕。\n', '淮南弟称号,刻玺于北方。铠甲生虮虱,万姓以死亡。\n', '白骨露于野,千里无鸡鸣。生民百遗一,念之断人肠。\n']
```
>>>
>>>fp.seek(0)
0
>>>print(fp.readlines())
```
['关东有义士,兴兵讨群凶。初期会盟津,乃心在咸阳。\n', '军合力不齐,踌躇而雁行。势利使人争,嗣还自相戕。\n', '淮南弟称号,刻玺于北方。铠甲生虮虱,万姓以死亡。\n', '白骨露于野,千里无鸡鸣。生民百遗一,念之断人肠。\n']
```
>>>fp.close()
```

对文本文件内容进行操作处理时,可以将此看作是由行组成的组合类型,因此,可以使用遍历循环逐行遍历文件,语句为

```
fp=open(文件路径及文件名,"rt")
for line in fp:
#处理文本文件中一行语句
fp.close()
```

【例 9-3】　对 luo5.txt 文本文件进行遍历处理。打开 Python 编辑器,输入如下代码,保存为 9-3.py,并调试运行。

```
fp=open("luo5.txt","rt")        #打开文本文件
for line in fp:                 #遍历文件内容
    print(line)                 #输出一行内容
fp.close()                      #文件关闭
```

运行结果如图 9-2 所示。

图 9-2 中每两行文字输出之间有空行,这是因为原文第一行后有一个回车符"\n",可以使用 fp.rstrip('\n')将其回车符删除,程序语句为

```
fp=open("luo5.txt","rt")
for line in fp:
    row=line.rstrip('\n')       #删除每行后面的回车符
```

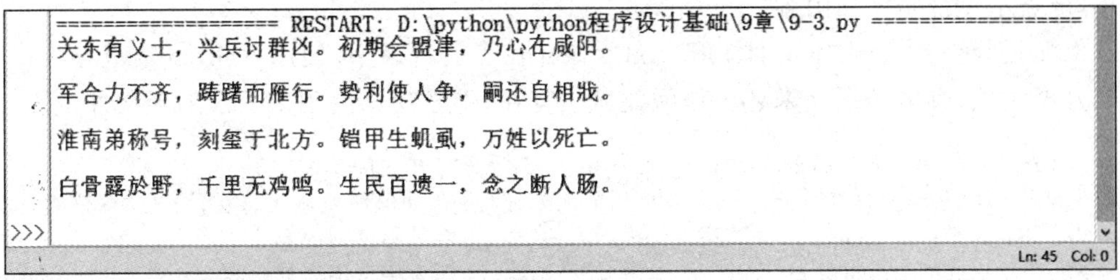

```
================== RESTART: D:\python\python程序设计基础\9章\9-3.py ==================
关东有义士, 兴兵讨群凶。初期会盟津, 乃心在咸阳。

军合力不齐, 踌躇而雁行。势利使人争, 嗣还自相戕。

淮南弟称号, 刻玺于北方。铠甲生虮虱, 万姓以死亡。

白骨露於野, 千里无鸡鸣。生民百遗一, 念之断人肠。
```
                                                              Ln: 45 Col: 0

图 9-2 文本文件进行遍历输出

```
print(row)                                          #输出每行内容
fp.close()
```

运行结果如图 9-3 所示。

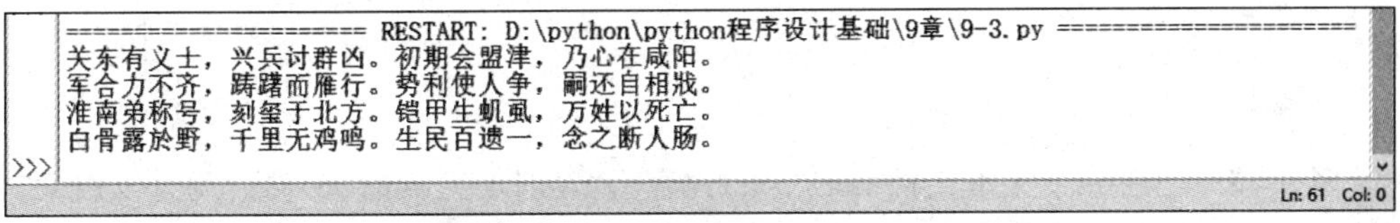

```
================== RESTART: D:\python\python程序设计基础\9章\9-3.py ==================
关东有义士, 兴兵讨群凶。初期会盟津, 乃心在咸阳。
军合力不齐, 踌躇而雁行。势利使人争, 嗣还自相戕。
淮南弟称号, 刻玺于北方。铠甲生虮虱, 万姓以死亡。
白骨露於野, 千里无鸡鸣。生民百遗一, 念之断人肠。
```
                                                              Ln: 61 Col: 0

图 9-3 文本文件进行遍历去除回车符后输出

（5）字符串写入文件 write()方法。write()方法指将字符串内容写入文件中。语法格式为

```
fp.write(s)                                          #向指定文件写入字符串 s
```

其中,s 表示字符串内容。

例如,创建一个文本文件 luo6.txt,内容为"关山三五月,客子忆秦川。思妇高楼上,当窗应未眠。星旗映疏勒,云阵上祁连。"保存在当前目录中。使用 write()方法将"战气今如此,从军复几年。"添加至文件中。

```
>>>str="战气今如此,从军复几年。"
>>>fp=open("luo6.txt","r+")                          #打开文件
>>>fp.seek(0,2)                                       #设置当前指针为文件末尾处
>>>78
>>>fp.write(str)                                      #向文件写入字符串内容
12                                                    #返回添加字符数
>>>fp.seek(0,0)                                       #设置当前指针为文件开始处
>>>print(fp.read())                                   #读取文件内容并输出
关山三五月,客子忆秦川。
思妇高楼上,当窗应未眠。
星旗映疏勒,云阵上祁连。
战气今如此,从军复几年。
>>>fp.close()                                         #关闭文件
```

（6）多行写入文件 writelines()方法。writelines()方法可以向文件写入一个序列字符串列表,如果需要换行则要加入每行的回车符"\n"。语法格式为

```
fp.writelines(ls)                                     #向指定文件写入字符串序列内容
```

其中,ls 表示字符串序列内容。

　　例如,创建一个空文本文件 luo7.txt。保存在当前目录中,使用 writelines()方法将"秦时明月汉时关,万里长征人未还。但使龙城飞将在,不教胡马度阴山。"添加至文件中。

```
>>>fp=open("luo7.txt","w")              #打开文件
>>>str=["秦时明月汉时关,\n","万里长征人未还。\n","但使龙城飞将在,\n","不教胡马度阴
山。"]                                   #字符串序列内容
>>>fp.writelines(str)                    #写入字符串序列内容
>>>fp.close()
#写入完成后,查看 luo7.txt 内容。
>>>fp=open(" luo7.txt","r+")
>>>print(fp.read())
秦时明月汉时关,
万里长征人未还。
但使龙城飞将在,
不教胡马度阴山。
>>>fp.close()
```

　　【例 9-4】　创建一个文本文件 luo8.txt,内容为"秦时明月汉时关,秦时明月汉时关。但使龙城飞将在,不教胡马度阴山。"保存在当前目录中,使用 writelines()方法将第二句"秦时明月汉时关"改为"万里长征人未还"。打开 Python 编辑器,输入如下代码,保存为 9-4.py,并调试运行。

```
fp=open("luo8.txt","r+")                 #打开文件
line=fp.readlines()
fp.close()
line[1]="万里长征人未还。\n"             #修改内容
fp=open("luo8.txt","w")
fp.writelines(line)                      #写入修改内容
fp.close()
fp=open("luo8.txt","r+")
print(fp.read())
fp.close()
```

运行结果如图 9-4 所示。

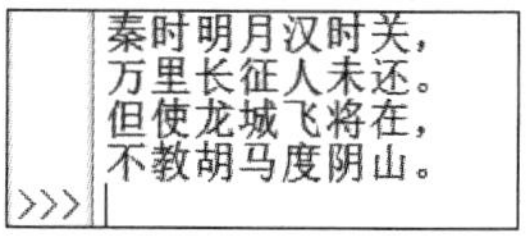

　　【例 9-5】　将 luo6.txt 内容附加至 luo8.txt 内容末尾处。打开 Python 编辑器,输入如下代码,保存为 9-5.py,并调试运行。

图 9-4　使用 writelines()方法修改内容

```
fp=open("luo6.txt","r+")                 #打开文件
lines=fp.read()
fp.close()
fp=open("luo8.txt","a+")
fp.writelines(lines)                     #写入字符串序列内容
fp.close()
fp=open("luo8.txt","r+")
print(fp.read())                         #输出 luo.txt 内容
fp.close()
```

运行结果如图 9-5 所示。

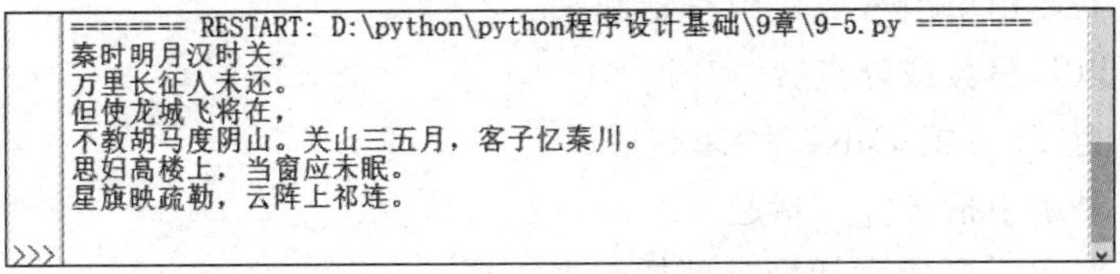

```
======== RESTART: D:\python\python程序设计基础\9章\9-5.py ========
秦时明月汉时关,
万里长征人未还。
但使龙城飞将在,
不教胡马度阴山。关山三五月, 客子忆秦川。
思妇高楼上, 当窗应未眠。
星旗映疏勒, 云阵上祁连。
>>>
```

图 9-5　luo6.txt 内容追加至 luo8.txt 末尾处

（7）关闭文件 close()方法。close()方法用于关闭一个已打开的文件。关闭后的文件不能再进行读/写操作,否则会提示 ValueError 错误。close()方法允许多次使用。语法格式为

```
fp.close()                        # 关闭文件
```

例如:

```
>>>fp=open("luo8.txt","r+")       # 打开文件
>>>print("文件名: ",fp.name)       # 输出文件名
文件名: luo8.txt
>>>fp.close()                     # 关闭文件
```

（8）刷新文件 flush()方法。flush()方法用于刷新缓冲区,即将缓冲区中的数据立即写入文件中,同时清空缓冲区。一般情况下,关闭文件会自动刷新缓冲区。语法格式为

```
fp.flush()                        # 刷新缓冲区
```

例如:

```
>>>fp=open("luo9.txt","r+")
>>>print("文件名: ",fp.name)
文件名: luo9.txt
>>>str="你好我好大家好!"
>>>fp.write(str)
8
>>>fp.flush()
>>>fp.close()
```

9.2　JSON 和 CSV 文件格式的读/写

9.2.1　JSON 文件

JSON(JavaScript object notation)文件是一种轻量级的数据交换格式,其文件的扩展名为".json"。JSON 文件完全独立于语言的纯文本格式,易于阅读和编写,因此,成为网络传输中较为理想的数据交换格式。

JSON 使用 JavaScript 语法来描述数据对象,但是 JSON 仍然独立于语言和平台。JSON 解析器和 JSON 库支持许多不同的编程语言。

1. JSON 数据

JSON 数据可以是一个简单的字符串(string)、数值(number)、布尔值(boolean),也可以是一个数组或一个复杂的 Object 对象。JSON 数据特征如下所示。

(1) 字符串需要用单引号或双引号括起来。

(2) 数值可以是整数或浮点数。

(3) 布尔值为 True 或 False。

(4) 数组需要用中括号"[]"括起来。

(5) Object 对象需要用大括号"{}"括起来。

2. JSON 数据格式

(1) 名称(键,name):值(value)表示。名称(键,name)必须是字符串(用单引号或双引号括引起),值(value)可以是字符串、数值、布尔值、逻辑值和空值。

例如:

```
"xingming":"小骆"
```

等价于下列 JavaScript 赋值语句:

```
xingming="小骆"
```

例如:

```
"nianling":30
```

等价于下列 JavaScript 赋值语句:

```
nianling =30
```

例如:

```
"xingbie":True
```

等价于下列 JavaScript 赋值语句:

```
xingbie=True
```

例如:

```
"runboot":null
```

等价于下列 JavaScript 赋值语句:

```
runboot=null
```

(2) JSON 对象表示。JSON 对象在大括号"{}"中书写,对象可以包含多个"名称(键):值"对,"名称(键):值"对之间用逗号","隔开。

例如:

```
{"xingming":"小骆", "nianling":30 , "xingbie":True,"dianhua":13021252781}
```

等价于下列 JavaScript 赋值语句:

```
xingming="小骆"
nianling=30
xingbie=True
dianhua=13021252781
```

JSON 对象的值也可以是另一个对象。

例如：

```
{"xingming":"小骆", "nianling":30 , "xingbie":True,"dianhua":13021252781,
"friend":{"xingming":"小李","nianling",29,"xingbie":False,"dianhua":13121252881}}
```

（3）JSON 数组表示。JSON 可以包含多个 JSON 数据作数组元素，每个元素之间用逗号"，"隔开，元素需要用方括号"[ ]"括起来，访问元素时，使用下标引用法。

例如：

```
>>>member=["小明",21,"女"]        #多个数据元素作 JSON 数组
>>>member[0]                       #下标引用法,访问第 1 个元素
'小明'
>>>member[1]                       #下标引用法,访问第 2 个元素
21
>>>member[2]                       #下标引用法,访问第 3 个元素
女
```

JSON 数组的元素可以包含多个对象。

例如：

```
>>>member=[{"xingming":"小明","nianling":31,"xingbie":"男","dianhua":
            13721200781},
          {"xingming":"小王","nianling":32,"xingbie":"女","dianhua":
           13021122781},
          {"xingming":"小张","nianling":33,"xingbie":"男","dianhua":
           13521002781}]
>>>member[0]                    #下标引用法,访问第一个对象
{"xingming":"小明"," nianling ": 31,"xingbie":"男","dianhua": 13721200781}
>>>member[1]                    #下标引用法,访问第二个对象
{"xingming":"小王","nianling":32 ,"xingbie": "女","dianhua":13021122781}
>>>member[2]                    #下标引用法,访问第三个对象
{"xingming":"小张","nianling":33 ,"xingbie":"男","dianhua":13521002781}]
```

访问 JavaScript 对象数组中的第一项元素语句为

```
member[0].nianling;
```

返回值为 31。

【例 9-6】　JavaScript 创建一个 JSON 对象，并访问其对象元素。

```
<html>
  <head>
  </head>
    <body>
      <p>你可以使用圆点(.)来访问 JSON 对象的值:</p>
      <p id="demo"></p>
      <p id="demo1"></p>
      <p id="demo2"></p>
      <script>
        var myObj, x;
```

```
    myObj={ "name":"小王","age":20,"tel":13210110012};
    document.getElementById("demo").innerHTML=myObj.name;
    document.getElementById("demo1").innerHTML=myObj.age;
    document.getElementById("demo2").innerHTML=myObj.tel;
   </script>
  </body>
</html>
```

运行结果为

你可以使用圆点(.)来访问 JSNon 对象的值:
小王
20
13210110012

也可以修改数组中的数据。例如:

```
myObj.age=45                        #年龄修改为 45
```

【例 9-7】 JavaScript 创建一个 JSON 对象,并访问其对象元素。

```
<html>
<body>
  <h2>JavaScript 创建 JSON 对象</h2>
  <p>第一个网站名称:<span id="name1"></span></p>
  <p>第一个网站修改后的名称:<span id="name2"></span></p>
  <script>
   var sites=[{"name":"泉州光电信息学院","url":"www.mnust.cn"},
              {"name":"百度","url":"www.baidu.com"},
              {"name":"微博","url":"www.weibo.com"}];
   document.getElementById("name1").innerHTML=sites[0].name;
   sites[0].name="闽南理工学院";
   document.getElementById("name2").innerHTML=sites[0].name;
  </script>
</body>
```

运行结果为

JavaScript 创建 JSON 对象
第一个网站名称:泉州光电信息学院
第一个网站修改后的名称:闽南理工学院

(4) JSON 文件。可以将 JSON 格式的数据保存为一个.json 文件,该文件称为 JSON 文件。例如,将下列数据保存到文件 file1.json 中。

```
{"school":"闽南理工学院","URL":"http://www.mnust.cn",
"tel":"0595-8754564","date":"1998-09-01"}
```

3. JSON 库

JSON 库是由 Python 标准库提供的,该库用一种很简单的方式对 JSON 数据进行解析,将 JSON 格式数据与 Python 标准数据类型相互转换。

常见的 Python 标准数据类型与 JSON 格式数据的转换关系如表 9-3 所示。

表 9-3　Python 标准数据类型与 JSON 格式数据的转换关系

Python 数据类型	JSON 格式数据	Python 数据类型	JSON 格式数据
Dict	object	Str	string
List	array	None	null

使用 JSON 库时,需要先用导入语句将其库进行导入。

```
>>>import json                    # 导入 JSON 库
```

Python 数据与 JSON 格式数据进行转换时,需要使用以下几个 JSON 库中的方法。

(1) 字典转换为字符串 dumps()方法。使用 JSON 库中的 dumps()方法可以将 Python 数据类型转换为 JSON 数据类型,此过程的转换称为编码。语法格式为

```
dumps(obj)                    # 将 obj 数据类型转换为 JSON 数据类型
```

其中,obj 表示 dict 数据。例如,定义一个字典数据,并将字典类型转换为字符串类型。

```
>>>import json
>>>data={"name":"Alice","shares":150,"price":515.2}   # 定义字典数据
>>>print(type(data))                                   # 查看 data 类型
<class 'dict'>                                          # 显示字典类型
>>>json_str=json.dumps(data)   # 字典类型转换为字符串类型
>>>print(json_str)                                     # 输出 json_str 内容
{"name": "Alice", "shares": 150, "price": 515.2}
>>>print(type(json_str))                               # 查看 json_str 类型
<class 'str'>                                           # 显示字符串类型
```

(2) 字符串转换为字典 loads()方法。使用 JSON 库中的 loads()方法可以将 JSON 数据类型转换为 Python 数据类型(即将 string 数据类型转换成 dict 数据类型),此过程的转换称为解码。语法格式为

```
loads(string)     # 将 string 数据类型转换为 dict 数据类型
```

其中,string 表示字符串。

例如,将字符串类型转换为字典类型。

```
>>>import json
>>>data={"name":"Alice","shares":150,"price":515.2}   # 定义字典数据
>>>print(type(data))                                   # 查看 data 类型
<class 'dict'>                                          # 显示字典类型
>>>json_str=json.dumps(data)                           # 字典类型转换为字符串类型
>>>print(json_str)                                     # 输出 json_str 内容
{"name": "Alice", "shares": 150, "price": 515.2}
>>>print(type(json_str))                               # 查看 json_str 类型
<class 'str'>                                           # 显示字符串类型
>>>data1=json.loads(json_str)                          # 字符串类型转换为字典类型
>>>print(data1)                                        # 输出 data1 内容
{"name": "Alice", "shares": 150, "price": 515.2}
>>>print(type(data1))                                  # 查看 data1 类型
<class 'dict'>                                          # 显示字典类型
```

(3) 数据写入文件 dump()方法。使用 JSON 库中的 dump()方法可以将 dict 数据类型转换为 JSON 数据类型并写入文件中。语法格式为

```
dump(obj,file)              #将 obj 对象数据写入 file 文件中
```

其中,obj 表示 JSON 对象数据;file 表示文件名。

【例 9-8】 将一个 JSON 数据内容保存到 json1.json 文件中。打开 Python 编辑器,输入如下代码,保存为 9-8.py,并调试运行。

```
import json
#JSON 格式数据
data={"xingming":"小明","nianling":31 ,"xingbie":"男","dianhua":13721200781}
fp=open("json1.json","w")                 #打开具有写入方式的文件
json.dump(data,fp,ensure_ascii=False)      #将 data 数据写入 fp 指定文件中,ensure_
                                             ascii=False 表示默认的编码不是 ASCII
print("数据写入成功!\n")
fp.close()
fp=open("json1.json","r")                  #打开具有读取方式的文件
line=fp.read()                             #读取 fp 指定的文件内容
print(line)                                #显示文件内容
fp.close()                                 #关闭文件
```

运行结果如图 9-6 所示,并在当前目录下生成一个 json1.json 文件。

```
============== RESTART: D:\python\python程序设计基础\9章\9-8.py ==============
数据写入成功!

{"xingming": "小明", "nianling": 31, "xingbie": "男", "dianhua": 13721200781}
```

图 9-6   JSON 数据写入文件

说明:json 中的 dump()和 dumps()方法对中文默认使用 ascii 编码,因此输出中文需要指定 ensure_ascii=False。

(4) 读取文件内容 load()方法。使用 JSON 库中的 load()方法可以将文件中的 JSON 数据类型转换为 dict 数据类型,并读取数据。语法格式为

```
load(file)                                 #从 file 文件中读取数据
```

其中,file 表示文件名。

【例 9-9】 读取 json1.json 文件中的数据。打开 Python 编辑器,输入如下代码,保存为 9-9.py,并调试运行。

```
import json
fp=open("json1.json","r")                  #打开具有读取方式的文件
#line=fp.read()                            #读取 fp 指定的文件内容
#L=json.loads(line)                        #读取字典数据并将类型换为字符串类型
L=json.load(fp)                            #直接从文件中读取内容
xingming=L["xingming"]                     #读取 L 中的第 1 个元素
nianling=L["nianling"]                     #读取 L 中的第 2 个元素
xingbie=L["xingbie"]                       #读取 L 中的第 3 个元素
dianhua=L["dianhua"]                       #读取 L 中的第 4 个元素
print(xiaoming,xingbie,nianling,dianhua)
fp.close()                                 #关闭文件
```

运行结果如图 9-7 所示。

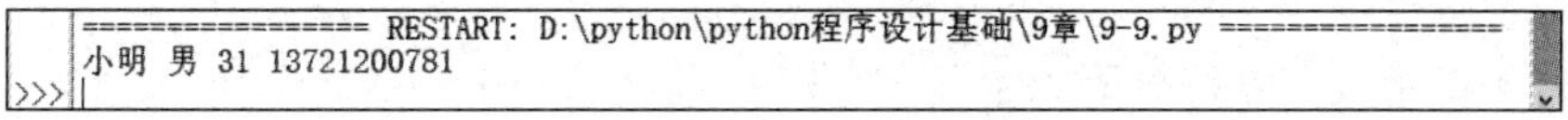

```
================ RESTART: D:\python\python程序设计基础\9章\9-9.py ================
小明 男 31 13721200781
>>>
```

图 9-7　从文件中读取数据

说明：loads()方法与 load()方法都是用于将 Python 数据类型转化为 Json 数据类型。loads()方法针对内存对象,而 load()方法针对文件句柄。

【例 9-10】　将批量数据写入 json2.json 文件中,并读取输出。打开 Python 编辑器,输入如下代码,保存为 9-10.py,并调试运行。

```python
import json
data=[{"xingming":"小明","nianling":31,"xingbie":"男","dianhua":13721200781},
     {"xingming":"小王","nianling":32 ,"xingbie": "女","dianhua":13021122781},
     {"xingming":"小张", "nianling":33 ,"xingbie": "男","dianhua":13521002781}]
fp=open("json2.json","w")
json.dump(data,fp, ensure_ascii=False)
print("数据写入成功!\n")
fp.close()
fp=open("json2.json","r")
# line =fp.readline()
# L=json.loads(line)
L=json.load(fp)
# print(L)
for arr in L:
    xingming=arr["xingming"]
    xingbie=arr["xingbie"]
    nianling=arr["nianling"]
    dianhua=arr["dianhua"]
    print(xingming,nianling,xingbie,dianhua)
fp.close()
```

运行结果如图 9-8 所示。并在当前目录下生成一个 json2.json 文件。

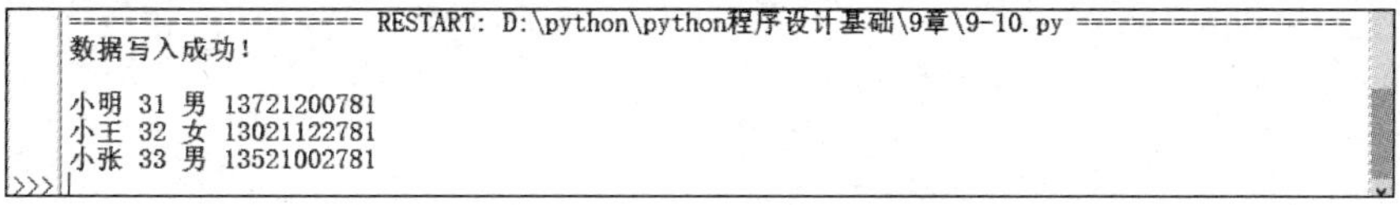

```
================ RESTART: D:\python\python程序设计基础\9章\9-10.py ================
数据写入成功!

小明 31 男 13721200781
小王 32 女 13021122781
小张 33 男 13521002781
>>>
```

图 9-8　批量数据写入并读取输出

9.2.2　CSV 文件

CSV(comma separate values)文件是一种逗号","分隔符文本格式,其文件的扩展名为".csv"。CSV 文件是一种编辑方便、可视化效果极佳的数据存储方式,常用于 Excel 和数据库的数据导入和导出。

1. CSV 数据

CSV 并不是一种单一的、定义明确的格式,因此 CSV 泛指具有以下数据特征的文件。

(1) 纯文本,使用某个字符集(例如 ASCII、Unicode、EBCDIC 或 GB 2312)。

(2) 由记录组成(例如每行一条记录)。

(3) 每条记录被分隔符分隔为字段。

(4) 每条记录都有同样的字段序列。

2. CSV 数据格式

CSV 文件的内容默认是由逗号",",分隔符进行分隔的一系列数据组成。

例如:

```
学号,姓名,性别,班级,高数,英语,体育
1001,小明,男,一班, 85,77,78
1002,小红,女,一班, 80,83,80
1003,小李,男,一班, 77,80,81
2001,小张,女,二班, 70,85,82
2002,小黄,女,二班, 75,71,78
2003,小陈,男,二班, 88,79,84
```

3. CSV 库

CSV 库是由 Python 标准库提供的,该库提供对 CSV 格式的数据进行读取与写入。

使用 CSV 库时,需要先用导入语句将其库进行导入。

```
>>>import csv                          # 导入 CSV 库
```

CSV 库提供了以下几个方法用于在 Python 中对数据的读取与写入。

(1) 数据写入 CSV 文件的 writer()方法

CSV 库中的 writer()方法用于把列表对象数据写入 CSV 文件中。writer()方法支持一行写入和多行写入。语法格式为

```
writer(csvfile,dialect="excel")          #将数据写入指定的文件中
```

参数说明如下。

csvfile:文件对象或任何可支持 writer()方法的对象。

dialect:用于指定 CSV 的格式模式,通常为 Excel 文件。

例如:

```
import csv
#打开具有写方式的文件,newline=""指行与行之间不留空行,缺省表示行与行之间留有空行
>>>fp=open("name1.csv","w",newline="")     # 当前目录下打开 name1.csv 文件,不存在
                                             name1.csv 文件则自动创建
>>>fp_write=csv.writer(fp,dialect="excel")   #创建文件对象,文件格式为 Excel
>>>fp_write.writerow(["学校","专业"])   #写入 1 行列名数据,writerow()写入 1 行数据
>>>fp_write.writerow(["清华大学","软件工程"])   #写入 1 行数据记录
>>>lines=[("北京大学","人力资源"),("厦门大学","计算机科学技术"),("复旦大学","电气
工程"),("南开大学","人工智能")]
>>>fp_write.writerows(lines)                #写入多行数据,writerows()写入多行数据
>>>fp.close()
```

执行上面语句后,打开 name1.csv 文件,如图 9-9 所示。

图 9-9　name1.csv 文件内容

【**例 9-11**】　使用 CSV 库中的 writer() 方法将一行数据和多行数据写入 CSV 文件中。打开 Python 编辑器，输入如下代码，保存为 9-11.py，并调试运行。

```
import csv
header=["学号","姓名","性别","班级","高数","英语","体育"]
row=["1001","小明","男","一班","85","77","78"]
rows=[("1002","小红","女","一班", "80","83","80"),
       ("1003","小李","男","一班", "77","80","81"),
       ("2001","小张","女","二班", "70","85","82"),
       ("2002","小黄","女","二班","75","71","78"),
       ("2003","小陈","男","二班", "88","79","84")]
fp=open(csv1.csv","w")                              #打开文件
csv.writer(fp,dialect="excel").writerow(header)
                                          #写入1行数据到Excel文件中作为列名
csv.writer(fp,dialect="excel").writerow(row)      #写入1行数据记录
csv.writer(fp,dialect="excel").writerows(rows)    #写入多行数据记录
fp.close()                                        #关闭文件
```

运行后，打开 csv1.csv 文件，如图 9-10 所示。

学号	姓名	性别	班级	高数	英语	体育
1001	小明	男	一班	85	77	78
1002	小红	女	一班	80	83	80
1003	小李	男	一班	77	80	81
2001	小张	女	二班	70	85	82
2002	小黄	女	二班	75	71	78
2003	小陈	男	二班	88	79	84

图 9-10　使用 write() 方法写入一行和多行数据到文件中

说明：图 9-10 中，由于使用 open() 函数时没有使用参数 newline=""，导致行与行之间留有一空行。如果 csvfile 是文件对象，则应使用 newline="" 参数。

（2）读取 CSV 文件的 reader()方法

CSV 库中的 reader()方法用于将 CSV 文件中的数据进行逐行读取。语法格式为

```
reader (csvfile,dialect="excel")                    #将读取指定文件中的数据
```

参数说明如下。

csvfile：文件对象或 list 对象。

dialect：用于指定 CSV 的格式模式，通常为 Excel 文件。

例如：

```
>>>import csv
>>>header=["学号","姓名","性别","班级","高数","英语","体育"]
>>>content=csv.reader(header)              #读取列表内容
>>>str1=""
>>>for row in content:                     #循环列表元素
        str1=str1+"".join(row)+"   "       #元素拼接
>>>print(str1)                             #输出拼接后的元素
学号 姓名 性别 班级 高数 英语 体育
```

【例 9-12】 使用 CSV 库中的 reader()方法将 csv2.csv 文件中的数据进行逐行输出。打开 Python 编辑器，输入如下代码，保存为 9-12.py，并调试运行。

```
import csv
fp=open("csv2.csv","r")                    #打开 csv2.csv 文件
#读取文件第一行标题内容,next()用于读取 CSV 文件中的第一行标题内容
header=next(fp)
#输出标题内容(第一行)并删除其后面的回车符,rstrip()用于删除回车符
print(header.rstrip("\n"))
content=csv.reader(fp)                      #读取文件内容
for row in content:                         #循环输出
    # content 是 reader 对象,每一行(row)是一个值的列表,每个值表示一个单元格
    #将每一列表元素用","连接生成一个新的字符串,join()用于将序列中的元素以指定的字
        符连接生成一个新的字符串
    print(",".join(row))
print("总共"+str(content.line_num)+"条记录") #输出记录数,line_num 返回读入的行数
fp.close()                                  #关闭文件
```

运行结果如图 9-11 所示。

```
======================= RESTART: D:\python\python程序设计基础\9章\9-12.py =======================
学号,姓名,性别,班级,高数,英语,体育
1001,小明,男,一班,85,77,78
1002,小红,女,一班,80,83,80
1003,小李,男,一班,77,80,81
2001,小张,女,二班,70,85,82
2002,小黄,女,二班,75,71,78
2003,小陈,男,二班,88,79,84
总共6条记录
>>>
```

图 9-11　使用 reader()方法读取文件内容

（3）字典数据写入 CSV 文件的 DictWriter()方法

CSV 库中的 DictWriter()方法用于将字典形式的数据写入文件中。语法格式为

```
DictWriter (csvfile,fieldnames,restval="") #将指定的字段名和默认数据写入文件或列
                                              表中
```

其中,csvfile 指文件对象或 list 对象;fieldnames 用于指定字段名;restval＝""用于指定默认数据(可省略)。

　　DictWriter()方法除了支持 csv.writer()的方法和属性,还包含 writeheader()方法,用于写入字段名。例如:

```
>>>import csv
>>>header=["学号","姓名","性别","班级","高数","英语","体育"]  #定义字段名
    #打开 csv3.csv 文件
>>>fp=open("csv3.csv","w",newline="")
>>>csv.DictWriter(fp,header).writeheader()  #将字段名写入 csv3.csv 文件中
>>>fp.close()
```

执行上面语句后,打开 csv3.csv 文件,如图 9-12 所示。

图 9-12　csv3.csv 文件内容

【例 9-13】　使用 CSV 库中的 DictWriter()方法将字段名和数据写入 csv4.csv 文件中。打开 Python 编辑器,输入如下代码,保存为 9-13.py,并调试运行。

```
import csv
#字典数据
rows=[{"学号":"1001","姓名":"小骆","性别":"男","专业":"信管一班"},
      {"学号":"1002","姓名":"小黄","性别":"女","专业":"信管一班"},
      {"学号":"2001","姓名":"小庄","性别":"女","专业":"电商一班"},
      {"学号":"2002","姓名":"小张","性别":"男","专业":"电商一班"}]
header=["学号","姓名","性别","专业"]            #定义字段名
fp=open("csv4.csv","w",newline="")            #打开文件
cr=csv.DictWriter(fp,header)                   #创建 DictWriter 对象
cr.writeheader()                              #将字段名写入文件中
cr.writerows(rows)                            #将字典集合写入 csv4.csv 文件
fp.close()                                    #关闭文件
```

运行后,打开 csv4.csv 文件,如图 9-13 所示。

	A	B	C	D
1	学号	姓名	性别	专业
2	1001	小骆	男	信管一班
3	1002	小黄	女	信管一班
4	2001	小庄	女	电商一班
5	2002	小张	男	电商一班
6				

图 9-13　使用 DictWriter()方法将字段名和数据写入文件中

（4）读取 CSV 文件的 DictReader()方法

CSV 库中的 DictReader()方法用于从 CSV 文件中读取数据，结果为列表对象 row，需要通过索引下标方式进行访问，如 row[i]。语法格式为

```
#将指定的字段名从指定的格式文件中读取数据文件或列表
DictReader (csvfile,fieldnames=None,dialect="excel")
```

其中，csvfile 指文件对象或 list 对象；fieldnames 用于指定字段名，如果没有指定，则默认第一行为字段名；dialect 用于指定 CSV 的格式。

DictReader()方法除了支持 csv. reader()的方法和属性，还包含 fieldnames 属性，用于读取标题字段名。例如：

```
>>>import csv
>>>fp=open("name1.csv","r+")              #打开文件
#读取文件按默认第一行为字段名,返回值为列表对象
>>>reader =csv.DictReader(fp, fieldnames="")
>>>for row in reader:               #循环读取行
print(row)                          #输出字段名称和值,即键值对
OrderedDict([(None, ['学校', '专业'])])
OrderedDict([(None, ['清华大学', '软件工程'])])
OrderedDict([(None, ['北京大学', '人力资源'])])
OrderedDict([(None, ['厦门大学', '计算机科学技术'])])
OrderedDict([(None, ['复旦大学', '电气工程'])])
OrderedDict([(None, ['南开大学', '人工智能'])])
>>>fp.close()                       #关闭文件
```

例如：

```
>>>import csv
>>>fp=open("name1.csv","r+")        #打开文件
>>>reader =csv.DictReader(fp)       #读取文件内容返回值为列表对象
>>>for row in reader:               #循环读取行
print(row["学校"],row["专业"])       #输出每行中的名称和值,即键值对
清华大学 软件工程
北京大学 人力资源
厦门大学 计算机科学技术
复旦大学 电气工程
南开大学 人工智能
>>>fp.close()                       #关闭文件
```

【例 9-14】　使用 CSV 库中的 DictReader()方法将 csv5. csv 文件中的数据进行输出。打开 Python 编辑器，输入如下代码，保存为 9-14. py，并调试运行。

```
import csv
# fp=open("csv5.csv","r+")          #打开文件
# header1=next(fp)                  #读取文件中第一行,即字段内容
# print(header1.rstrip("\n"))       #删除第一行后面的回车符
# fp.close()                        #关闭文件
fp=open(csv5.csv","r+")             #打开文件
reader2=csv.DictReader(fp)          #读取文件内容返回值为列表对象
```

```
t1=reader2.fieldnames[0]              # fieldnames[0]读取标题第 1 个字段名
t2=reader2.fieldnames[1]              # fieldnames[1]读取标题第 2 个字段名
t3=reader2.fieldnames[2]              # fieldnames[2]读取标题第 3 个字段名
t4=reader2.fieldnames[3]              # fieldnames[3]读取标题第 4 个字段名
tj=t1+","+t2+","+t3+","+t4            # 拼接标题字段名
print(tj)                            # 输出拼接后的标题字段名
for row in reader2:                  # 循环读取行
    r1=row["学号"]                    # 读取每行学号字段的值
    r2=row["姓名"]                    # 读取每行姓名字段的值
    r3=row["性别"]                    # 读取每行性别字段的值
    r4=row["专业"]                    # 读取每行专业字段的值
    rj=r1+","+r2+","+r3+","+r4       # 连接每行字段的值
    print(rj)                        # 输出每行记录
fp.close()                           # 关闭文件
```

运行结果如图 9-14 所示。

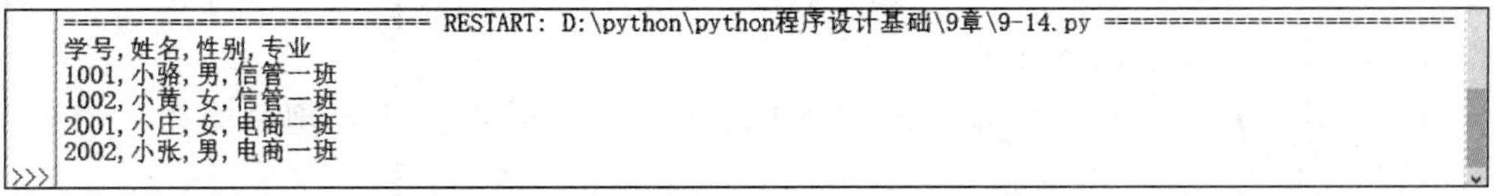

```
========================= RESTART: D:\python\python程序设计基础\9章\9-14.py =========================
学号,姓名,性别,专业
1001,小骆,男,信管一班
1002,小黄,女,信管一班
2001,小庄,女,电商一班
2002,小张,男,电商一班
>>>
```

图 9-14　使用 DictReader()方法读取文件数据

说明：reader()和 DictReader()都可接收一个可以逐行迭代的对象作为参数，一般是一个包含 CSV 格式数据的文件对象。

writer()和 DictWriter()则接收一个 CSV 文件对象，CSV 格式的数据将会写入这个文件中。

在这四个方法中，都会返回一个对应的对象，可以通过这个对象来进行数据的读和写。reader()和 writer()对应，DictReader()和 DictWriter()对应，也就是说通过 writer()写的 CSV 文件只能通过 reader()来读取，通过 DictWriter()写的 CSV 文件只能通过 DictReader()来读取。

9.3　Python 访问数据库

9.3.1　数据库的概念

数据库是存储数据的仓库，是以一定方式储存在一起、能为多个用户共享、具有尽可能小的冗余度、与应用程序彼此独立的数据集合。

数据库管理系统（database management system，DBMS）是用于管理数据的计算机软件，数据库管理系统使用户能够方便地定义数据、操纵数据以及维护数据，其主要功能如下。

（1）数据定义，使用数据定义语言（data definition language，DDL）可以生成和维护各种数据对象的定义。

（2）数据操纵，使用数据操纵语言（data manipulation language，DML）可以对数据库进行查询、插入、删除和修改等基本操作。

（3）数据库维护，包括数据库的安全性、完整性、并发性、备份和恢复等功能。

数据库系统(database system,DBS)是指在计算机系统中引入数据库后组成的系统。数据库系统一般包括计算机硬件、操作系统、DBMS、开发工具、应用系统、数据库管理员(database administrator,DBA)和用户等。

9.3.2　关系数据库

常用的数据库模型包括层次模型、网状模型、关系模型和面向对象的数据模型。其中关系模型具有完备的数学基础，简单灵活，易学易用，已经成为数据库的标准。目前流行的DBMS都使用基于关系模型的关系数据库管理系统。

关系模型把世界看作是由实体和联系组成的。实体是指现实世界中具有一定特征或属性并与其他实体有联系的对象，在关系模型中实体通常是以表的形式来表现。表行描述实体的一个实例，表列描述实体的一个特征属性。

联系是指实体之间的对应关系，通过联系就可以用一个实体的信息来查找另一个实体的信息。联系可以分为以下几种。

（1）一对一关系(1∶1)。如一个部门只能有一个经理，且一个经理只能在一个部门任职，部门和经理为一对一的联系。

（2）一对多关系(1∶N)。如一个部门有多名员工，且一名员工只能在一个部门工作，部门和员工为一对多的联系。

（3）多对多关系(M∶N)。如一名学生可以选修多门课程，且一门课程可以有多名学生选修，学生和课程为多对多关系。

在关系数据库中，数据库的组成包括数据表、视图、触发器和存储过程等。

数据表由行和列组成。行是指包括若干列信息项的一行数据，也称为记录或元组。列由同类性质的信息组成，又称为字段或属性。列的标题称为字段名。一个数据库由一个或多个数据表组成，一个数据表由一条或多条记录组成，没有记录的表称为空表。

每个数据表中通常有一个主关键字，用于识别一条不重复的记录。例如图9-15中"学号"字段为"主关键字"。

图9-15　数据表信息

9.3.3　访问数据库

1. SQLite 数据库

SQLite是一个小型的数据库，它不需要作为独立的服务器运行，可以直接在本地文件上运行。在 Python 3 版本中，SQLite 已经被包装成标准库 pySQLite。将 SQLite 作为一个模块导入，模块的名称为 sqlite3，然后就可以创建一个数据库文件连接。

DB Browser for SQLite 是一款免费开源跨平台的 SQLite 数据库管理工具。可进入官网：http://sqlitebrowser.org，如图 9-16 所示，在 Downloads 下选择下载安装。

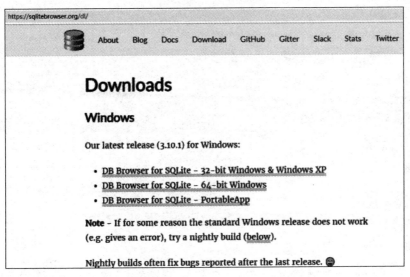

图 9-16　DB Browser for SQLite 官网

DB Browser for SQLite 安装完成后，直接启动即可看到如图 9-17 所示的主界面。

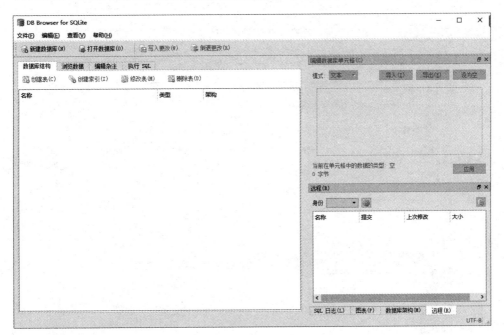

图 9-17　DB Browser for SQLite 主界面

　　单击左上角的"新建数据库"和"打开数据库"按钮，即可新建和打开 SQLite 数据库。
图 9-18 所示为新建数据库保存对话框，输入数据库名 SQLite1，单击"保存"按钮，打开
图 9-19 新建数据表对话框，输入"table1"，单击"添加字段"按钮，如图 9-20 所示，单击 OK
按钮，如图 9-21 所示。
　　单击"浏览数据"选项卡，输入记录，如图 9-22 所示。

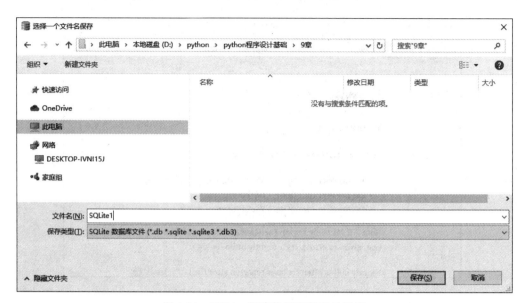

图 9-18   SQLite 新建数据库保存对话框

图 9-19   新建数据表对话框

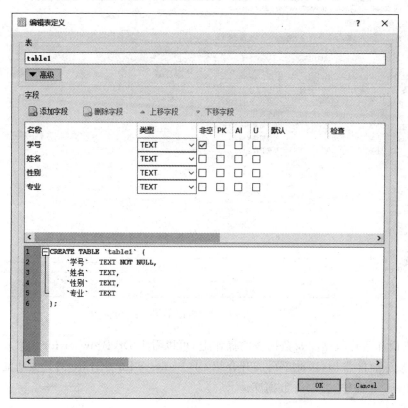

图 9-20 添加字段

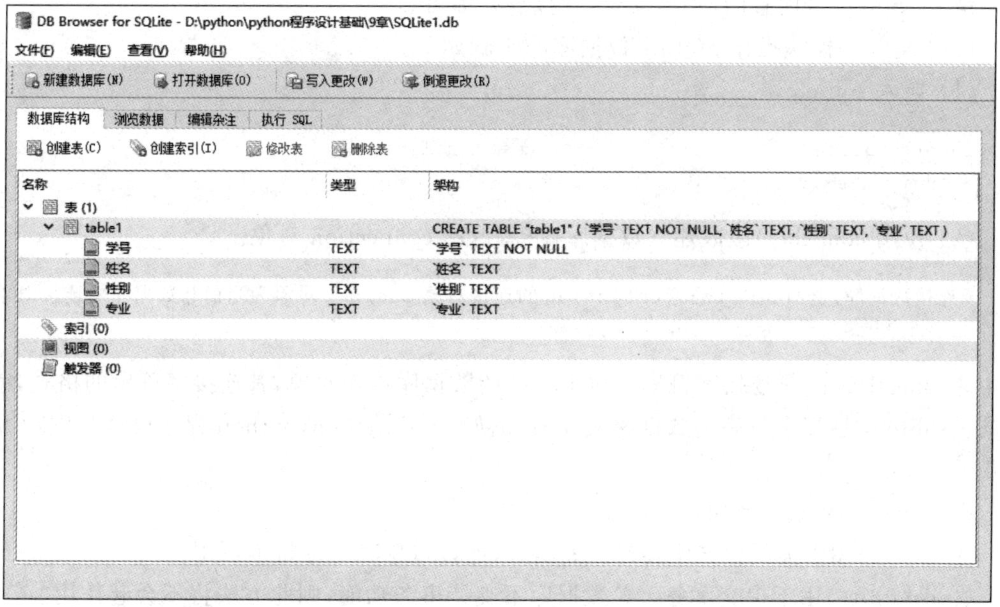

图 9-21 table1 表创建完成

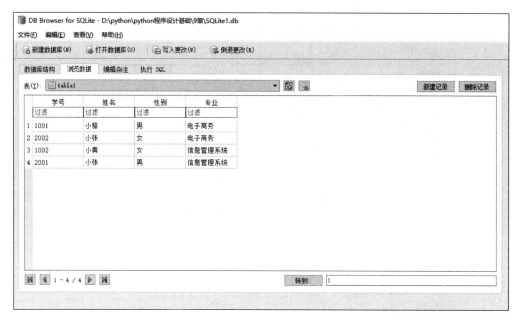

图 9-22   表记录

从主界面和新建数据库及数据表的操作上,可以看出 DB Browser for SQLite 相对比较简单,易于摸索就能掌握,因此不再展开介绍 DB Browser for SQLite 的其他功能,后面主要介绍使用 Python 操作 SQLite 数据库。

2. 使用 Python 操作 SQLite 数据库

在 Python 中,通过使用 sqlite3 模块中提供的函数就可以操作 SQLite 数据库,sqlite3 模块是 Python 语言内置的,不需安装,直接导入即可。

使用 sqlite3 模块操作 SQLite 数据库的步骤如下。

(1) 导入 sqlite3 库。

```
import sqlite3                        #导入 sqlite3 库
>>>import sqlite3
```

(2) 使用 connect()函数建立数据库连接,返回 connection 对象。

```
#连接数据库,返回 sqlite3.connection 的连接对象 con,con 对象为当前和数据库的连接对象。
con=sqlite3.connect(connectstring)
```

其中,connectstring 是连接字符串。对于不同的数据库连接对象,其连接字符串的格式各不相同。sqlite 的连接字符串为数据库文件名,例如: D:\python\python 程序设计基础\9 章\SQLite1.db。

Connection 对象支持如下方法。

① close()用于关闭数据库连接。关闭后,连接对象和游标将不可用。

② commit()用于提交事务。若数据库不支持事务功能,则此方法将不会起作用。

③ roallback()用于回滚挂起事务。

④ cursor()用于返回连接的游标对象。

例如：使用 connect 函数连接 SQLite1.db 数据库。

```
>>>import sqlite3
>>>con=sqlite3.connect("SQLite1.db")
```

执行上面两行语句后，如果 SQLite1.db 存在，则打开数据库，反之则创建并打开数据库 SQLite1.db。

（3）使用 cursor()方法创建游标对象。

```
cur=con.cursor()                            #创建游标对象 cur
```

例如：

```
>>>import sqlite3
>>>con=sqlite3.connect("SQLite1.db")
>>>cur=con.cursor()
```

cursor()方法创建的游标对象支持如下方法。

① close()用于关闭游标。游标关闭后，游标将不可用。

② callproc(name[,params])用于使用给定的名称和参数（可选）调用已命名的数据库。

③ execute(open[,params])用于执行一个 SQL 操作。

④ executemany(oper,pseq)用于对序列中的每个参数集执行 SQL 操作。

⑤ fetchone()用于把查询返回的结果集中的下一行保存为序列（row 对象），无数据时返回 None。

⑥ fetchmany([size])用于获取查询集中的多行（row 对象列表），无数据时返回 list。

⑦ fetchall()用于把所有的行作为序列的序列（row 对象列表），无数据时返回 list。

⑧ netset()用于调至下一个可用的结果集。

cursor()方法创建的游标对象的属性如下。

① description 表示结果列描述的序列，只读。

② rowcount 表示结果中的行数，只读。

③ arraysize 表示 fetchmany 中返回的行数，默认为 1。

row 对象 r 为一行查询结果记录，支持下列访问方式。

① r[i]表示访问第 i 列的数据。

② r[colname]表示访问 colname 列的数据。

③ len(r)表示返回列数。

④ tuple(r)表示把数据转换成元组。

⑤ r.keys()表示返回列名称的列表。

（4）使用 cursor 对象的 execute 执行 SQL 命令返回结果。

```
cur.execute(sql)                            #执行 SQL 语句
```

例如：

```
>>>import sqlite3
>>>con=sqlite3.connect("SQLite1.db")
>>>cur=con.cursor()
```

```
>>>cur.execute("select * from table1")
                                    #使用 select 查询 SQLite1.db 数据库中的 table1 表
>>>r=cur.fetchone()                 #返回结果集的下一行记录
>>>r[0],r[1],r[2],r[3]              #输出第 1 列、第 2 列、第 3 列和第 4 列的值
('1001', '小骆', '男', '电子商务')
```

也可以通过循环语句对整个表的数据进行输出。例如：

```
>>>import sqlite3
>>>con=sqlite3.connect("SQLite1.db")
>>>cur=con.cursor()
>>>r=cur.execute("select * from table1")   #查询的结果集赋给变量 r
>>>for row in r:
    print(row[0],row[1],row[2],row[3])      #输出当前行的 4 列值
1001 小骆 男 电子商务
2002 小张 女 电子商务
1002 小黄 女 信息管理系统
2001 小张 男 信息管理系统
```

(5) 提交事务。游标执行 SQL 语句后，即可对数据库进行提交事务。

```
con.commit()                              #提交事务
>>>con.commit()
```

(6) 关闭游标对象和数据库连接对象。事务提交后，即可关闭游标对象和连接对象。

```
cur.close()                               #关闭游标对象
con.close()                               #关闭数据库连接对象
>>>cur.close()
>>>con.close()
```

【例 9-15】 创建数据库 SQLite2.db 和表 table2，并插入数据。打开 Python 编辑器，输入如下代码，保存为 9-15.py，并调试运行。

```
import sqlite3
con=sqlite3.connect("SQLite2.db")
cur=con.cursor()
cur.execute('''
CREATE TABLE table2 (
  学号     TEXT    PRIMARY KEY,
  姓名     TEXT,
  课程名   TEXT,
  成绩     float,
  等级     TEXT)
''')
cur.execute('''
INSERT INTO table2 VALUES("101","李明","计算机应用基础",90,"优秀") ''')
cur.execute('''
INSERT INTO table2 VALUES("102","张光","数据库应用",80,"良好") ''')
cur.execute('''
INSERT INTO table2 VALUES("103","李明","C 语言程序设计",72,"中") ''')
cur.execute('''
```

```
INSERT INTO table2 VALUES("104","陈六","网页设计",66,"及格") ''')
con.commit()
cur.close()
con.close()
```

运行后，打开 SQLite2.db 数据库，选择 table2 表，单击"浏览数据"按钮，显示如图 9-23 所示。

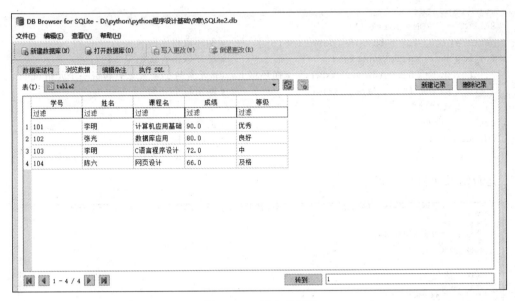

图 9-23　table2 表记录

【例 9-16】　在数据库 SQLite2.db 的 table2 表中查询姓名为"张光"的记录。打开 Python 编辑器，输入如下代码，保存为 9-16.py，并调试运行。

```
import sqlite3
# 创建数据库连接对象
con=sqlite3.connect("SQLite2.db")
cur=con.cursor()                           # 创建游标
# 查询姓名为"张光"的记录
cur.execute('''
SELECT * FROM table2
WHERE 姓名="张光"
''')
for row in cur:                            # 循环输出查询结果
    print(row)
con.commit()                               # 提交事务
cur.close()                                # 关闭游标
con.close()                                # 关闭数据库连接
```

运行结果如图 9-24 所示。

```
================= RESTART: D:\python\python程序设计基础\9章\9-16.py =================
('102', '张光', '数据库应用', 80.0, '良好')
>>>
```

图 9-24　查询"姓名等于张光"记录

【例 9-17】 在数据库 SQLite2.db 的 table2 表中查询所有记录信息。打开 Python 编辑器,输入如下代码,保存为 9-17.py,并调试运行。

```python
import sqlite3                        # 导入 sqlite3 库
conn = sqlite3.connect("SQLite2.db")
curs = conn.cursor()
# 查询表中所有的记录
curs.execute('''
SELECT * FROM table2 ''')
names = [f[0] for f in curs.description]    # 循环取得字段名
for row in curs.fetchall():                 # 循环取得查询结果集的行
    for pair in zip(names, row):   # 循环将 names 元素与 row 元素打包成一个元组(tuple)
        print ("%s:%s"%pair)                # 输出每个元组
    print("\n")
con.commit()                                # 提交事务
cur.close()                                 # 关闭游标
con.close()                                 # 关闭数据库连接
```

运行结果如图 9-25 所示。

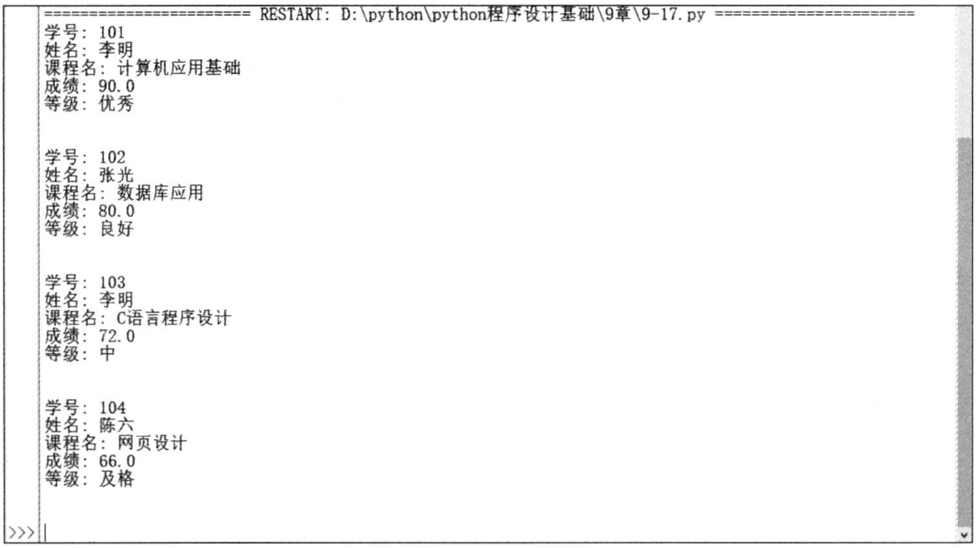

图 9-25　查询 table2 表中所有记录信息

说明:zip()函数接收任意多个可迭代对象作为参数,将对象中对应的元素打包成一个 tuple,然后返回一个可迭代的 zip 对象。

【例 9-18】 在数据库 SQLite2.db 的 table2 表中,将学号为 101 的姓名修改为"小郑",课程名修改为 Python。打开 Python 编辑器,输入如下代码,保存为 9-18.py,并调试运行。

```python
import sqlite3
conn = sqlite3.connect("SQLite2.db")
curs = conn.cursor()
# 更新学号为 101 记录
curs.execute('''
update table2 set 课程名="Python",姓名="小郑" where 学号="101"
```

```
''')
conn.commit()
curs.close()
conn.close()
```

运行后，打开 SQLite2.db 数据库，展开 table2 表，单击"浏览数据"按钮，显示如图 9-26 所示。

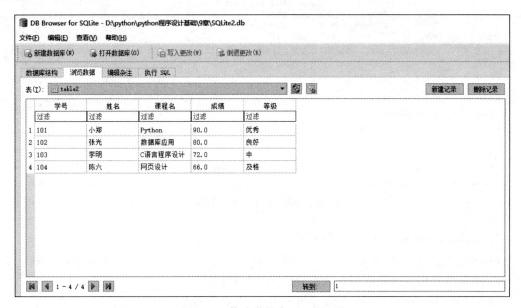

图 9-26　修改学号为 101 的记录

【例 9-19】　在数据库 SQLite2.db 的 table2 表中，将学号为 103 的记录删除。打开 Python 编辑器，输入如下代码，保存为 9-19.py，并调试运行。

```
import sqlite3
conn = sqlite3.connect("SQLite2.db")
curs = conn.cursor()
#删除学号为 103 记录
count=curs.execute('''
delete from table2 where 学号 = "103"
''')
print("删除了"+str(count.rowcount)+"记录!")        #输出删除记录数
conn.commit()
curs.close()
conn.close()
```

运行后显示信息，如图 9-27 所示。展开 SQLite2.db 数据库，选择 table2 表，单击"浏览数据"按钮，显示如图 9-28 所示。

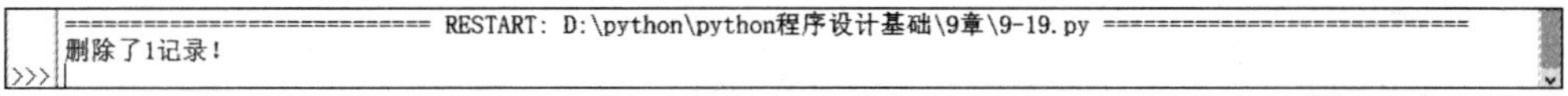

```
===================== RESTART: D:\python\python程序设计基础\9章\9-19.py =====================
删除了1记录!
>>>
```

图 9-27　输出删除记录提示信息

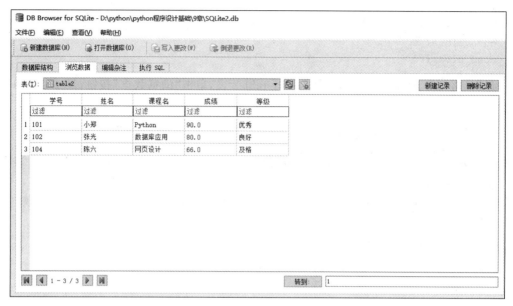

图 9-28   删除学号为 103 的记录

3. 使用 Python 操作 MySQL 数据库

MySQL 是一个小型关系数据库管理系统,是目前比较流行的数据库管理系统。在 Python 中需要使用 pymysql 模块来操作 MySQL 数据库。

如果使用 Anaconda 的 Python 编辑环境,则需要使用以下命令安装 pymysql 模块。

```
conda install pymysql
```

如果使用标准 Python 编辑环境,需要使用以下命令安装 pymysql 模块。

```
pip install pymysql
```

安装成功后,即可使用 import 导入 pymysql 库,如图 9-29 所示。

图 9-29   导入 pymysql 库

在连接 MySQL 数据库之前,需要保证完成以下工作。

(1) 安装 MySQL 服务器软件。(MySQL 的官方网站为 https://www.mysql.com)

(2) 创建数据库。数据库可以通过 MySQL-Front 管理工具进行创建。MySQL-Front 是 MySQL 数据库服务器的前端管理工具,提供图像界面和 SQL 语句来管理数据结构和数据。

使用 pymysql 模块操作 MySQL 数据库的步骤如下。

(1) 导入 pymysql 库。

```
import pymysql                                    # 导入 pymysql 库
>>>import pymysql
```

(2) 使用 connect 函数建立数据库连接,返回 connection 对象。

```
con=pymysql.connect(connectstring)   # 连接数据库,返回 pymysql.connection 的连接对
                                       象 con,con 对象为当前和数据库的连接对象
```

其中,connectstring 是连接字符串。对于不同的数据库连接对象,其连接字符串的格式各不相同。MySQL 的连接字符串为(host="服务器名称",user="用户名",password="密码",database="数据库")。例如:

```
>>>import pymysql
>>> con = pymysql. connect (host = "localhost", user = "root", password = "mysql",
database= "mysql1")
```

(3) 使用 cursor()方法创建游标对象。

```
cur=con.cursor()                          # 创建游标对象 cur
```

例如:

```
>>>import pymysql
>>> con = pymysql. connect (host = "localhost", user = "root", password = "mysql",
database= "mysql1")
>>>cur=con.cursor()
```

(4) 使用 cursor 对象的 execute 执行 SQL 命令返回结果。

```
cur.execute(sql)                          # 执行 SQL 语句
```

例如:

```
>>>import pymysql
>> > con = pymysql. connect (host =" localhost", user =" root", password ="mysql",
database= " mysql1")
>>>cur=con.cursor()
>>>cur.execute("select version()") # 使用 select 查询 MySQL 数据库版本,返回 1 条记录
>>>data=cur.fetchone()                # 返回游标查询的结果集
>>>print ("Database version :%s "%data)   # 输出游标查询的结果集
Database version : 5.7.16-log
```

(5) 提交事务。游标执行 SQL 语句后,即可对数据库进行提交事务。

```
con.commit()                          # 提交事务
>>>con.commit()
```

(6) 关闭游标对象和数据库连接对象。事务提交后,即可关闭游标对象和连接对象。

```
cur.close()                          # 关闭游标对象
con.close()                          # 关闭数据库连接对象
>>>cur.close()
>>>con.close()
```

【例 9-20】　在数据库 mysql1. db 中创建 db1 表,并输入记录。打开 Python 编辑器,输入如下代码,保存为 9-20. py,并调试运行。

```
# 导入 pymysql 库
import pymysql
# 创建数据库连接
con=pymysql.connect(host= "localhost",user= "root",password= "mysql",database=
"mysql1")
```

```
#创建游标
cur=con.cursor()
#创建数据表结构
cur.execute("""
create table db1(学号 VARCHAR(5) primary key not null,
                姓名 VARCHAR(6) not null,
                性别 VARCHAR(2),
                年龄 CHAR(2),
                籍贯 VARCHAR(8))
           """)
#插入记录
cur.execute("""insert into db1 values("10001","李小龙","男",21,"惠安") """)
cur.execute("""insert into db1 values("10002","李小明","男",20,"同安") """)
cur.execute("""insert into db1 values("10003","李小花","女",22,"南安") """)
cur.execute("""insert into db1 values("10004","李小亮","男",20,"诏安") """)
cur.execute("""insert into db1 values("10005","李小美","女",21,"延安") """)
#提交事务
con.commit()
#关闭游标
cur.close()
#关闭数据库连接
con.close()
```

运行后,打 MySQL-Front 管理工具,展开 mysql1.db 数据库,选择 db1 表,单击"数据浏览器"按钮,显示如图 9-30 所示。

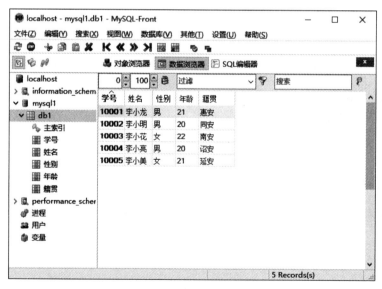

图 9-30   创建数据库并添加记录

【例 9-21】   在数据库 mysql1.db 中查询 db1 表的记录。打开 Python 编辑器,输入如下代码,保存为 9-21.py,并调试运行。

```
import pymysql  #导入 pymysql 库
con=pymysql.connect(host= "localhost",user= "root",password= "mysql",database=
"mysql1")  #创建数据库连接
cur=con.cursor()                                    #创建游标
```

```
data=cur.execute("""select * from db1""")   #查询并返回记录集
names=[f[0] for f in cur.description]        #循环取得字段名
for row in cur.fetchall():                   #循环取得查询结果集的行
    for pair in zip(names,row):   #循环将 names 元素与 row 元素打包成一个元组(tuple)
        print("%s:%s"%pair)                  #输出每个元组
    print("\n")
print("总共"+str(data)+"条记录!")
con.commit()                                 #提交事务
cur.close()                                  #关闭游标
con.close()                                  #关闭数据库连接
```

运行结果如图 9-31 所示。

图 9-31   查询 db1 表的记录

【例 9-22】   在数据库 mysql1.db 中,将 db1 表中学号为 10001 的姓名改为李小英,性别改为女,籍贯改为晋江。打开 Python 编辑器,输入如下代码,保存为 9-22.py,并调试运行。

```
import pymysql                              #导入 pymysql 库
con=pymysql.connect(host= "localhost",user= "root",password= "mysql",database=
"mysql1")
cur=con.cursor()
#将学号为 10001 的姓名改为李小英,性别改为女,籍贯改为晋江
cur.execute('''
update db1 set 姓名="李小英",性别="女",籍贯="晋江" where 学号="10001"
''')
con.commit()
cur.close()
con.close()
```

运行后,打开 MySQL-Front 管理工具,展开 mysql1.db 数据库,选择 db1 表,单击"数据浏览器"按钮,显示如图 9-32 所示。

【例 9-23】   在数据库 mysql1.db 中,将 db1 表中性别为女的记录删除。打开 Python

图 9-32   修改学号为 10001 的记录

编辑器,输入如下代码,保存为 9-23.py,并调试运行。

```
import pymysql                                              #导入 pymysql 库
con=pymysql.connect(host= "localhost",user= "root",password= "mysql",database=
"mysql1.db")
cur=con.cursor()
cur.execute('''delete from db1  where 性别="女"''')          #将性别为女的记录删除
con.commit()
cur.close()
con.close()
```

运行后,打 MySQL-Front 管理工具,展开 mysql1.db 数据库,选择 db1 表,单击"数据
浏览器"按钮,显示如图 9-33 所示。

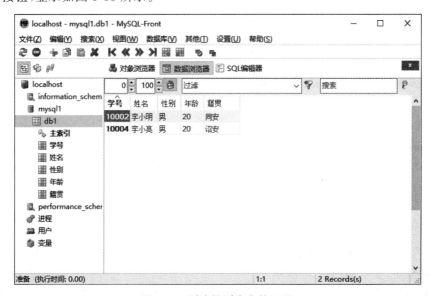

图 9-33   删除性别为女的记录

9.3.4　Python 访问 Excel 文件

在 Python 中操作 Excel 文件时可使用 xlwings 库。xlwings 库具有如下的特点。

(1) 可以对 Excel 文件格式为 .xls 和 .xlsx 进行操作,并且可以更改单元格格式。

(2) 可以和 matplotlib 库及 pandas 库无缝连接。

(3) 可以调用 Excel 文件中的 VBA 程序,也可以通过 VBA 调用 Python 程序。

(4) 开源、免费。

xlwings 库不是 python 自带的标准库,因此在使用前需要将其安装。如果使用 Anaconda 的 python 编辑环境,则需要使用以下命令安装 xlwings 库。

```
conda install xlwings
```

如果使用标准 python 编辑环境,则需要使用以下命令安装 xlwings 库。

```
pip install xlwings
```

安装成功后,即可使用 import 导入 xlwings 库,如图 9-34 所示。

```
Python 3.10.0 (tags/v3.10.0:b494f59, Oct  4 2021, 19:00:18) [MSC v.1929 64 bit (AMD64)] on win32
Type "help", "copyright", "credits" or "license" for more information.
>>> import xlwings
>>>
```

图 9-34　导入 xlwings 库

1. python 读取 Excel 数据

使用 xlwings 库读取 Excel 数据的步骤如下。

(1) 导入 xlwings 库。

```
import xlwings
```

(2) 创建一个 xlwings 程序。

```
app=xlwings.App(visible=False,add_book=False)
```

参数说明如下。

visible 用于指定程序窗口是否可见,True 表示可见(默认),False 表示不可见。

add_book 用于设置是否自动创建工作簿,True 表示自动创建(默认),False 表示不创建。

(3) 打开 Excel 文件并创建对象。

```
wb=app.books.open("文件名")
```

(4) 引用工作表并创建对象。

```
sht=wb.sheets("工作表名")
```

(5) 获取工作表的行数和列数。

```
cell=sht.used_range.last_cell        # 获取工作表中最右下角的单元格
rows=cell.row                        # 获取单元格所在的行数
```

```
columns=cell.column                          #获取单元格所在的列数
```

(6) 获取工作表中的单元格内容。

```
cell=sht.range("单元格名称").value
```

(7) 关闭工作簿。

```
wb.close()
```

(8) 退出 xlwings 程序。

```
app.quit()
```

例如：有一张电子表格 Ex01.xlsx，其中第 1 张“成绩”表的内容如图 9-35 所示。

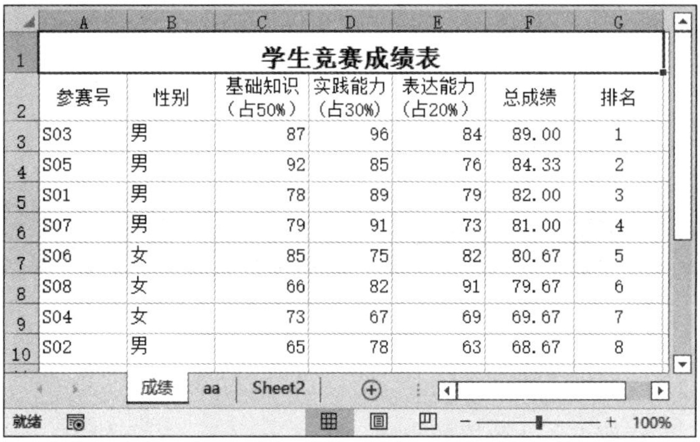

	A	B	C	D	E	F	G
1	学生竞赛成绩表						
2	参赛号	性别	基础知识(占50%)	实践能力(占30%)	表达能力(占20%)	总成绩	排名
3	S03	男	87	96	84	89.00	1
4	S05	男	92	85	76	84.33	2
5	S01	男	78	89	79	82.00	3
6	S07	男	79	91	73	81.00	4
7	S06	女	85	75	82	80.67	5
8	S08	女	66	82	91	79.67	6
9	S04	女	73	67	69	69.67	7
10	S02	男	65	78	63	68.67	8

图 9-35 成绩表内容

```
>>> import xlwings
>>>app=xlwings.App(visible=False,add_book=False)
>>> wb=app.books.open("Ex01.xlsx")          #打开 Ex01.xlsx 文件
>>>print(xlwings.sheets)                    #输出 Ex01.xlsx 文件中的所有工作表
Sheets([<Sheet [Ex01.xlsx]成绩>, <Sheet [Ex01.xlsx]aa>, <Sheet [Ex01.xlsx]
Sheet2>])
>>> table=xlwings.sheets[0].name            #按工作表索引获取第 1 张工作表名称
>>> print(table)                            #输出工作表名称
成绩
>>> table=xlwings.sheets["成绩"].name       #按指定工作表名获取成绩工作表名称
>>> print(table.name)                       #输出工作表名称
成绩
>>> sht=wb.sheets("成绩")
>>> cell=sht.used_range.last_cell           #获取成绩工作表最右下方的单元格
>>> print(table,cell.row,cell.column)       #输出工作表名称、行数和列数
成绩 10 7
>>> A1=sht.range("A1").value                #获取第 1 行第 1 列单元格的内容
>>>print(A1)
学生竞赛成绩表
>>> A2_G2=sht.range("A2:G2").value          #获取第 2 行内容
>>> print(A2_G2)                            #输出第 2 行内容
```

```
['参赛号', '性别', '基础知识(占 50%)', '实践能力(占 30%)', '表达能力(占 20%)', '总成
绩', '排名']
>>> A3_G3=sht.range("A3:G3").value        # 获取第 3 行内容
>>> print(A3_G3)                          # 输出第 3 行内容
['S03', '男', 87.0, 96.0, 84.0, 89.0, 1.0]
>>> col1=sht.range("A1:A10").value        # 获取第 1 列内容
>>> print(col1)                           # 输出第 1 列内容
['学生竞赛成绩表', '参赛号', 'S03', 'S05', 'S01', 'S07', 'S06', 'S08', 'S04', 'S02']
>>> A2=sht.range("A2").value              # 获取第 2 行第 1 列单元格(A2)内容
>>> print(A2)                             # 输出 A2 单元格内容
参赛号
>>>wb.close()
>>>app.quit()
```

【例 9-24】 将 Ex01.xlsx 文件中的"成绩"表内容全部输出。打开 Python 编辑器,输入
如下代码,保存为 9-24.py,并调试运行。

```
import xlwings                           # 导入 xlwings 库
app=xlwings.App(visible=False,add_book=False)
wb=app.books.open("Ex01.xlsx")          # 打开 Ex01.xlsx 文件
sht=wb.sheets("成绩")                    # 获取 Ex01.xlsx 文件中的成绩表
row_line1=sht.range('A1:G1').value      # 获取成绩表中第 1 行内容
row_line1=row_line1[0]                  # 获取第 1 行数据的第 1 个元素
print("\n")                             # 换行
print("\t\t\t\t"+" "+row_line1)         # 横向跳格及输出获取的第 1 行数据的第 1 个元素
print("\n")                             # 换行
row_line2=sht.range('A2:G2').value      # 获取成绩表中的第二行数据
                                        # 横向跳格及输出获取的第二行数据中的每个元素
print(row_line2[0],row_line2[1],row_line2[2]," "+row_line2[3],"\t"+row_line2
[4],row_line2[5]," "+row_line2[6])
cell=sht.used_range.last_cell           # 获取最右下方的单元格
rows=cell.row                           # 获取成绩表中的行数
col=cell.column                         # 获取成绩表中的列数
for row_line in range(3,rows+1):        # 遍历从第 3 行到 rows+1 行
    range1="A"+str(row_line)+":"+"G"+str(row_line)    # 单元格区域拼接
    row_line_1=sht.range(range1).value[0]    # 获取每行中的第 1 个单元格内容
    row_line_2=sht.range(range1).value[1]    # 获取每行中的第 2 个单元格内容
    # 获取每行中的第 3 个单元格内容,然后转换成字符串类型
    row_line_3=str(sht.range(range1).value[2])
    # 获取每行中的第 4 个单元格内容,然后转换成字符串类型
    row_line_4=str(sht.range(range1).value[3])
    # 获取每行中的第 5 个单元格内容,然后转换成字符串类型
    row_line_5=str(sht.range(range1).value[4])
    # 获取每行中的第 6 个单元格内容,对其保留 1 位小数,然后转换成字符串类型
    row_line_6=str(round(sht.range(range1).value[5],1))
    # 获取每行中的第 7 个单元格内容,对其进行取整,然后转换成字符串类型
    row_line_7=str(int(sht.range(range1).value[6]))
    # 输出各行单元格内容
    print(" "+row_line_1,"\t"+row_line_2,"\t"+" "+row_line_3,"\t\t\t"+row_line_
4,"\t\t"+" "+row_line_5,"\t"+" "+row_line_6,"\t"+" "+row_line_7)
wb.close()                              # 关闭文件
app.quit()
```

运行结果如图 9-36 所示。

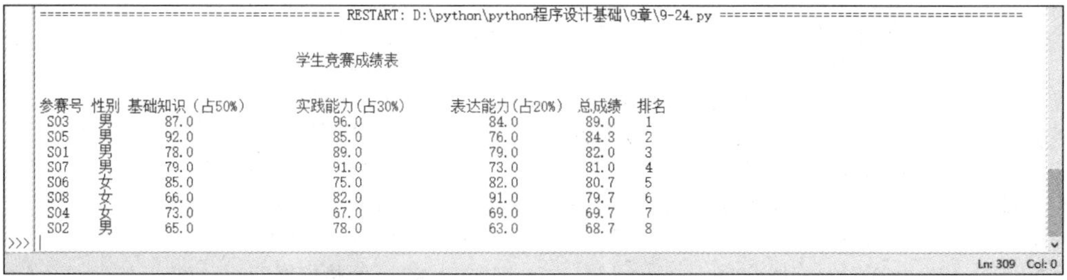
```
======================================== RESTART: D:\python\python程序设计基础\9章\9-24.py ========================================

                                    学生竞赛成绩表

参赛号 性别 基础知识(占50%)          实践能力(占30%)          表达能力(占20%) 总成绩   排名
 S03    男      87.0                  96.0                    84.0          89.0    1
 S05    男      92.0                  85.0                    76.0          84.3    2
 S01    男      78.0                  89.0                    79.0          82.0    3
 S07    男      79.0                  91.0                    73.0          81.0    4
 S06    女      85.0                  75.0                    82.0          80.7    5
 S08    女      66.0                  82.0                    91.0          79.7    6
 S04    女      73.0                  67.0                    69.0          69.7    7
 S02    男      65.0                  78.0                    63.0          68.7    8
>>>
```


图 9-36　读取 Ex01.xlsx 数据内容

2. python 写数据到 Excel 文件中

使用 xlwings 模块写数据到 Excel 文件中的步骤如下。

(1) 导入 xlwings 库。

```
import xlwings
```

(2) 创建一个 xlwings 程序。

```
app=xlwings.App(visible=False,add_book=False)
```

参数说明如下。

visible 用于指定程序窗口是否可见,True 表示可见(默认),False 表示不可见。

add_book 用于设置是否自动创建工作簿,True 表示自动创建(默认),False 表示不创建。

(3) 创建一个工作簿。

```
wb=app.books.add()
```

(4) 创建一个工作表。

```
sht=wb.sheets.add('工作表名')
```

(5) 激活活动工作表。

```
sht.activate()
```

(6) 给单元格输入值。

```
sht.range("单元格名称").value=单元格内容
```

(7) 保存文件。

```
wb.save("文件名")
```

(8) 关闭工作簿。

```
wb.close()
```

(9) 退出 xlwings 程序。

```
app.quit()
```

例如,新建"Ex02.xlsx"文件,将"学校名称,院别,专业,年级"添加到"专业信息表"表中。

```
>>> import xlwings                           # 导入 xlwings 库
>>> app=xlwings.App(visible=False,add_book=False)        # 创建 xlwings 程序
>>> wb=app.books.add()                       # 创建工作簿
>>> sht=wb.sheets.add('专业信息表')          # 创建专业信息表
>>> sht.activate()                           # 激活专业信息表
>>> sht.range("A1").value="学校名称"         # 将学校名称添加到专业信息表的 A1 单元格中
>>> sht.range("B1").value="院别"             # 将院别添加到专业信息表的 B1 单元格中
>>> sht.range("C1").value="专业"             # 将专业添加到专业信息表的 C1 单元格中
>>> sht.range("D1").value="年级"             # 将年级添加到专业信息表的 D1 单元格中
>>>wb.save("Ex02.xlsx")                      # 保存文件,命名为 Ex02.xlsx
>>>wb.close()
>>>app.quit()
```

执行上面语句后,在当前目录下生成一个名为 Ex02.xlsx 的文件,如图 9-37 所示,打开此文件,如图 9-38 所示。

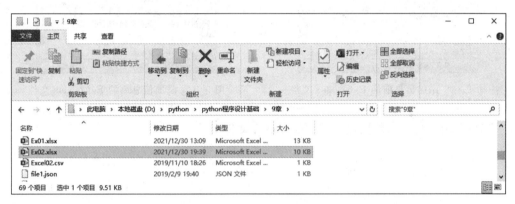

图 9-37 生成 Ex02.xlsx 文件

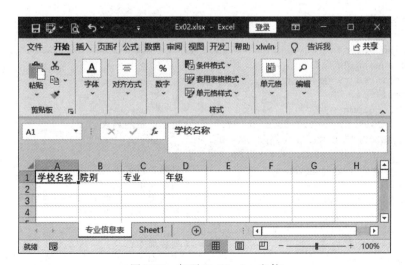

图 9-38 打开 Ex02.xlsx 文件

例如,将"吉林大学,计算机科学与技术,软件工程,2013级"信息添加到 Ex02.xlsx 文件中的"专业信息表"里。

```
>>> import xlwings
>>> app=xlwings.App(visible=False,add_book=False)
>>> wb=app.books.open("Ex02.xlsx")
>>> sht=wb.sheets("专业信息表")
>>> sht.range("A2").value="吉林大学"
>>> sht.range("B2").value="计算机科学与技术"
>>> sht.range("C2").value="软件工程"
>>> sht.range("D2").value="2013级"
>>> wb.save()
>>> wb.close()
>>> app.quit()
```

执行上面语句前,打开 Ex02.xlsx 文件,如图 9-39 所示。执行上面语句后,打开 Ex02.xlsx 文件,如图 9-40 所示。

图 9-39   添加信息前的 Ex02.xlsx 文件

图 9-40   添加信息后的 Ex02.xlsx 文件

【例 9-25】   将下列数据追加到 Ex01.xlsx 文件中。

```
S09,女,89.2,88.4,86,87.9
S10,女,90.5,86.3,87,87.9
S11,男,88.7,89.4,89,89.0
```

打开 Python 编辑器,输入如下代码,保存为 9-25.py,并调试运行。

```
import xlwings
app=xlwings.App(visible=False,add_book=False)
wb=app.books.open("D:\\python\\python程序设计基础\\9章\\Ex01.xlsx")
sht=wb.sheets("成绩")
cell=sht.used_range.last_cell
rows=cell.row
col=cell.column
list1=[["S09","女",89.2,88.4,86,87.9],    #追加记录的列表
       ["S10","女",90.5,86.3,87,87.9],
       ["S11","男",88.7,89.4,89,89.0]]
for i in range(len(list1)):                #对列表行数进行遍历
    k=1                                    #列数变量
    for j in range(len(list1[i])):         #对列表中每行的元素进行遍历
        #获取 list1[i][j]的元素,即每行中的每个元素添加到相应的单元格中
        sht.range(rows,k).value=list1[i][j]
        k=k+1                              #列数加1
    rows=rows+1                            #行数加1
wb.save("Ex01副本.xlsx")                   #保存工作簿
wb.close()                                 #关闭工作簿
```

```
app.quit()                                           #退出程序
print("记录已追加完毕,请到保存的目录下查看!")
```

运行结果如图 9-41 所示,同时,在当前目录下产生一个 Ex01 副本.xlsx 文件,如图 9-42 所示,打开此文件,如图 9-43 所示。

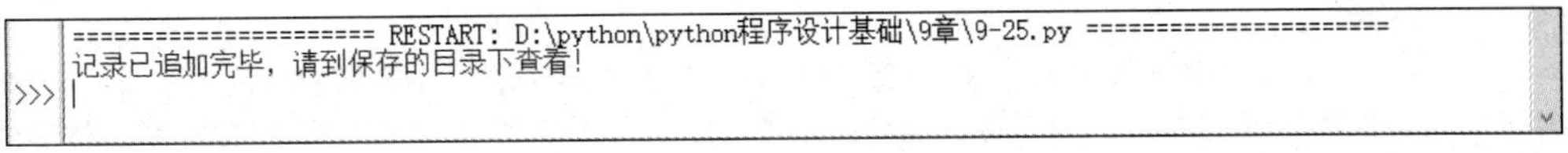

```
================= RESTART: D:\python\python程序设计基础\9章\9-25.py ==================
记录已追加完毕, 请到保存的目录下查看!
>>>
```

图 9-41　记录追加完毕提示信息

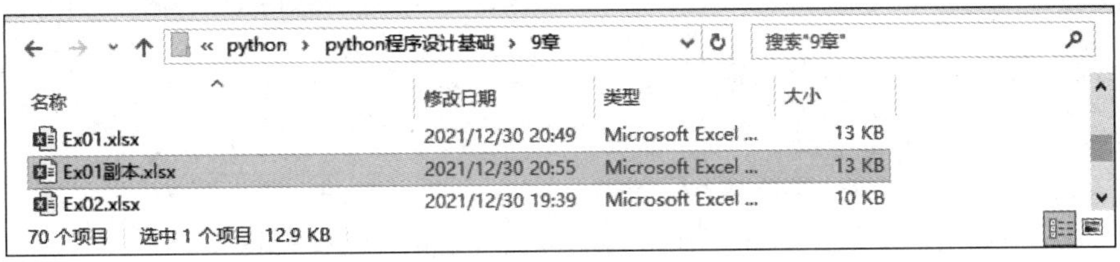

图 9-42　产生的 Ex01 副本.xlsx 文件

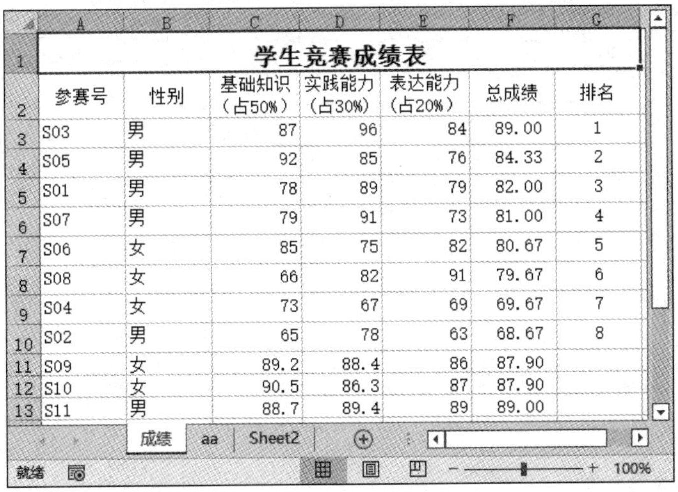

图 9-43　打开 Ex01 副本.xlsx 文件

9.4　任 务 实 现

任务 1　将 beijing.json 文件中的记录按 aqi 值降序排序,并将前 3 条记录保存到 top3. json 文件中。打开 Python 编辑器,输入如下代码,保存为 task9-1.py,并调试运行。

```
import json                                          #导入 json 库
def process_json_file(filepath):                     #函数
    #以写方式打开 beijing.json 文件,编码采用 utf-8
    fp=open(filepath, mode="r", encoding="utf-8")
    city=json.load(fp)                               #读取文件内容
    return city                                      #返回 city 值
def main():    #主函数
```

```
            filepath=" beijing.json"                    # 设置文件路径
            city=process_json_file(filepath)            # 调用 process_json_file 函数
            # 按 aqi 值进行降序排序。sort()方法用于排序,reverse=True 表示降序
            city.sort(key=lambda x: x["aqi"],reverse=True)
            top3=city[0:3]                               # 取排序后的前 3 条记录
            # 以只读方式打开 top3.json 文件,编码采用 utf- 8
            fp=open("top3.json",mode="w",encoding="utf- 8")
            # 将 top3 中的三条记录写入 fp 指定的文件中,并显示中文。中文需要指定 ensure_ascii=
            False
            json.dump(top3,fp,ensure_ascii=False)
            fp.close()                                   # 关闭文件
    main()                                               # 调用 main() 函数
```

运行后打开 top3.json,显示如图 9-44 所示。

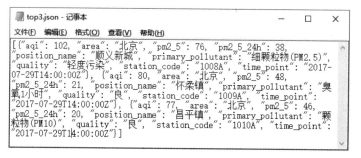

图 9-44   top3.json 文件内容

任务 2   将 shanghai.json 文件中的记录按 aqi 值降序排序,并保存到 avi.csv 文件中。打开 Python 编辑器,输入如下代码,保存为 task9-2.py,并调试运行。

```
    import json                                          # 导入 json 库
    import csv                                           # 导入 csv 库
    def process_json_file(filepath):                     # 函数
        # 以只读方式打开 shanghai.json 文件,编码采用 utf- 8
        fp=open(filepath,"r",encoding="utf- 8")
        city1=json.load(fp)                              # 读取文件内容
        return city1                                     # 返回 city1 值
    def main():                                          # 主函数
        filepath="shanghai.json"                         # 设置文件路径
        city=process_json_file(filepath)                 # 调用 process_json_file 函数
        # 按 aqi 值进行降序排序。sort()方法用于排序,reverse=True 表示降序
        city.sort(key=lambda city: city["aqi"],reverse=True)
        rows=[]                                          # 定义列表 rows
        # 将第 1 行的键名(列名)转换为列表添加到 rows 中
        rows.append(list(city[0].keys()))
        for city2 in city:                               # 循环读取每行记录
        # 将每行的键值(每列对应的值)转换为列表添加到 rows 中
            rows.append(list(city2.values()))
        # 以写方式打开 aqi.csv 文件
        fp=open('aqi.csv','w',newline="")
        writer=csv.writer(fp,dialect="excel")            # 创建 CSV 文件对象,格式为 Excel
        writer.writerows(rows)                           # 将 rows 中的记录写入 writer 指定的文件中
        fp.close()                                       # 关闭文件
    main()                                               # 调用主函数
```

运行后打开 avi.csv 文件,显示如图 9-45 所示。

	A	B	C	D	E	F	G	H	I	J	K
1	agi	area	pm2_5	pm2_5_24	position	primary_p	quality	station_c	time_point		
2	51	上海	17	16	浦东川沙	颗粒物(PM	良	1148A	2017-07-29T14:00:00Z		
3	46	上海	32	7	虹口		优	1143A	2017-07-29T14:00:00Z		
4	42	上海	15	18	杨浦四漂		优	1145A	2017-07-29T14:00:00Z		
5	36	上海	20	19	青浦淀山湖		优	1146A	2017-07-29T14:00:00Z		
6	36	上海	17	14	普陀		优	1141A	2017-07-29T14:00:00Z		
7	35	上海	24	20	浦东张江		优	1150A	2017-07-29T14:00:00Z		
8	34	上海	19	15			优		2017-07-29T14:00:00Z		
9	30	上海	19	16	徐汇上师大		优	1144A	2017-07-29T14:00:00Z		
10	29	上海	20	17	静安监测站		优	1147A	2017-07-29T14:00:00Z		
11	29	上海	20	11	浦东新区监测站		优	1149A	2017-07-29T14:00:00Z		
12	20	上海	14	14	十五厂		优	1142A	2017-07-29T14:00:00Z		
13											

图 9-45　avi.csv 文件内容

9.5　习　　题

1. 填空题

(1) 在 Python 中,可以用_____函数打开文件。

(2) 文件主要包括_____和_____两种。

(3) 在 Python 中,打开方式用字符串表示,采用_____或_____均可。

(4) 在 Python 中,由于"\"是字符串中的转义字符,因此"\"在表示路径时,需用_____或_____代替。

(5) 在 Python 中,read()方法用于从文件读取指定的字符数,如果未给出参数或参数值为负数则读取_____。

(6) 在 Python 中,seek()方法用于移动文件读取指针到_____。

(7) 在 Python 中,_____方法用于关闭一个已打开的文件。

(8) 在 Python 中,使用 JSON 库中的 dumps()方法可以将对象类型转换成 Python 的数据类型,此过程的转换称为_____。

(9) 在 Python 中,使用 JSON 库中的 loads()方法可以将 Python 数据类型转换成 JSON 对象类型,此过程的转换称为_____。

(10) 在 Python 中,_____是一种以逗号","分隔符的文本格式文件。

(11) 在 Python 中,CSV 库中的_____方法用于将字典形式的数据写入文件中。

(12) 数据库管理系统的主要功能有_____、_____和数据库维护。

(13) 在 Python 中,_____函数用于删除回车符或换行符。

(14) 在 Python 中,_____函数用于将对象中对应的元素打包成一个 tuple。

(15) 在 Python 中,使用 Python 操作 MySQL 数据库,需要安装_____模块。

课后习题答案 9

2. 选择题

(1) 下列(　　)不是 Python 对文件的读操作方法。

A. read
B. readline

C. readlines　　　　　　　　　　　　D. readtext

(2) 下列关于 Python 对文件处理描述错误的是(　　)。

A. Python 能处理 Excel 文件　　　　B. Python 不可以处理 JPG 文件

C. Python 能处理 JSON 文件　　　　D. Python 能处理 CSV 文件

(3) 以下选项中,不是 Python 对文件的打开模式的是(　　)。

A. "r"　　　　　　B. "w"　　　　　　C. "rb"　　　　　　D. "c"

(4) 一门课程可以由多个学生选修,以下选项中描述了实体课程和学生之间联系的是(　　)。

A. 1∶1　　　　　B. 1∶N　　　　　C. N∶M　　　　　D. N∶1

(5) 下列关于 CSV 文件描述错误的是(　　)。

A. CSV 文件格式是一种通用的文件格式,应用于程序之间转移表格数据

B. CSV 文件的每一行是一维数据,可以使用 Python 中的列表类型表示

C. CSV 文件通过多种编码表示字符

D. 整个 CSV 文件是一个二维数据

(6) 下列选项中,不是 Python 文件处理 seek() 方法的参数是(　　)。

A. 0　　　　　　B. −1　　　　　　C. 1　　　　　　D. 2

(7) 在 Python 中,当打开一个文件不存在时,以下描述正确的是(　　)。

A. 一定会报错　　　　　　　　B. 根据打开类型不同,可能不报错

C. 不存在文件,将无法打开　　　　D. 文件若不存在,则自动创建

(8) 下列程序段中,关于变量 x 描述正确的是(　　)。

```
>>>fp=open("file1","r")
>>>for x in fp:
    print(x)
>>>fp.close()
```

A. 变量 x 表示文件中的一个字符　　B. 变量 x 表示文件中的所有字符

C. 变量 x 表示文件中的一行字符　　D. 变量 x 表示文件中的一组字符

(9) 下列选项中,不是数据库模型的是(　　)。

A. 层次模型　　　B. 网状模型　　　C. 关系模型　　　D. 组织模型

(10) 下列选项中,不是 JSON 文件数据特征的是(　　)。

A. 字符串需要用单引号或双引号括起来

B. 数值可以是整数或浮点数

C. 布尔值为 True 或 False

D. 数组需要用圆括号"()"括起来

3. 编程题

(1) 使用 Python 创建一个 SQLite 数据库和数据表,并输入若干条记录。

(2) 使用 pip 命令在标准的 Python 编辑环境下安装 PyMySQL 模块。

(3) 使用 Python 创建一个 MySQL 数据库和数据表,并输入若干条记录。

(4) 将指定的一个文件内容追加到另一个文件。

第 10 章

网络爬虫与数据分析

10.1　网 络 爬 虫

1. 网络爬虫概念

网络爬虫(又被称为网页蜘蛛或网络机器人),是一种按照一定的规则自动地抓取网络信息的程序或者脚本。可以通过 Python 轻松地编写爬虫程序或脚本。

2. 网络爬虫分类

网络爬虫按照系统结构和实现技术大致可以分为以下几种类型:通用网络爬虫、聚焦网络爬虫、增量式网络爬虫、深层网络爬虫。在实际的网络爬虫中,通常是由这几种爬虫技术相结合实现的。

(1) 通用网络爬虫。通用网络爬虫也称为全网爬虫,爬行对象从一些种子 URL 扩充到整个 Web,主要为门户站点搜索引擎和大型 Web 服务提供商采集数据。由于商业原因,它们的技术细节很少公布出来。这类网络爬虫的爬行范围和数量巨大,对于爬行速度和存储空间要求较高,对于爬行页面的顺序要求相对较低,同时由于待刷新的页面太多,通常采用并行工作方式,但需要较长时间才能刷新一次页面。虽然存在一定缺陷,但通用网络爬虫适用于为搜索引擎搜索广泛的主题,有较强的应用价值。

通用网络爬虫主要由初始 URL 集合、URL 对列、页面爬行模块、页面分析模块、页面数据库、链接过滤模块等组成。

(2) 聚焦网络爬虫。聚焦网络爬虫也称主题网络爬虫,是指选择性地爬行那些与预先定义好的主题相关页面的网络爬虫。和通用网络爬虫相比,聚焦爬虫只需要爬行与主题相关的页面,极大地节省了硬件和网络资源,保存的页面也由于数量少而更新快。可以很好地满足特定人群对特定领域信息的爬虫需求。

(3) 增量式网络爬虫。增量式网络爬虫是指对已下载网页采取增量式更新和只爬行新产生的或者已经发生网页变化的爬虫,它能够在一定程度上保证所爬行的页面尽可能是最新的页面。增量式爬虫只会在需要的时候爬行新产生或发生更新的页面,并且不重新下载没有发生变化的页面,有效减少数据下载量,减小时间和空间上的耗费,同时爬行算法的难度也增加了。

(4) 深层网络爬虫。Web 页面按存在方式可以分为表层网页和深层网页。表层网页是指传统搜索引擎可以索引的页面,以超链接可以到达的静态网页为主构成的 Web 页面。深层网页是那些大部分内容不能通过静态链接获取的、隐藏在搜索表单后的,只有用户提交一些关键词才能获得的 Web 页面,所以深层页面是主要的爬虫对象。例如,用户注册登录后才可见的网页属于深层网页。深层网络爬虫体系结构主要包含爬行控制器、解析器、表单分析器、表单处理器、响应分析器、LVS(label value set)控制器六个基本功能模块和两个爬虫内部数据结构(URL 列表、LVS 表)。其中 LVS 表示标签/数值集合,用来表示填充表单的数据源。

3. 网络爬虫的基本工作流程

网络爬虫的基本工作流程如图 10-1 所示。

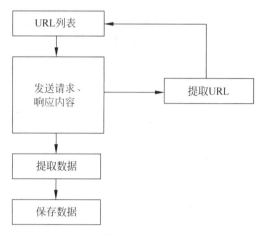

图 10-1　网络爬虫的基本工作流程

网络爬虫的基本工作流程如下。

(1) 获取初始的 URL,URL 是用户要爬取的网页地址。

(2) 向服务器发送 URL 页面请求。

(3) 服务器响应请求,获取页面,并提取新的 URL 地址。

(4) 将新的 URL 地址放入 URL 列表中。

(5) 从 URL 列表中读取新的 URL,然后根据新的 URL 爬取网页,同时从新的网页中获取新的 URL 地址,放入 URL 列表中,重复上述的爬取过程。

(6) 提取需要的页面数据内容。

(7) 将提取的数据内容保存。

10.2　网络爬虫的常用技术

1. Python 网络请求方式

在 Python 中实现 http 网络请求的方式有 urllib、urllib3 和 requests 三种。

(1) urllib 库。urllib 库是 Python 自带的标准库模块,该模块中提供了一个 urlopen()方法,通过该方法指定 URL 发送网络请求来获取数据。

使用 urlopen()方法的常用语法格式为

```
urllib.request.urlopen(url[,data[,timeout]])
```

其中，url 用于指定要链接的网址；data 用于指定使用 post 方式提交 URL 时使用，通常比较少用；timeout 用于超时时间设置。

使用该方法返回对象有 3 个额外的使用方法。geturl()方法用于返回 response 的 URL 信息，info()方法用于返回 response 的基本信息，getcode()方法用于返回 response 的状态代码，最常见的代码 200 表示服务器成功返回网页，代码 404 表示请求的网页不存在，代码 503 表示服务器不正常。

根据官方文档，urllib. request. urlopen()可以打开 HTTP、HTTPS、FTP 协议的 URL，主要应用于 HTTP 协议。例如：

```
>>>import urllib.request        # 导入 request 模块
>>>response=urllib.request.urlopen("http://www.baidu.com")
                                # 链接百度网站并获取信息
>>>response.geturl()            # 返回链接的 URL
'http://www.baidu.com'
>>>response.info()              # 返回环境基本信息
<http.client.HTTPMessage object at 0x00000175BDBE6898>
>>>response.getcode()           # 返回状态码
200
```

urllib 库模块包含了以下 4 个子模块，具体的子模块和功能见表 10-1。

表 10-1　urllib 库中的子模块

名　　称	说　　明
urllib. request(请求模块)	用于打开和读取 URL 资源
urllib. error(异常处理模块)	用于处理请求过程中出现的异常
urllib. parse(解析模块)	用于解析 URL 资源
urllib. robotparser(解析模块)	用于解析 robots. txt 文件

urllib. request 模块的常用方法见表 10-2。

表 10-2　urllib. request 模块的常用方法

方　　法	说　　明
urllib. request. urlopen()	建立连接
urllib. request. install_opener(opener)	设置代理
urllib. request. build_opener()	处理连接
urllib. request. request(url,data)	连接请求
urllib. request. urlretrieve(url,filename)	把网络对象复制到本地。url 为外部或者本地 url,filename 指定保存到本地的路径(如果未指定该参数,urllib 会生成一个临时文件来保存数据)

例如：

```
>>>import urllib.request        # 导入 request 模块
# 将百度网站首页保存到本地,url 为要爬取的网站的地址,filename 为本地的路径及文件名
>>>urllib.request.urlretrieve("http://www.baidu.com",10urlretrieve.html")
```

执行上面语句后,运行结果如下所示。

```
(10urlretrieve.html', <http.client.HTTPMessage object at 0x00000295B94C65C0>)
```

说明:百度网站首页保存到当前目录下,文件名为 10urlretrieve.html。

例如:

```
>>>import urllib.request        #导入 request 模块
>>>file=urllib.request.urlopen("http://www.baidu.com")   #链接百度网站并获取信息
>>>print(file.info())   #输出环境信息。info() 用于将当前的基本环境信息显示出来
```

执行上面语句后,运行结果如图 10-2 所示。

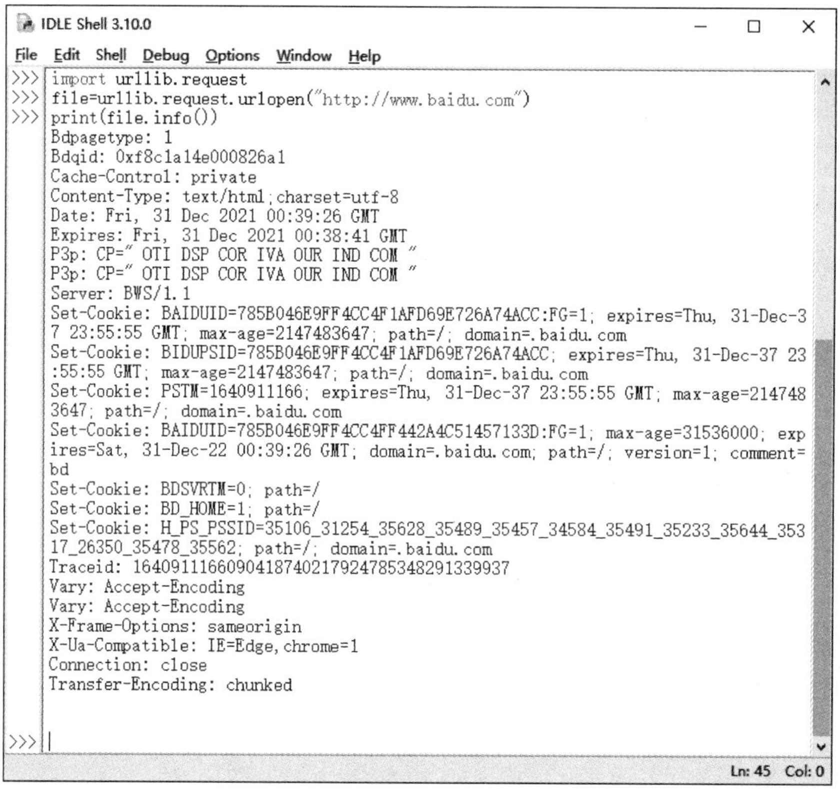

图 10-2　百度网站的基本环境信息

例如:

```
>>>import urllib.request        #导入 request 模块
>>>file=urllib.request.urlopen("http://www.baidu.com")   #链接百度网站并获取信息
>>>file.getcode()
```
#获取状态码。getcode()获取当前的网页的状态码,200 状态码表示网页正常,403 表示网页不存
在,503 服务器暂时不可用

执行上面语句后,运行结果为

200

例如:

```
>>>import urllib.request        #导入 request 模块
>>>file=urllib.request.urlopen("http://www.baidu.com")    #链接百度网站并获取信息
>>>file.geturl()                #获取网址。geturl()获取当前的网页的网址
```

执行上面语句后，运行结果为

```
'http://www.baidu.com'
```

【例 10-1】　使用 urllib.request 模块实现发送请求并爬取页面内容。打开 Python 编辑
器，输入如下代码，保存为 10-1.py，并调试运行。

```
import urllib.request
response=urllib.request.urlopen("http://www.baidu.com",timeout=5)
                                     #链接百度,时间为 5 秒
result=response.read().decode("utf-8")    #读取 response 对象信息并解码为 utf-8
fp=open("baidu.txt","w",encoding="utf-8")  #打开 baidu.txt 文件,设置写方式,编码采
                                     #用 utf-8
fp.write(result)                        #将 result 信息写入 fp 指定文件中
print("获取百度网站的信息已保存在当前目录下的 baidu.txt 文档中。")    #输出信息
print("获取 URL 地址:%s"% response.geturl())  #输出获取 URL 地址
print("获取返回信息:%s"% response.info())     #输出 response 信息
print("获取状态码:%s"% response.getcode())    #输出状态码
```

运行结果如图 10-3 所示，在当前目录中打开 baidu.txt 文档，查看信息。

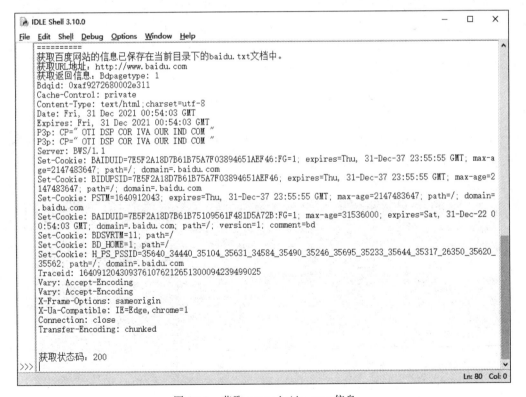

图 10-3　获取 www.baidu.com 信息

（2）urllib3 库。urllib3 库是一个功能强大、条理清晰、用于 HTTP 客户端的 Python 库，许多 Python 的原生系统已经开始使用 urllib3。urllib3 提供了以下很多 Python 标准库里所没有的重要特性。

① 线程安全。

② 连接池。

③ 客户端 SSL/TLS 验证。

④ 文件分部编码上传。

⑤ 协助处理重复请求和 HTTP 重定位。

⑥ 支持压缩编码。

⑦ 支持 HTTP 和 SOCKS 代理。

⑧ 100％测试覆盖率。

urllib3 并不是 Python 的标准模块，因此，在使用之前需要使用 pip 命令安装 urllib3。安装命令为

```
pip install urllib3
```

安装完成后，可通过 import 导入验证，如图 10-4 表示 urllib3 库安装成功。

图 10-4　导入 urllib3 库

urllib3 库功能非常强大，使用起来也十分简单。例如，通过 urllib3 库实现发送网络请求。

```
>>>import urllib3                    # 导入 urllib3 库
>>>http=urllib3.PoolManager()       # 创建一个连接池对象
>>>r=http.request("GET","http://www.baidu.com")
                                    # 通过 request() 方法创建一个连接请求
>>>print (r.status)                 # 输出连接的网站状态
200
>>>print(r.data)                    # 输出连接的网站信息
```

执行 print(r.data)语句后，结果如图 10-5 所示。

图 10-5　输出读取内容

（3）requests 库。requests 是 Python 实现 HTTP 请求的一种方式，使用起来比 urllib 库简单。requests 是第三方库，因此，在使用之前需要使用 pip 命令安装 requests。安装命令为

```
pip install requests
```

安装完成后，可通过 import 导入验证，图 10-6 所示为 requests 库安装成功。

图 10-6　导入 requests 库

requests 库的 7 个主要方法，如表 10-3 所示。

表 10-3　requests 库的 7 个主要方法

方　　法	说　　明
requsts. request()	构造一个请求，最基本的方法，是下面方法的支撑
requsts. get()	获取网页，对应 HTTP 中的 GET 方法
requsts. post()	向网页提交信息，对应 HTTP 中的 POST 方法
requsts. head()	获取 html 网页的头信息，对应 HTTP 中的 HEAD 方法
requsts. put()	向 html 提交 put()方法，对应 HTTP 中的 PUT 方法
requsts. patch()	向 html 网页提交局部修改的请求，对应 HTTP 中的 PATCH 方法
requsts. delete()	向 html 提交删除请求，对应 HTTP 中的 DELETE 方法

例如，以 get 请求方式，实现获取网页和输出请求网页信息。

```
>>>import requests                                # 导入 requests 模块
>>>response=requests.get("http://www.baidu.com")  # 获取网页
>>>print(response.status_code)                    # 输出网络状态码
200
>>>print(response.url)                            # 输出 URL 地址
http://www.baidu.com/
>>>print(response.headers)                        # 输出网页头部信息
{'Cache-Control': 'private, no-cache, no-store, proxy-revalidate, no-transform',
'Connection': 'Keep-Alive', 'Content-Encoding': 'gzip', 'Content-Type': 'text/
html', 'Date': 'Sun, 07 Apr 2019 03:16:56 GMT', 'Last-Modified': 'Mon, 23 Jan 2017
13:27:52 GMT', 'Pragma': 'no-cache', 'Server': 'bfe/1.0.8.18', 'Set-Cookie':
'BDORZ=27315; max-age=86400; domain=.baidu.com; path=/', 'Transfer-Encoding':
'chunked'}
>>>print(response.cookies)                        # 输出 cookies 信息
<RequestsCookieJar[<Cookie BDORZ=27315 for .baidu.com/>]>
>>>print(response.text)                           # 输出文本形式的网页源码
>>>print(response.content)                        # 输出字节流形式的网页源码
```

2. BeautifulSoup 网络爬虫

BeautifulSoup 是一个从 HTML 和 XML 文件中提取数据的 Python 库。BeautifulSoup 提供一些简单的函数用来处理导航、搜索、修改分析树等功能。BeautifulSoup 库中的查找提取功能非常强大，而且非常便捷，它通常可以节省程序员的工作时间。

BeautifulSoup 自动将输入文档转换为 Unicode 编码，输出文档转换为 UTF-8 编码。用户不必考虑编码问题，除非文档没有指定一个编码方式，如果是这样，BeautifulSoup 就不

能自动识别编码方式。那就需要用户给指定原始编码方式即可。

　　BeautifulSoup 是第三方库,因此,在使用之前需要使用 pip 命令安装 BeautifulSoup。安装命令为

```
pip install BeautifulSoup4
```

　　安装完成后,可通过 import 导入验证,图 10-7 所示为 BeautifulSoup 库安装成功。

图 10-7　导入 BeautifulSoup 库

　　目前推荐使用的 BeautifulSoup 库是 BeautifulSoup4,由于 BeautifulSoup4 被移植到 bs4 中,所以在导入时需要用 from bs4 import BeautifulSoup 语句。

　　(1) BeautifulSoup 库的基本元素。BeautifulSoup 库的基本元素见表 10-4。

表 10-4　BeautifulSoup 库的基本元素

基本元素	说　　明
Tag	标签,最基本的信息组织单元,分别用<>和</>标明开头和结尾
Name	标签的名字,<p>...</p>的名字是 p,格式为<tag>. name
Attributes	标签的属性,字典形式组织,格式为<tag>. attrs
NavigableString	标签内非属性字符串,<>...</>中字符串,格式为<tag>. string
Comment	标签内字符串的注释部分,一种特殊的 Comment 类型

　　(2) 标签树。在解析网页文档的过程中,需要应用 BeautifulSoup 模块对 HTML 内容进行遍历。例如:下面是一个 HTML 文档(html1. html)。

```
<html>
  <head>
    <title>The Dormouse's story</title>
  </head>
  <body>
    <p class="title" align="center"><b>The Dormouse's story</b></p>
    <p class="story">       Once upon a time there were three
    little sisters; and their names were
      <a href="http://example.com/elsie" class="sister" id="link1">Elsie</a>,
      <a href="http://example.com/lacie" class="sister" id="link2">Lacie
      </a>and
      <a href="http://example.com/tillie" class="sister" id="link3">Tillie
      </a>; and they lived at the bottom of a well.</p>
    <p class="story">        ...</p>
  </body>
</html>
```

　　将其 HTML 文档绘制成标签树形结构,如图 10-8 所示。

　　(3) BeautifulSoup 对象的标签树属性。BeautifulSoup 对象标签树的遍历属性见表 10-5。

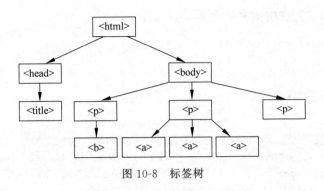

图 10-8 标签树

表 10-5 标签树属性

属 性	说 明
. next_sibling 和 . previous_sibling	兄弟节点标签
. parent	节点的父标签
. parents	节点先辈标签的迭代类型,用于循环遍历先辈节点
. contents	子节点列表,将<tag>所有子节点存入列表中
. children	子节点的迭代类型,用于循环遍历子节点
. descendants	子孙节点的迭代类型,用于循环遍历所有子节点

（4）BeautifulSoup 对象的常用信息提取方法。设 soup 为 BeautifulSoup 对象,则其常用信息提取方法见表 10-6。

表 10-6 BeautifulSoup 对象的常用信息提取方法

方 法	说 明
soup. find_all()	搜索信息,返回一个列表类型,存储查找的结果
soup. find()	搜索且只返回一个结果信息

（5）BeautifulSoup 支持 Python 解析器。BeautifulSoup 支持 Python 标准库中包含的 HTML 解析器和许多第三方 Python 解析器,其中包含 lxml 和 html5lib 解析器。lxml 和 html5lib 是第三方库,使用时需要用 pip 命令安装。BeautifulSoup 支持的常用的几种解析器的用法见表 10-7。

表 10-7 BeautifulSoup 支持的常用的几种解析器的用法

解 析 器	用 法
Python 标准库	BeautifulSoup(html,"html. parser",from_encoding＝"utf-8"),需要提取数据的 html,html. parser 为指定解析器
lxml 的 HTML 解析器	BeautifulSoup(html,"lxml"),需要提取数据的 html,lxml 为指定解析器
lxml 的 XML 解析器	BeautifulSoup(html,"lxml-xml"),需要提取数据的 html,lxml-xml 为指定解析器 BeautifulSoup(html,"xml"),需要提取数据的 html,xml 为指定解析器
html5lib	BeautifulSoup(html,"html5lib"),需要提取数据的 html,html5lib 为指定解析器

例如,以图 10-8 标签树的文档为例,获取文档相关信息。

```
>>>html_doc="""
<html>
   <head>
      <title>The Dormouse's story</title>
   </head>
   <body>
      <p class="title"><b>The Dormouse's story</b></p>
       <p class="story">Once upon a time there were three little sisters; and
        their names were
        <a href="http://example.com/elsie" class="sister" id="link1">Elsie</a>,
        <a href="http://example.com/lacie" class="sister" id="link2">Lacie
        </a>and
        <a href="http://example.com/tillie" class="sister" id="link3">Tillie</a>;
        and they lived at the bottom of a well.</p>
      <p class="story">        ...</p>
   </body>
</html>
"""
>>>from bs4 import BeautifulSoup         # 导入 BeautifulSoup 库
>>>soup =BeautifulSoup(html_doc,"html.parser")   # 对获取的 html 代码进行 html 解析
>>>soup.head                            # 获取头部信息
<head>
<title>The Dormouse's story</title>
</head>
>>>soup.title                           # 获取标题信息
<title>The Dormouse's story</title>
>>>soup.body.b                          # 获取标签 b 的信息
<b>The Dormouse's story</b>
>>>soup.a                               # 获取标签为 a 的信息,默认为第一个标签 a 的信息
<a class="sister" href="http://example.com/elsie" id="link1">Elsie</a>
# 获取 title标签的信息
>>>soup.find ("title")
<title>The Dormouse's story</title>
# 获取标签为 a 的所有信息,以列表方式组织
>>>soup.find_all("a")
[<a class="sister" href="http://example.com/elsie" id="link1">Elsie</a>,
  <a class="sister" href="http://example.com/lacie" id="link2">Lacie</a>,
  <a class="sister" href="http://example.com/tillie" id="link3">Tillie</a>]
>>>soup.find_all("a")[0]                # 获取标签为 a 的第 1 条信息
<a class="sister" href="http://example.com/elsie" id="link1">Elsie</a>
>>>soup.find_all("a")[1]                # 获取标签为 a 的第 2 条信息
<a class="sister" href="http://example.com/lacie" id="link2">Lacie</a>
>>>soup.find_all("a")[2]                # 获取标签为 a 的第 3 条信息
<a class="sister" href="http://example.com/tillie" id="link3">Tillie</a>
# 获取所有标签为 title 和 a 的信息
>>>soup.find_all ({"title","a"})
[<title>The Dormouse's story</title>, <a class="sister" href="http://example.
com/elsie" id="link1">Elsie</a>, <a class="sister" href="http://example.com/
lacie" id="link2">Lacie</a>, <a class="sister" href="http://example.com/
```

```
tillie" id="link3">Tillie</a>]
```
获取属性为 class 且属性值为 story 的信息
```
>>>soup.find_all ("",{"class":"story"})
```
[<p class="story">　 Once upon a time there were three little sisters; and their names were
　<a class="sister" href="http://example.com/elsie" id="link1">Elsie</a>,
　<a class="sister" href="http://example.com/lacie" id="link2">Lacie</a>and
　<a class="sister" href="http://example.com/tillie" id="link3">Tillie</a>;
　and they lived at the bottom of a well.</p>, <p class="story">...</p>]
获取 id 为 link1 的信息
```
>>>soup.find_all ("",{"id":"link1"})或 soup.find_all ("",id="link1")
```
[<a class="sister" href="http://example.com/elsie" id="link1">Elsie</a>]
获取属性为 class 且属性值为 story 或 title 的信息
```
>>>soup.find_all ("",{"class":{"title","story"}})
```
[<p align="center" class="title"><b>The Dormouse's story</b></p>, <p class="story">　 Once upon a time there were three little sisters; and their names were
　<a class="sister" href="http://example.com/elsie" id="link1">Elsie</a>,
　<a class="sister" href="http://example.com/lacie" id="link2">Lacie</a>and
　<a class="sister" href="http://example.com/tillie" id="link3">Tillie</a>;
　and they lived at the bottom of a well.</p>, <p class="story">...</p>]
获取内容包含 Elsie 的信息
```
>>>soup.find_all ("",text="Elsie")
```
['Elsie']
获取以列表方式的头部信息。tag 的 .contents 属性可以将 tag 的子节点以列表的方式输出
```
>>>head_tag=soup.head
>>>head_tag.contents
```
['\n', <title>The Dormouse's story</title>, '\n']
```
>>>head_tag.contents[0]                  # 获取 contents 列表中的第 1 个元素
```
'\n'
```
>>>head_tag.contents[1]                  # 获取 contents 列表中的第 2 个元素
```
<title>The Dormouse's story</title>
```
>>>head_tag.contents[2]                  # 获取 contents 列表中的第 3 个元素
```
'\n'
```
>>>title_tag =head_tag.contents[1]       # 获取 contents 列表中的第 2 个元素
>>>title_tag
```
<title>The Dormouse's story</title>
```
>>>title_tag.contents                    # 获取 contents 列表中的第 2 个元素的内容
```
["The Dormouse's story"]
通过 tag 的 .children 属性对 tag 的子节点进行循环
```
>>>for child in title_tag.children:
    print(child)
```
The Dormouse's story
通过 tag 的 .descendants 属性对所有 tag 的子节点进行遍历。.contents 和 .children 属性仅包含 tag 的直接子节点。例如,<head>标签只有一个直接子节点<title>。但是<title>标签也包含一个子节点,即字符串"The Dormouse's story",这种情况下字符串"The Dormouse's story"也属于<head>标签的子节点
```
>>>for child in head_tag.descendants:
    print(child)
```
<title>The Dormouse's story</title>
The Dormouse's story
如果 tag 只有一个 NavigableString 对象(操纵字符串对象)类型子节点即只有包含一个字符串

　　的子节点,那么这个 tag 可以使用.string 得到子节点
```
>>>title_tag.string
"The Dormouse's story"
```
如果 tag 包含了多个子节点,tag 就无法确定.string 方法应该调用哪个子节点的内容,.string 的输出结果是 None
```
>>>print(soup.html.string)
None
```
如果 tag 中包含多个字符串,可以使用.strings 来循环获取,repr()函数用于将对象转化为供解析器读取的形式,可以认为它能把一个对象转换成一个可打印的字符串,对于包含转义字符的字符串,也能完整打印出来
```
>>>for string in soup.strings:
    print(repr(string))
'\n'
'\n'
'\n'
"The Dormouse's story"
'\n'
'\n'
'\n'
"The Dormouse's story"
'\n'
'Once upon a time there were three little sisters; and their names were\n            '
'Elsie'
',\n            '
'Lacie'
' and\n            '
'Tillie'
';\n        and they lived at the bottom of a well.'
'\n'
'\xa0\xa0\xa0\xa0...'
'\n'
'\n'
'\n'
```
对于上面输出的字符串中包含了很多空格或空行,可使用.stripped_strings 去除多余空白的内容,对于全部是空格的行会被忽略,而段首和段末的空白会被删除
```
>>>for string in soup.stripped_strings:
    print(repr(string))
"The Dormouse's story"
"The Dormouse's story"
'Once upon a time there were three little sisters; and their names were'
'Elsie'
','
'Lacie'
'and'
'Tillie'
';\nand they lived at the bottom of a well.'
'...'
```
通过.parent 属性来获取<title>标签的父节点。在文档中<head>标签是<title>标签的父节点
```
>>>title_tag =soup.title
>>>title_tag
```

```
<title>The Dormouse's story</title>
>>>title_tag .parent
<head>
<title>The Dormouse's story</title>
</head>
```
通过 .parent 属性来获取 title 字符串"The Dormouse's story"的父节点。在文档中 title
　字符串的父节点为<title>标签
```
>>>title_tag.string.parent
<title>The Dormouse's story</title>
```
通过 .parent 属性来获取文档的顶层节点。比如<html>的父节点是 BeautifulSoup 对象,
　BeautifulSoup 对象的 .parent 是 None
```
>>>html_tag =soup.html
>>>type(html_tag.parent)
<class 'bs4.BeautifulSoup'>
```
通过 .parent 属性来获取 BeautifulSoup 对象的父节点,BeautifulSoup 对象的父节点是 None
```
>>>print(soup.parent)
None
```
通过 .parents 属性获取<a>标签到根节点的所有节点
```
>>>for parent in link.parents:
        print(parent.name)
p
body
html
[document]
```
通过 bs4 库中的 prettify() 方法将解析出来的 html 程序按"每逢标签,自动换行"排序。通过 .
　next_sibling(下一个兄弟)和 .previous_sibling(前一个兄弟)属性获取兄弟节点
```
>>>html1="<a><b>text1</b><c>text2</c></a>"
>>>sibling_soup =BeautifulSoup(html1,"html.parser")
>>>print(sibling_soup.prettify())
<a>
 <b>
  text1
 </b>
 <c>
  text2
 </c>
</a>
>>>print(sibling_soup.b.previous_sibling)
None
>>>print(sibling_soup.b.next_sibling)
<c>text2</c>
>>>print(sibling_soup.c.previous_sibling)
<b>text1</b>
>>>print(sibling_soup.c.next_sibling)
None
```
<b>标签有 .next_sibling 属性,但是没有 .previous_sibling 属性,因为<b>标签在同级节点
　中是第一个。同理,<c>标签有 .previous_sibling 属性,却没有 .next_sibling 属性
获取 b 节点的字符串内容
```
>>>sibling_soup.b.string
'text1'
```
获取 c 节点的字符串内容

```
>>>sibling_soup.c.string
'text2'
#字符串"text1"和"text2"不是兄弟节点,因为它们的父节点不同,即没有兄弟节点
>>>print(sibling_soup.b.string.next_sibling)
None
```

【例 10-2】　从 http://www.tom61.com 网站上爬取某篇文章,并保存在 luo1.txt 中。打开 Python 编辑器,输入如下代码,保存为 10-2.py,并调试运行。

```
import bs4
import requests
import random
url="http://www.tom61.com/"
headers = {"User-Agent":"Mozilla/5.0 (Windows NT 10.0; Win64; x64) AppleWebKit/
537.36 (KHTML, like Gecko) Chrome/86.0.4240.198 Safari/537.36"}
html=requests.get(url,headers=headers,timeout=30)
soup=bs4.BeautifulSoup(html.content,'lxml')
#由于 class 是受保护的关键字,因此要使用赋值形式,须在后缀加下划线
txt_box=soup.find('dl',class_="txt_box")
a_tags=txt_box.find_all('a')
urllist=[]
for link in a_tags:
    urllist.append(url+link.get('href'))
story_item = random.choice(urllist)     #随机抽取一个要爬取的网址
html=requests.get(story_item)           #请求连接要爬取的网页
file1=open("luo1.txt","a+",encoding='utf-8')
file1.truncate(0)                       #清空文件内容
soup1=bs4.BeautifulSoup(html.content,'lxml')
soup2=soup1.find('div',class_='t_news')
title=soup2.find("h1")
tags=soup1.find('div',class_='t_news_txt')
file1.write(title.text+tags.text)
file1.close()
print(story_item+"页面上的内容已爬取完成,请打开 luo1.text 查看。")
```

运行结果如图 10-9 所示。

图 10-9　从网站上爬取某篇文章完成的提示信息

【例 10-3】　爬取京东某网页讨论区的鞋类颜色和鞋码。打开 Python 编辑器,输入如下代码,保存为 10-3.py,并调试运行。

```
import requests
import json
import xlwings
app=xlwings.App(visible=False,add_book=False)
wb=app.books.add()
sht=wb.sheets.add("鞋类信息表")
sht.activate()
```

```
headers={"User-Agent": "Mozilla/5.0 (Windows NT 10.0; Win64; x64) AppleWebKit/
537.36 (KHTML, like Gecko) Chrome/86.0.4240.198 Safari/537.36"} #设置浏览器对象
resp= requests. get ( " https://club. jd. com/comment/productPageComments. action?
callback = fetchJSON _ comment98&productId = 4313564&score = 0&sortType = 5&page =
0&pageSize=10&isShadowSku=0&fold=1",headers=headers) #headers=headers
                                                              #模拟浏览器访问
content=resp.text
rest=content.replace('fetchJSON_comment98(','').replace(');','')
                                                    #去掉前后不是大括号内的代码
comments1=json.loads(rest)              #将代码通过 json 库载入,成为键值对的形式
comments2=comments1['comments']        #获取评论键对应的内容
sht.range("A1").value="颜色"
sht.range("B1").value="号码"
row=2
for item in comments2:                  #遍历评论键中的每个子键对应的值
    color=item['productColor']
    size=item['productSize']
    sht.range("A"+str(row)).value=color
    sht.range("B"+str(row)).value=size
    row=row+1
wb.save("luo2.xlsx")
wb.close()
app.quit()
print("数据已爬取完成,请打开 luo2.txt 查看。")
```

运行程序,如图 10-10 所示,在当前目录下打开 luo2.xlsx 文件如图 10-11 所示。

图 10-10　从京东某网页讨论区爬取鞋类颜色和鞋码完成的提示信息

	A	B	C	D
1	颜色	号码		
2	大红 (革面)	40		
3	大红/深红色 (网面)	40		
4	大红/深红色 (网面)	41		
5	正黑/浅灰	43		
6	探戈红/火星红0147 (革面)	42		
7	正黑/浅灰	40		
8	正黑/浅灰	41		
9	正黑/浅灰绿 (网面)	44		
10	正黑/正白	40		
11	正黑/浅灰绿 (网面)	41		
12				

鞋类信息表

图 10-11　luo2.xlsx 文件内容

【例 10-4】　爬取百度网站的 logo 图片。打开 Python 编辑器,输入如下代码,保存为
10-3.py,并调试运行。

```
import requests                    # 导入 requests 库
from bs4 import BeautifulSoup      # 导入 BeautifulSoup 库
import urllib
url="http://www.baidu.com"        # 百度网址
```

```
soup=requests.get(url)                    #获取网页信息
soup.encoding="utf-8"                     #对获取网页信息进行编码
soup1=BeautifulSoup(soup.text,"html.parser")   #对编码后的网页信息进行解析
image=soup1.find_all("img")               #查找标签为 img 信息
image1="http:"+image[0].get("src")  #获取 src 地址,同时与 http 拼接
#将 image1 指定的图片保存到当前目录下,命名为 baidulogo.jpg。urlretrieve 方法直接将远
   程数据下载到本地
urllib.request.urlretrieve(image1," baidulogo.jpg ")
print(image1+"图片已下载到当前目录下。")    #输出下载图片的地址及下载完成提示信息
```

运行程序,如图 10-12 所示,同时在当前目录下出现下载的图片。

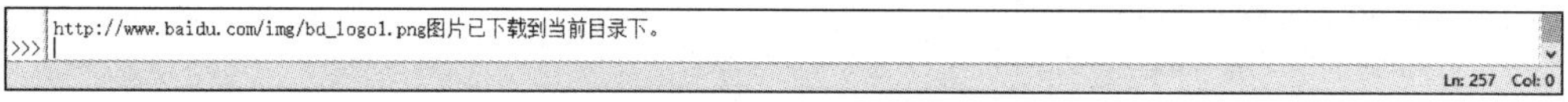

图 10-12   图片下载完成提示信息

10.3   数 据 分 析

1. 数据分析概念

数据分析是指采用适当的统计分析方法对收集来的大量数据进行分析,提取有用的信息并作出结论,从而对数据加以详细研究和概括总结的过程。

数据分析的应用范围很广。比较典型的数据分析主要包括以下三个步骤。

(1)探索性数据分析。当数据刚取得时,可能杂乱无章,看不出规律,通过作图、造表、用各种形式的方程拟合,计算某些特征量等手段探索规律性的可能形式,即往什么方向、用何种方式去寻找和揭示隐含在数据中的规律性。

(2)模型选定分析。在探索性分析的基础上提出一类或几类可能的模型,然后通过进一步的分析从中挑选一定的模型。

(3)推断分析。通常使用数理统计方法对所定模型或估计的可靠程度和精确程度作出推断。

2. Python 数据分析库 pandas

pandas 是基于 NumPy 的一种工具,是为了解决数据分析任务而创建的。pandas 纳入了大量库和一些标准的数据模型,提供了高效地操作大型数据集所需的工具,同时提供了大量能快速便捷地处理数据的函数和方法,使得 Python 成为强大而高效的数据分析工具之一。

pandas 是第三方库,因此,在使用之前需要用 pip 命令安装 pandas。

安装命令为

```
pip install pandas
```

安装完成后,可通过 import 导入验证,如图 10-13 表示 pandas 库安装成功。

(1) pandas 数据类型。pandas 提供了两个重要的数据类型,分别是 Series 和 DataFrame。其中 Series 是一维的数据列表;DataFrame 是二维的数据集。

① Series 数据类型。Series 其实就是对一个序列数据的封装,Series 对象可以在数据

分析过程中获取,也可以单独创建,Series 中的序列数据可以是相同的数据类型,也可以是任意数据类型。Series 主要由序列数据和与之相关的索引两部分组成,图 10-14 是 Series 对象的结构示意图,第 1 列是索引,第 2 列是数据。

index	value
0	1
1	2
2	3
3	4

图 10-13 导入 pandas 库   图 10-14 Series 对象结构示意图

Series 中的序列数据索引默认为数字,从 0 开始,也可以将其改变为指定的索引名。语法格式为

```
Pandas.Series(data,index,dtype)
```

其中,data 用于传入的数据,可以是 list、ndarray 等;index 用于指定索引,必须是唯一且与 data 数据的长度相同,如果没有传入索引参数,则默认为从 0~N 的整数索引;dtype 用于指数据的类型。

例如:

```
>>>import pandas                          # 导入 pandas 库
>>>data1=pandas.Series([10,20,30,40])     # 通过列表创建相同数据类型的 Series
>>>data1
    1    20
    2    30
    3    40
    dtype: int64                          # 数据类型为整型
    # 通过列表创建不同数据类型的 Series
>>>data2=pandas.Series([10,85.2,"luo","男",True])
>>>data2
    0    10
    1    85.2
    2    luo
    3    男
    4    True
    dtype: object                         # 数据类型为对象
# 通过列表创建不同数据类型的 Series,同时指定索引名
>>>data3=pandas.Series([100,99.9,"li",False],index=["整型","实型","字符型","逻辑型"])
>>>data3
    整型       100
    实型       99.9
    字符型      li
    逻辑型      False
    dtype: object
>>>type(data3[0])                         # 查看 Series 序列数据中的第 1 个元素类型
    <class 'int'>                         # 整型
```

```
>>>type(data3[1])                              #查看Series序列数据中的第2个元素类型
    <class 'float'>                            #实型
>>>type(data3[2])                              #查看Series序列数据中的第3个元素类型
    <class 'str'>                              #字符型
>>>type(data3[3])                              #查看Series序列数据中的第4个元素类型
    <class 'bool'>                            #布尔型
>>>data4=pandas.Series({"语文":90,"数学":88,"英语":98})      #通过字典创建Series
    data4
    语文    90
    数学    88
    英语    98
    dtype: int64
>>>data5=pandas.Series({"语文":[90,95,90],"数学":[88,90,93],"英语":[98,99,97]})
>>>data5
    语文    [90, 95, 90]
    数学    [88, 90, 93]
    英语    [98, 99, 97]
    dtype: object
```

Series 对象提供了使用 index 属性获取索引值,使用 values 属性获取数据。
例如:

```
>>>data6=pandas.Series([11,95.2,"li","女",True])
>>>list(data6.index),data6.values
    ([0, 1, 2, 3, 4], array([11, 95.2, 'li', '女', True], dtype=object))
```

【例 10-5】 创建一个 Series 对象,并对 Series 对象数据进行输出。打开 Python 编辑器,输入如下代码,保存为 10-5. py,并调试运行。

```
import pandas
data7= pandas.Series(["20190101","小明","1990-06-25","信息与计算科学"],
index=["学号","姓名","出生日期","专业",])
print("{}:{}".format(data7.index[0],data7[0]))    #输出学号索引和学号
print("{}:{}".format(data7.index[1],data7[1]))    #输出姓名索引和姓名
print("{}:{}".format(data7.index[2],data7[2]))    #输出出生日期索引和出生日期
print("{}:{}".format(data7.index[3],data7[3]))    #输出专业索引和专业
```

运行结果如图 10-15 所示。

② DataFrame 数据类型。DataFrame 数据类型是一个二维数据表,DataFrame 对象可以在数据分析过程中获取,也可以单独创建,DataFrame 数据是由键和值组成,每一个键对应一列,与键对应的值是一个列表值,表示该列下的所有数据,图 10-16 所示为 DataFrame 对象的结构示意图,第 1 列(index)是行索引,第 1 行(a,b)是列索引。

可以使用 columns 参数指定列索引值,可通过 index 参数改变默认的行索引值。DataFrame 对象中的行、列索引默认为数字,从 0 开始,也可以将其改变为指定的索引名。

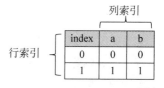

学号:20190101
姓名:小明
出生日期:1990-06-25
专业:信息与计算科学

图 10-15　创建 Series 对象并输出其数据　　　图 10-16　DataFrame 对象结构示意图

语法格式为

```
pandas.DataFrame(data, index, columns, dtype)
```

其中,data 用于传入的数据,可以是 list、dictionary、ndarray 等；index 用于指定行索引值；columns 用于指定列索引值；dtype 用于指定数据的类型。

例如：

```
# 创建默认索引的 DataFrame
>>>data8=pandas. DataFrame ([[10,20,30,40],[50,60,70,80]])
>>>data8
        0   1   2   3                              #默认的行和列索引
    0  10  20  30  40
    1  50  60  70  80
# 创建指定的行索引和列索引的 DataFrame
>>>data9=pandas.DataFrame ([[10,20,30,40],[50,60,70,80]],index=["第 1 行","第
2 行"],columns=["第 1 列","第 2 列","第 3 列","第 4 列"])
>>>data9
        第 1 列   第 2 列   第 3 列   第 4 列
第 1 行   10      20      30      40
第 2 行   50      60      70      80
```

【例 10-6】　创建一个 DataFrame 对象,并对 DataFrame 对象数据进行输出。打开 python 编辑器,输入如下代码,保存为 10-6.py,并调试运行。

```
# 创建 DataFrame 对象
import pandas
data10= pandas.DataFrame({
        "学号":["20171102","20180101", "20180102","20180103"],
        "姓名":["小马","小李", "小明","小张"],
        "出生日期":["2001-06-19","2000-06-25", "2001-05-11", "2000-10-16"],
        "专业":["大数据","信计","信管","电商"],
        "年龄":[20,21,20,21]})
print(data10)
```

运行结果如下所示。

```
        学号      姓名     出生日期        专业      年龄
0   20171102   小马    2001-06-19    大数据     20
1   20180101   小李    2000-06-25    信计      21
2   20180102   小明    2001-05-11    信管      20
3   20180103   小张    2000-10-16    电商      21
```

DataFrame 具有一些常用的基础属性和方法,见表 10-8。

表 10-8　DataFrame 常用的基础属性和方法

属性和方法	说　　　明
DataFrame.values	用于获取 ndarray 类型的对象
DataFrame.index	用于获取行索引
DataFrame.columns	用于获取列索引

属性和方法	说　明
DataFrame.axes	用于获取行和列索引
DataFrame.T	用于将行与列对调
DataFrame.head(n)	用于显示前 n 行数据,默认 n 默认显示前 5 行数据
DataFrame.tail(n)	用于显示后 n 行数据,默认 n 默认显示后 5 行数据
DataFrame.sample(n)	用于随机抽选 n 行数据,默认 n 默认随机抽选 1 行数据
DataFrame.info()	用于显示 DataFrame 对象的信息
DataFrame.describe()	用于查看数据按列的统计信息
tolist()	用于返回列表结构
loc()	用于按索引的名称选取数据。当执行切片操作时是前后全闭
iloc()	用于按索引的位置选取数据。当执行切片操作时是前闭后开
布尔选择(==、!=、>=、<=、&、|)	用于对数据进行布尔选择

例如:

```
>>>data11 = pandas.DataFrame({"学号":["20171102","20180101", "20180102",
"20180103","20190101","20190102"],"姓名":["小马","小李", "小明","小张","小骆","小
董"],"出生日期":["1999-06-19","2002-06-25", "2001-05-11", "2000-10-16","2001-
07-10","2000-08-13"],"专业":["大数据","信计","信管","电商","物联网","数媒"],"年
龄":[22,19,20,21,20,21]})
>>>data11
      学号    姓名   出生日期        专业    年龄
0  20171102  小马  1999-06-19  大数据    22
1  20180101  小李  2002-06-25  信计     19
2  20180102  小明  2001-05-11  信管     20
3  20180103  小张  2000-10-16  电商     21
4  20190101  小骆  2001-07-10  物联网    20
5  20190102  小董  2000-08-13  数媒     21
```

- values 属性的使用。

```
# 使用 values 属性查看 data11 对象
>>>data11.values
array([['20171102', '小马', '1999-06-19', '大数据', 22],
       ['20180101', '小李', '2002-06-25', '信计', 19],
       ['20180102', '小明', '2001-05-11', '信管', 20],
       ['20180103', '小张', '2000-10-16', '电商', 21],
       ['20190101', '小骆', '2001-07-10', '物联网', 20],
       ['20190102', '小董', '2000-08-13', '数媒', 21]], dtype=object)
```

- index 属性的使用。

```
# 使用 index 属性获取 data11 的行索引
>>>data11.index
RangeIndex(start=0, stop=6, step=1)                          # 索引范围[0,6),步长为 1
```

- columns 属性的使用。

```
# 使用 columns 属性获取 data11 的列索引
```

```
>>>data11.columns
Index(['学号', '姓名', '出生日期', '专业', '年龄'], dtype='object')
```

- axes 属性的使用。

```
# 使用 axes 属性获取 data11 的行和列索引
>>>data11.axes
[RangeIndex(start=0, stop=6, step=1), Index(['学号', '姓名', '出生日期', '专业',
'年龄'],
dtype='object')]
```

- T 属性的使用。

```
# 使用 T 属性对行和列对调
>>>data11.T
```

	0	1	2	3	4	5
学号	20171102	20180101	20180102	20180103	20190101	20190102
姓名	小马	小李	小明	小张	小骆	小董
出生日期	1999-06-19	2002-06-25	2001-05-11	2000-10-16	2001-07-10	2000-08-13
专业	大数据	信计	信管	电商	物联网	数媒
年龄	22	19	20	21	20	21

- head()方法的使用。

```
# 使用 head() 方法显示前三条记录
>>>data11.head(3)
     学号    姓名     出生日期      专业   年龄
0  20171102  小马   1999-06-19   大数据  22
1  20180101  小李   2002-06-25    信计  19
2  20180102  小明   2001-05-11    信管  20
```

- tail()方法的使用。

```
# 使用 tail() 方法显示后三条记录
>>>data11.tail(3)
     学号    姓名     出生日期      专业   年龄
3  20180103  小张   2000-10-16    电商  21
4  20190101  小骆   2001-07-10   物联网  20
5  20190102  小董   2000-08-13    数媒  21
```

- sample()方法的使用。

```
# 使用 sample() 方法随机抽选记录
>>>data11.sample()
     学号    姓名     出生日期    专业   年龄
5  20190102  小董   2000-08-13  数媒    21
```

- info()方法的使用。

```
# 使用 info() 方法查看 data11 信息
>>>data11.info()
<class 'pandas.core.frame.DataFrame'>
RangeIndex: 6 entries, 0 to 5
Data columns (total 5 columns):
```

```
 #     Column   Non-Null Count     Dtype
---    ------   --------------     -----
 0     学号      6 non-null         object
 1     姓名      6 non-null         object
 2     出生日期   6 non-null         object
 3     专业      6 non-null         object
 4     年龄      6 non-null         int64
dtypes: int64(1), object(4)
memory usage: 368.0+ bytes
```

- describe()方法的使用。

```
# 使用 describe()方法对 data11 中的数值类型统计信息
>>>data11.describe()
             年龄
count    6.000000      # 记录数
mean    20.500000      # 均值
std      1.048809      # 标准差
min     19.000000      # 最小值
25%     20.000000      # 0.25 分位数
50%     20.500000      # 0.50 分位数
75%     21.000000      # 0.75 分位数
max     22.000000      # 最大值
```

说明：

info()方法用于查看给出的数据相关信息概览，包括行数、列数、列索引、列非空值个数、列类型、内存占用情况。

describe()方法用于对给出的数据进行一些基本的统计量，包括均值、标准差、最大值、最小值、分位数等，分位数位于[0,1]之间，默认为 0.25(25%)、0.5(50%)、0.75(75%)，可通过参数 percentiles 来进行更改，如 percentiles＝[0.2,0.4,0.6,0.8]。

- tolist()方法的使用。

```
# 使用 tolist()方法获取 data11 数据的列表结构
>>>data11.values.tolist()
[['20171102', '小马', ' 1999-06-19', '大数据', 22], ['20180101', '小李', ' 2002-06-25',
'信计', 19], ['20180102', '小明', ' 2001-05-11', '信管', 20], ['20180103', '小张',
'2000-10-16', '电商', 21], [' 20190101', '小骆', ' 2001-07-10', '物联网', 20],
['20190102', '小董', ' 2000-08-13', '数媒', 21]]
# 使用 tolist()方法获取 data11 行索引列表结构
>>>data11.index.tolist()
[0, 1, 2, 3, 4, 5]
# 使用 tolist()方法获取 data11 列索引列表结构
>>>data11.columns.tolist()
['学号', '姓名', '出生日期', '专业', '年龄']
```

- loc()方法的使用。

语法格式为

```
DataFrame.loc(行索引名称或条件,列索引名称)
```

例如：

```
>>>data12=pandas.DataFrame({"姓名":["小陈","小王","小李","小骆"],"年龄":[19,20,
19,20]},index=["北京","福建","北京","河北"])
>>>data12
        姓名   年龄
北京    小陈    19
福建    小王    20
北京    小李    19
河北    小骆    20
#选取列索引名为姓名的所有行数据
>>>data12.loc[:,["姓名"]]
        姓名
北京    19
福建    20
北京    19
河北    20
 #选取行索引名为北京的姓名列和年龄列数据
>>>data12.loc[["北京"],["姓名","年龄"]]          #["北京"]是属于设置条件
        姓名   年龄
北京    小陈    19
北京    小李    19
```

* iloc()方法的使用。

语法格式为

```
DataFrame.iloc(行索引位置,列索引位置)
```

例如：

```
#选取列索引位置为1的所有行数据
>>>data12.iloc[:,1]
北京    19
福建    20
北京    19
河北    20
Name: 姓名, dtype: object
#选取行索引位置为1和3,列索引位置为0的数据
>>>data12.iloc[[1,3],[0]]
        姓名
福建    小王
河北    小骆
```

说明：在使用 loc()和 iloc()方法时,如果是进行数据选取操作,loc 和 iloc 后面是用方括号([ ])。

* 布尔选择。

例如：

```
#选取姓名为小骆的数据
>>>data12[data12['姓名']=="小骆"]
        姓名   年龄
```

```
河北     小骆     20
#选取姓名为小骆或小李的数据
>>>data12[(data12['姓名']=="小骆")|(data12['姓名']=="小李")]
        姓名    年龄
北京     小李     19
河北     小骆     20
```

说明：布尔选择如果有多个条件要用圆括号括起后直接 &(与)或 |(或)。

（2）pandas 数据运算。pandas 执行算术运算时，会先按照索引进行对齐，对齐后再进行相应的运算，没有对齐的位置会用 NaN 进行填充。其中，Series 是按行索引对齐，DataFrame 是按行索引、列索引对齐。

【例 10-7】 创建两个 Series 对象，第一个 Series 对象为 data13，序列数据为 10、20、30、40，对应的索引为 a、b、c、d；第二个 Series 对象为 data14，序列数据为 1、2、3，对应的索引为 a、b、c，对这两个 Series 对象进行相加、相减、相乘和相除并输出。打开 Python 编辑器，输入如下代码，保存为 10-7.py，并调试运行。

```
import pandas
data13=pandas.Series([10,20,30,40],index=["a","b","c","d"])
data14=pandas.Series([1,2,3],index=["a","b","c"])
print(data13+ data14)        #按相同的索引位置对齐,然后进行相加
print(data13- data14)        #按相同的索引位置对齐,然后进行相减
print(data13*data14)         #按相同的索引位置对齐,然后进行相乘
print(data13/ data14)        #按相同的索引位置对齐,然后进行相除
```

运行结果如图 10-17 所示。

（3）pandas 数据排序。由于 pandas 中存放的是索引和数据的组合，所以对 pandas 数据的排序，既可以按索引进行排序，也可以按数据进行排序。

① 按索引排序。pandas 中提供了按索引排序方法 sort_index()，即按索引号进行排序。

例如：

```
>>>data15=pandas.Series([10,12,5,7,8],index=["d","c",
"a","b","e"])
>>>data15
d    10
c    12
a    5
b    7
e    8
dtype: int64
>>>data15.sort_index()        #按索引进行升序排列
a    5
b    7
c    12
d    10
e    8
dtype: int64
```

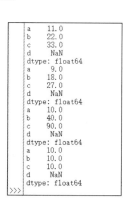

图 10-17　Series 对象运算

若要按索引进行降序排列,只要在 sort_index()方法中,添加 ascending 参数,取值为 False 表示降序,取值为 True 表示升序(默认值)。

例如:

```
>>>data16=pandas.DataFrame([[10,12,5,7,8],[20,33,8,11,14]],columns=["d","c",
"a","b","e"],index=['1行','2行'])
>>>data16
     d   c  a  b   e
1行  10  12  5  7   8
2行  20  33  8  11  14
>>>data16.sort_index(ascending=False)        #按行索引进行降序排列
     d   c  a  b   e
2行  20  33  8  11  14
1行  10  12  5  7   8
```

② 按数据排序。pandas 中提供了按数据排序方法 sort_values(),即按值进行排序。

```
>>>data17=pandas.Series([10,12,5,7,8],index=["d","c","a","b","e"])
>>>data17
d    10
c    12
a    5
b    7
e    8
dtype: int64
>>>data17.sort_values()                      #按值进行升序排列
a    5
b    7
e    8
d    10
c    12
dtype: int64
```

对于 DataFrames,若要按数据进行排序,需要在 sort_values()方法中,添加 by 参数,并将要排序的列索引传给参数 by,如果要按此排序列进行升序或降序,同时还需要添加 ascending 参数,取值为 False 表示降序,取值为 True 表示升序(默认值)。

例如:

```
>>>>data18=pandas.DataFrame([[10,12,5,7,8],[20,33,8,11,14]],columns=["d","c",
"a","b","e"],index=['1行','2行'])
>>>data18
     d   c  a  b   e
1行  10  12  5  7   8
2行  20  33  8  11  14
>>>data18.sort_values(by='d',ascending=False)     #按 d 列值进行降序排列
     d   c  a  b   e
2行  20  33  8  11  14
1行  10  12  5  7   8
```

(4) pandas 常用计算函数。pandas 提供了非常多的描述性统计分析函数,例如,最小

值函数、最大值函数、平均值函数等，表 10-9 列出了 pandas 的常用计算函数。

表 10-9　pandas 的常用计算函数

函　　数	说　　明
DataFrame. sum()	用于计算求和
DataFrame. mean()	用于计算求平均值
DataFrame. max()	用于计算求最大值
DataFrame. min()	用于计算求最小值
DataFrame. count()	用于计算统计非 NaN 值的个数
DataFrame. median()	用于计算求中位数
DataFrame. cumsum()	用于计算求累计和
DataFrame. cumprod()	用于计算求累计积
DataFrame. std()	用于计算求标准差
DataFrame. groupby()	用于对指定的某列进行分组
DataFrame. nunique ()	用于求每组中的个数

例如：

```
>>>data19=pandas.DataFrame([[1,2,3],[4,5,6]],columns=["a","b","c"])
>>>data19
   a  b  c
0  1  2  3
1  4  5  6
#求每列的和,添加参数 axis=1 求每行的和,省略此参数默认取 axis=0 求每列的和
>>>data19.sum()
a    5
b    7
c    9
dtype: int64
>>>data19.count()              #求每列记录数
a    2
b    2
c    2
dtype: int64
>>>data19.max()               #求每列中的最大值
a    4
b    5
c    6
dtype: int64
```

如果要求每行的最大值或最小值，只要在最大值或最小值函数中添加 axis＝1 参数即可。

例如：

```
>>>data19.max(axis=1)         #求每行的最大值
0    3
1    6
dtype: int64
```

(5) pandas 数据可视化。数据可视化是指将数据以图表的形式展现，并利用数据分析和工具来挖掘其中未知信息的处理过程。pandas 集成了 Matplotlib 中的基础绘图工具，这让 pandas 在处理数据时为数据作图提供了方便。pandas 中的 Series 和 DataFrame 可以使用 plot()方法来绘制图形。

plot()方法的语法格式为

```
pandas.Series/DataFrame.plot(legend, label, title, color, figsize, fontsize, xlabel,
ylabel, xticks, yticks, rot, kind)
```

其中，legend 用于是否显示图例，取值为 True 表示显示图例，取值为 False 表示不显示图例，默认值为 False；label 用于设置图例中的标签内容；title 用于设置标题；color 用于设置线型颜色；figsize 用于设置绘图大小；fontsize 用于设置横轴和纵轴的刻度标签字号大小；xlabel 用于设置横轴标签内容；ylabel 用于设置纵轴标签内容；xticks 用于设置横轴刻度标签内容；yticks 用于设置纵轴刻度标签内容；rot 用于设置横轴刻度标签的旋转角度；kind 用于设置绘图的类型，取值有 line(折线图)、bar(柱形图)、pie(饼图)、scatter(散点图)、hist(直方图)和 box(箱形图)等，默认为绘制折线图。

下面介绍常用的图形绘制。

① 折形图。折形图是用直线段将各数据点连接起来而形成的图形，以折线的方式显示数据的变化趋势。一般用于描绘两组数据在相同时间间隔下数据的变化情况。

【例 10-8】　Series 的 plot()方法绘制折线图。打开 Python 编辑器，输入如下代码，保存为 10-8.py，并调试运行。

```
import numpy as np
import pandas as pd
import matplotlib.pyplot as plt
#用于解决显示中文为方格或乱码问题
plt.rcParams['font.sans-serif'] = ['SimHei']
plt.rcParams['axes.unicode_minus'] = False        #用于解决显示负号为方格问题
data20=pd.Series(np.random.normal(size=10))       #随机产生 10 个数
data20.plot(legend=True, label='随机数', color='blue', title='Series 绘图',
fontsize=12,
figsize=(6,2),xticks=[0,1,2,3,4,5,6,7,8,9],xlabel="x 轴",ylabel="y 轴")
plt.show()                                         #显示图形
```

运行结果如图 10-18 所示。

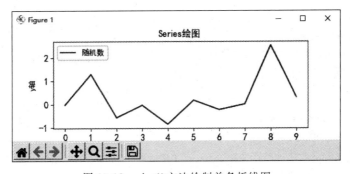

图 10-18　plot()方法绘制单条折线图

【例 10-9】　DataFrame 的 plot( )方法绘制折线图。打开 Python 编辑器,输入如下代码,保存为 10-9.py,并调试运行。

```
import numpy as np
import pandas as pd
import matplotlib.pyplot as plt
plt.rcParams['font.sans-serif'] = ['SimHei']
plt.rcParams['axes.unicode_minus'] = False
#字典形式,随机产生三组整数
data21=pd.DataFrame({"随机数1":np.random.randint(50,100,size=10),"随机数2":np.
random.randint(55,100,size=10), "随机数3":np.random.randint(60,100,size=10)})
data21.plot(title='随机三组数',fontsize=12,figsize=(10,4),xticks=[0,1,2,3,4,5,
6,7,8,9], xlabel="x轴",ylabel="y轴",color=['red','blue','yellow'])
plt.show()                                          #显示图形
```

运行结果如图 10-19 所示。

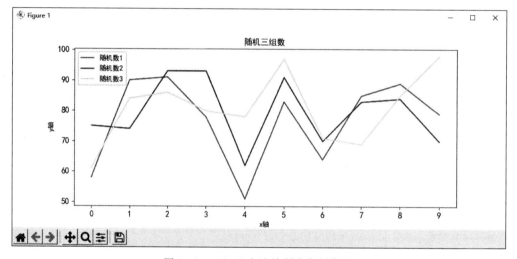

图 10-19　plot( )方法绘制多条折线图

② 柱形图。柱形图是用宽度相同的条形高度或长短来表示数据多少的图形。一般用于描述各类别之间的关系。

【例 10-10】　DataFrame 的 bar( )方法绘制竖式条形图。打开 Python 编辑器,输入如下代码,保存为 10-10.py,并调试运行。

```
import numpy as np
import pandas as pd
import matplotlib.pyplot as plt
plt.rcParams['font.sans-serif'] = ['SimHei']
plt.rcParams['axes.unicode_minus'] = False
data22=np.random.randint(1,50,size=(3,3))        #生成3行3列的随机数
data22=pd.DataFrame(data22,index=["一","二","三"],columns=["b1","b2","b3"])
data22.plot(kind='bar',rot=360)
plt.show()
```

运行结果如图 10-20 所示。

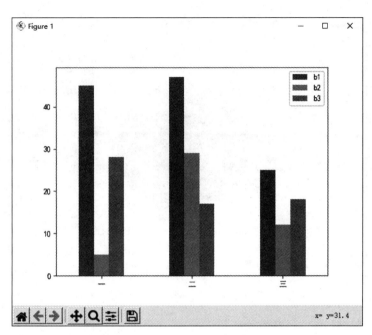

图 10-20 bar()方法绘制柱形图

③ 饼图。饼图是用于显示一个数据序列中各项的大小与各项总和的比例。

【例 10-11】 DataFrame 的 pie()方法绘制饼图。打开 Python 编辑器,输入如下代码,保存为 10-11.py,并调试运行。

```
import numpy as np
import pandas as pd
import matplotlib.pyplot as plt
plt.rcParams['font.sans-serif'] = ['SimHei']
plt.rcParams['axes.unicode_minus'] = False
data24 = pd.DataFrame(10 * np.random.rand(4), index=['衣服', '裤子', '裙子', '袜子'])
data24.plot(kind='pie', subplots=True, figsize=(8, 6), fontsize=14, autopct='%1.1f%%')
plt.show()
```

运行结果如图 10-21 所示。

说明:

subplots 属性用于设置是否对列分别作子图,取值为 True 表示作子图,取值为 False 表示不作子图,默认值为 False。

autopct 属性用于设置显示各个扇形部分所占比例及格式设置。如 autopct='%1.1f%%'。

④ 散点图。散点图是指数据点在直角坐标系平面上的分布图,一般用来表示数据之间的规律。散点图包含的数据点越多,比较的效果就会越好。

【例 10-12】 DataFrame 的 scatter()方法绘制散点图。打开 python 编辑器,输入如下代码,保存为 10-12.py,并调试运行。

```
import numpy as np
import pandas as pd
```

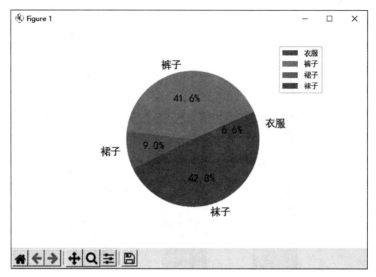

图 10-21   pie()方法绘制饼图

```
import matplotlib.pyplot as plt
plt.rcParams['font.sans-serif'] = ['SimHei']
plt.rcParams['axes.unicode_minus'] = False
x=np.random.randint(1,50,size=10)
y=np.random.randint(1,50,size=10)
data25=pd.DataFrame({"随机数 1":x,"随机数 2":y})
data25.plot(kind='scatter',x='随机数 1',y='随机数 2',s=40)
plt.show()
```

运行结果如图 10-22 所示。

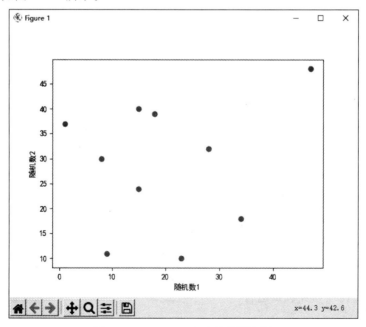

图 10-22   scatter()方法绘制散点图

⑤ 直方图。直方图是一种统计报告图,由一系列高度不等的纵向条纹或线段表示数据分布的情况,一般用横轴表示数据的类型,纵轴表示分布情况,通过直方图可以观察数值的大致分布规律。

【例 10-13】 DataFrame 的 hist()方法绘制直方图。打开 Python 编辑器,输入如下代码,保存为 10-11.py,并调试运行。

```
import numpy as np
import pandas as pd
import matplotlib.pyplot as plt
plt.rcParams['font.sans-serif'] = ['SimHei']
plt.rcParams['axes.unicode_minus'] = False
x=np.random.randint(1,50,size=15)
data26=pd.DataFrame({"随机数":x})
data26.plot(kind='hist',rwidth=0.9)
plt.show()
```

运行结果如图 10-23 所示。

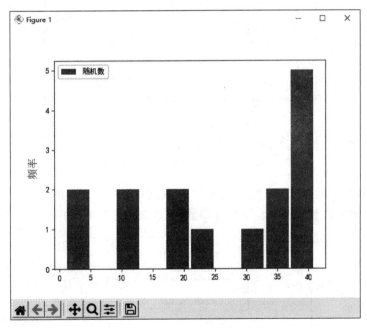

图 10-23 hist()方法绘制直方图

说明:rwidth 参数用于指定每个柱间宽度,如 rwidth=0.9。

⑥ 箱形图。箱形图是用作显示一组数据分散情况资料的统计图,主要用于反映数据分布特征的统计量,提供有关数据位置和分散情况的关键信息。一般用于品质管理领域,在各种领域也经常被使用。

【例 10-14】 DataFrame 的 box()方法绘制箱形图。打开 Python 编辑器,输入如下代码,保存为 10-14.py,并调试运行。

```
import numpy as np
import pandas as pd
```

```
import matplotlib.pyplot as plt
plt.rcParams['font.sans-serif'] = ['SimHei']
plt.rcParams['axes.unicode_minus'] = False
data28=pd.DataFrame({"随机数 1":[-10,40,70,50,60,80,30,60,40,70,50,130],"随机数
2":[-5,40,70,50,60,80,30,60,40,70,50,120]})
data28.plot(kind='box')
```

运行结果如图 10-24 所示。

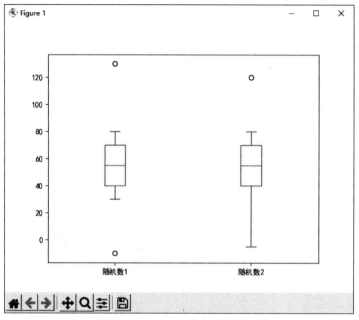

图 10-24   box()方法绘制箱形图

说明：箱形图包含了六个数据点，会将一组数据按照从大到小的顺序排列，分别计算出它的上边缘、上四分位数、中位数、下四分位数、下边缘和异常值，如图 10-25 所示。

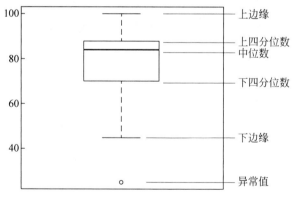

图 10-25   箱形图的六个数据点

（6）pandas 读写文件数据。pandas 提供了对 CSV 文件和 Excel 文件数据的读写操作。

① pandas 读写 CSV 文件。在 pandas 中对 CSV 文件数据进行读写，需要使用 read_csv() 函数和 to_csv()函数，read_csv()函数用于读取数据，to_csv()函数用于将数据写入 CSV 文件中。

- to_csv()函数的使用。to_csv()函数的语法格式为

```
pandas.Series/DataFrame.to_csv(path,sep,index,header,encoding)
```

其中,path 用于指定写入文件的路径；sep 用于指定数据的分隔符,可选项,默认用逗号","分隔；index 用于指定是否有行索引,取值为 True 表示有行索引(默认值),取值为 False,表示无行索引；header 用于指定作为行数据的列名,可选项,默认为 0,1,2,…；encoding 用于指定数据编码格式,可选项,常用的编码格式有 gb2312、utf-8、utf-8-sig 等。

【例 10-15】 创建一个 DataFrame 对象数据,并将其写入 data29.csv 文件中。打开 Python 编辑器,输入如下代码,保存为 10-15.py,并调试运行。

```
import pandas
data29csv=pandas.DataFrame({"课程名称":["C语言程序设计","Python数据分析","网页设计"],"成绩":[90,88,87]})
data29csv.to_csv("data29.csv",index=False, encoding='utf-8-sig')
print("数据已写入,请打开 data29.csv 文件查看!")
```

运行结果如图 10-26 所示,在当前目录下生成一个名为"data29.csv"的文件,可使用记事本或 Excel 工具打开 data29.csv 文件。如使用 Excel 工具打开"data29.csv"文件,如图 10-27 所示。

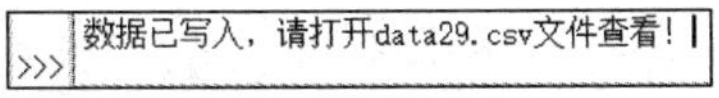

图 10-26　数据已完成写入文档的提示信息

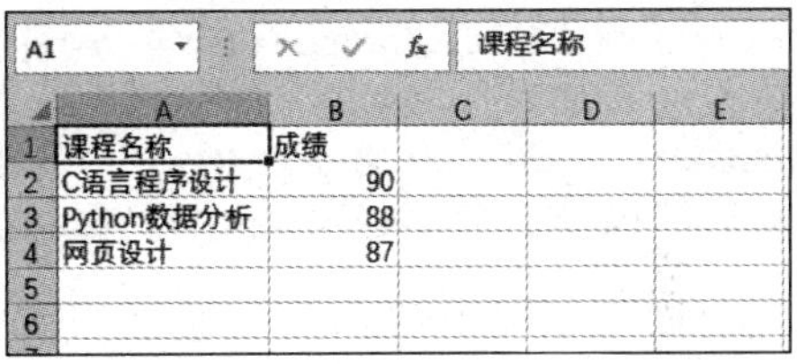

图 10-27　data29.csv 文件内容

- read_csv()函数的使用。read_csv()函数的语法格式为

```
pandas.read_csv(path,index_col,header,names,nrows)
```

其中,path 用于指定读取文件的路径；index_col 用于指定是否有行索引,取值为 True 表示有行索引(默认值),取值为 False 表示不显示行索引；header 用于指定将某行数据作为列名；names 用于指定结果的列名列表；nrows 用于指定读取文件的前几行。

【例 10-16】 将例 10-15 的 data29.csv 文件中的数据读取输出。打开 Python 编辑器,输入如下代码,保存为 10-16.py,并调试运行。

```
import pandas
data30=pandas.read_csv("data29.csv",encoding='utf-8-sig',index_col=False)
print(data30)
```

运行结果如下所示。

```
          课程名称  成绩
0      C语言程序设计   90
1     Python数据分析   88
2          网页设计   87
```

说明：对于.txt 文件与.csv 文件都属于文本文档。如果要读取.txt 文件，可以使用 read_csv()函数，也可以使用 read_table()函数，两者主要区别在于读取内容时分隔符不同，read_csv()函数分隔符默认为跳格，而 read_table()函数分隔符为文本内容中使用的分隔符。

② pandas 读写 Excel 文件。在 pandas 中对 Excel 文件数据进行读写，需要使用 to_excel()函数和 read_excel()函数，read_excel()函数用于读取.xls 和.xlsx 两种格式的 Excel 文件，而 to_excel()函数用于将数据写入 Excel 文件中。

• to_excel()函数的使用。to_excel()函数的语法格式为

```
pandas.Series/DataFrame.to_excel(path,sheet_name,index,header)
```

其中，path 用于指定写入文件的路径；sheet_name 用于指定工作表名称，工作表名称可以是中文汉字，可选项，默认工作表名为 sheet1；index 用于指定是否有行索引，取值为 True 表示有行索引(默认值)，取值为 False 表示无行索引；header 用于指定作为行数据的列名，可选项，默认为 0,1,2,…。

【例 10-17】 创建一个 DataFrame 对象数据，并将此写入 data31.xlsx 文件中。打开 python 编辑器，输入如下代码，保存为 10-17.py，并调试运行。

```
import pandas
data31=pandas.DataFrame({"学号":["101","201","301"],"姓名":["张三","李四","王五"]})
data31.to_excel("data31.xlsx","信息表",index=False)
print("数据已写入,打开 data31.xlsx 文件查看!")
```

运行结果如图 10-28 所示，且在当前目录下生成一个名为 data31.xlsx 的文件，打开 data31.xlsx 文件，如图 10-29 所示。

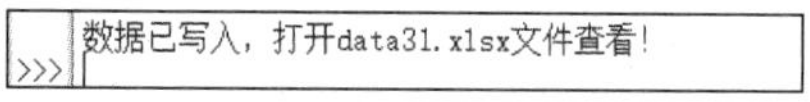

图 10-28 数据已完成写入文档的提示信息

图 10-29 data31.xlsx 文件

• read_excel()函数的使用。read_excel()函数的语法格式为

```
pandas.read_excel (path,sheet_name,header,index_col,nrows,names,usecols)
```

其中，path 用于指定读取文件的路径；sheet_name 用于指定要读取的工作表名称；header 用于指定将某行数据作为列名，可选项；index_col 用于指定显示行的列索引编号或者列索引名称，如果要显示多列，则可用列表形式，可选项；nrows 用于指定读取文件的前几行，可选项；names 用于指定结果的列名列表，可选项；usecols 用于指定读取的列名列表，可选项。

【例 10-18】 将例 10-17 的 data31.xlsx 文件中的数据读取输出。打开 Python 编辑器，输入如下代码，保存为 10-18.py，并调试运行。

```
import pandas
data32=pandas.read_excel("data31.xlsx","信息表")
print(data32)
```

运行结果如下所示。

```
   学号  姓名
0  101  张三
1  201  李四
2  301  王五
```

10.4　任务实现

任务1　爬取全国天气情况(https://www.tianqi.com)，并保存到当前目录下的
tianqi.csv 件中。打开 Python 编辑器，输入如下代码，保存为 task10-1.py，并调试运行。

```
# 全国天气情况爬取
import requests                          # 导入 requests 库
from bs4 import BeautifulSoup            # 导入 BeautifulSoup 库
def tianqi(url):
    headers={"User-Agent":"Mozilla/5.0 (Windows NT 10.0; WOW64) AppleWebKit/537.
36 (KHTML, like Gecko) Chrome/86.0.4240.198 Safari/537.36"}
    soup=requests.get(url,headers=headers)
    soup1=BeautifulSoup(soup.text,"html.parser")
    # 获取标签为 dl,class 属性值为 weather_info 的信息
    soup2=soup1.find("dl",class_="weather_info")
    soup3=soup2.find_all("dd")                # 获取标签为 dd 的所有信息,以列表形式组织
    text1=soup3[0].find("h1").text            # 获取标签为 dd 的第一个元素的城市名称
    text2=soup3[1].text                       # 获取标签为 dd 的第二个元素的日期内容
    text3=soup3[2].find("p").text             # 获取标签为 dd 的第三个元素的当前温度内容
    text4=soup3[2].find("span").text          # 获取标签为 dd 的第三个元素的日温度内容
    text5=soup3[3].find_all("b")[0].text      # 获取标签为 dd 的第四个元素的湿度内容
    text6=soup3[3].find_all("b")[1].text      # 获取标签为 dd 的第四个元素的风向内容
    text7=soup3[3].find_all("b")[2].text      # 获取标签为 dd 的第四个元素的紫外线内容
    text8=soup3[4].find("h5").text            # 获取标签为 dd 的第五个元素的空气质量内容
    text9=soup3[4].find("h6").text            # 获取标签为 dd 的第五个元素的 PM 内容
    text10=soup3[4].find("span").text[0:9]    # 获取标签为 dd 的第五个元素的日出内容
    text11=soup3[4].find("span").text[9:]     # 获取标签为 dd 的第五个元素的日落内容
    href=url+city
    text=text1+"\n"+text2+"\n"+"当前温度:"+text3+"\n"+"日温度:"+text4+"\n"+
text5+"\n"+text6+"\n"+text7+"\n"+text8+"\n"+text9+"\n"+text10+"\n"+text11
    print(text)
    print("网址:"+url+"\n")
    fp=open("tianqi.csv","w")
    fp.write(text+"\n"+"网址:"+url+"\n")
    fp.close()
def chengshi(city):
    # 爬取 31 个省份的所有城市和县名称
```

```
url="https://www.tianqi.com/chinacity.html"
headers={"User-Agent":"Mozilla/5.0 (Windows NT 10.0; WOW64) AppleWebKit/537.36
(KHTML, like Gecko) Chrome/86.0.4240.198 Safari/537.36"}
soup=requests.get(url,headers=headers)
soup1=BeautifulSoup(soup.content,"html.parser")
#获取标签为 div,class 属性值为 citybox 的信息
soup2=soup1.find_all("div",class_="citybox")
soup3=soup2[0].find_all("h2")
soup4=soup2[0].find_all("span")
list=[]
te=dict()
for i in range(4):
    list1=[]
    list2=[]
    list3=[]
    te1=dict()
    soup5=soup3[i].find("a")
    list1=soup5.get("href")
    list2.append(soup3[i].text)
    list3=list1.replace("/","")
    list.append(list3)
    list.extend(list2)
    te1=te1.fromkeys(list2)
    te1=te1.fromkeys(list2,list3)
    te.update(te1)
for i in range(31):                          #遍历 31 个省
    soup6=soup4[i].find_all("a")
    for item in soup6:
        list1=[]
        list2=[]
        list3=[]
        te1=dict()
        list1=item.get("href")
        list2.append(item.text)
        list3=list1.replace("/","")
        list.append(list3)
        list.extend(list2)
        te1=te1.fromkeys(list2)
        te1=te1.fromkeys(list2,list3)
        te.update(te1)
if(city in list):
    if(city>='a' and city<='z'):
        url="https://www.tianqi.com/"+city+"/"
        tianqi(url)
    else:
        url="https://www.tianqi.com/"+te[city]+"/"
        tianqi(url)
else:
```

```
        print("请正确输入城市拼音或中文！！！")
        return False
print("欢迎使用全国天气查询系统"+"\n"+("请输入要查询的城市拼音或中文(例如:quanzhou
或泉州),然后按回车键即可查询,退出系统请按回车键。"))
while True:
    city=input("请输入要查询的城市拼音或中文(例如:quanzhou或泉州):")
    if city=="":
        break
    else:
        city=chengshi(city)
```

运行结果如图 10-30 所示,且在当前目录下生成一个名为 tianqi.csv 的文件,打开 tianqi.csv 文件,如图 10-31 所示。

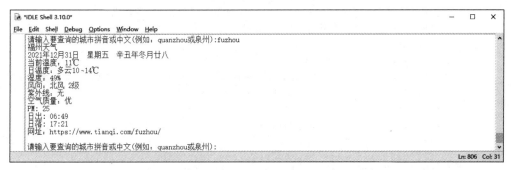

图 10-30　爬取的天气情况

图 10-31　tianqi.csv 文件内容

任务 2　爬取 515 汽车排行行网(http://www.515fa.com)2021 年汽车销售情况数据, 并保存为"2021 年 11 月份轿车销售排行.csv"文件,并将排名前 15 的汽车 10 月销售数据另存为"2021 年 11 月份轿车销售 top15.csv"且绘制柱形图。打开 Python 编辑器,输入如下代码,保存为 task10-2.py,并调试运行。

```
import requests
from bs4 import BeautifulSoup
import csv
import pandas as pd
import matplotlib.pyplot as plt
def parse_page(url):
```

```
headers = {'User-Agent': "Mozilla/5.0 (Windows NT 10.0; Win64; x64)
AppleWebKit/537.36 (KHTML, like Gecko) Chrome/87.0.4280.88 Safari/537.36"}
response=requests.get(url,headers = headers)
#把请求出来的数据转化为 UTF-8 的格式
text = response.content.decode('utf-8')
soup = BeautifulSoup(text,'lxml')          #用 lxml 解析数据
tables = soup.find('table')                #查找 table 标签
#在 table 中查找所有的 tr 标签(从第三个开始)
trs = tables.find_all('tr')[2:]
for countTr in trs:
    tds = countTr.find_all('td')           #查找所有 tr 标签下的 td 标签
    rank_td = tds[0]                        #取第 1 个 td 下的数据
    #去除 rank_td 中的空格或空行,转换成列表,取第 0 个数据
    rank = list(rank_td.stripped_strings)[0]
    type_td = tds[1]                        #取第 2 个 td 下的数据
    #去除 type_td 中的空格或空行,转换成列表,取第 0 个数据
    type = list(type_td.stripped_strings)[0]
    manufacturer_td = tds[2]               #取第 3 个 td 下的数据
    #去除 manufacturer_td 中的空格或空行,转换成列表,取第 0 个数据
    manufacturer = list(manufacturer_td.stripped_strings)[0]
    salesVolume_td = tds[3]
    salesVolume = list(salesVolume_td.stripped_strings)[0]
    SumSalesVolume_td = tds[4]
    SumSalesVolume = list(SumSalesVolume_td.stripped_strings)[0]
    #将爬取到的数据以字典形式添加到 datas 列表中
    datas.append({"排名":rank,"车型":type,"所属厂商":manufacturer,"10 月销
    量":salesVolume,"1-10 月销量":SumSalesVolume})
def printdata():
    header =['排名', '车型','所属厂商','10 月销量','1-10 月销量']          #数据列名
    #创建一个 csv 文件,并将数据导入进去
    fp=open('2021 年 11 月份轿车销售排行.csv', 'a', newline='',encoding='utf-8-sig')
    writer = csv.DictWriter(fp,fieldnames=header)                #创建 DictWriter 对象
    writer.writeheader()                       #将 header 数据写入文件中
    writer.writerows(datas)                    #将 datas 数据写入文件中
datas = []
url = 'http://www.515fa.com/che_24773.html' #需要爬取页面的 URL
parse_page(url)                              #调用 parse_page()函数
printdata()                                 #调用 printdata()函数
data = pd.read_csv('2021 年 11 月份轿车销售排行.csv')
#删除文件中销量为负数的行,drop()函数用于删除行或列
df=data
df=df.drop(df[(df['10 月销量'] < 0)|(df['1-10 月销量'] < 0)].index)
df1=df.sort_values(by = '10 月销量', ascending = False)
df1[0:15].to_csv("2021 年 11 月份轿车销售 top15.csv",encoding="utf-8-sig")
df2=df1["10 月销量"].to_list()
df3=[int(i) for i in df2]
df4=df1["车型"][0:15]
plt.rcParams["font.sans-serif"] = ["MicroSoft YaHei"]
plt.rcParams['axes.unicode_minus'] = False
plt.bar(df4,height=df3[0:15],label="2021 年 11 月份轿车销量 Top15")
plt.xticks(rotation=45)
```

```
plt.legend()
plt.show()
```

运行结果如图 10-32 所示，且在当前目录下生成两个文件 2021 年 11 月份轿车销售排行.csv 和 2021 年 11 月份轿车销售 top15.csv 文件，如图 10-33 所示。

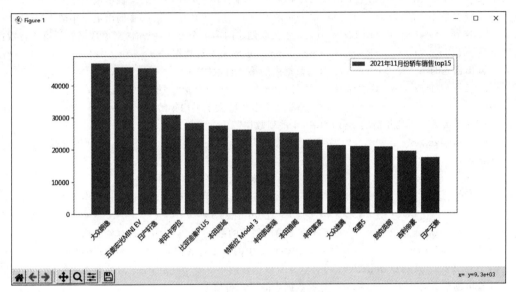

图 10-32　2021 年 11 月份轿车销售 top15

图 10-33　保存的两个文件

任务 3　创建两个 DataFrame 对象，并对 DataFrame 对象数据进行操作。打开 Python 编辑器，输入如下代码，保存为 task10-3.py，并调试运行。

```
import pandas
# 创建第 1 个 DataFrame 对象数据
student1= pandas.DataFrame({
    "学号":["20171102","20180101", "20180102","20180103"],
    "姓名":["小马","小李", "小明","小张"],
    "出生日期":["1991-06-19","1990-06-25", "1991-05-11", "1990-10-16"],
    "专业":["大数据","信计","信管","电商"],
    "年龄":[22,19,20,21]})
# 创建第 2 个 DataFrame 对象数据，同时指定需要列和列的顺序以及为需要列创建索引名
student2= pandas.DataFrame({
    "学号":["20170101", "20170102","20170103"],
    "姓名":["小东", "小西","小南"],
    "出生日期":["1990-06-25", "1991-05-11", "1990-10-16"],
    "专业":["信计","信管","电商"],
```

```
        "年龄":[19,19,20]},columns=["姓名","学号","出生日期"],index=["21", "22", "23"])
print("*************************student1*********************")
print(student1)                           #输出创建的第 1 个 DataFrame 对象数据
print("平均年龄:"+str(student1["年龄"].mean())+"岁")      #输出平均年龄
print("最大年龄:"+str(student1["年龄"].max())+"岁")       #输出最大年龄
print("最小年龄:"+str(student1["年龄"].min())+"岁")       #输出最小年龄
student1_row1=student1.head(1)   #获取创建的第 1 个 DataFrame 对象数据中的第 2 行数据
print("* *****************student1 中的第 2 行数据*******************")
#输出创建的第 1 个 DataFrame 对象数据中的第 2 行数据
print(student1_row1[["学号","姓名","出生日期","专业","年龄",]])
print("***************student1 中年龄大于平均年龄******************")
#获取年龄大于平均年龄的学号,姓名,年龄列数据
age_mean=student1[["学号","姓名","年龄"]][student1["年龄"]>student1["年龄"].mean()].
head()
print(age_mean)                      #输出年龄大于平均年龄的数据
# print("大于平均年龄的年龄:"+"\n"+str(student1["年龄"]>student1["年龄"].mean()))
print("*************************student2*********************")
print(student2)                          #输出创建的第 1 个 DataFrame 对象数据
print("*****************student2 中的后 1 行数据********************")
student2_row1=student2.tail(1)  #获取创建的第 2 个 DataFrame 对象数据中的后 1 行数据
#输出创建的第 2 个 DataFrame 对象数据中的后 1 行数据
print(student2_row1[["学号","姓名","出生日期"]])
```

运行结果如图 10-34 所示。

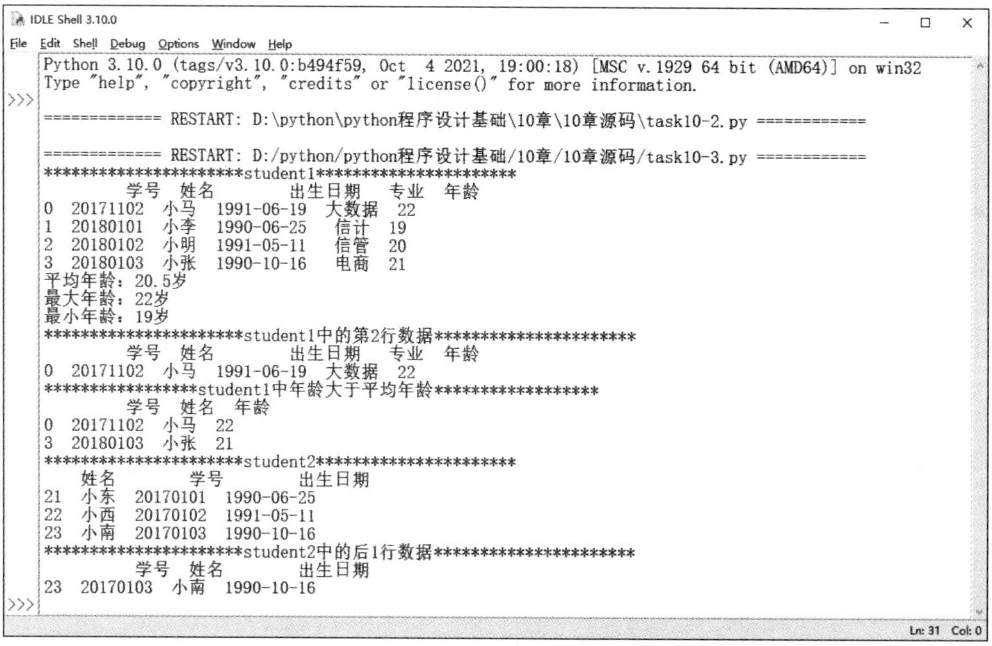

图 10-34　DataFrame 对象的创建及基本操作

10.5　习　　题

1. 填空题

(1) 网络爬虫按照系统结构和实现技术,大致可以分为通用网络爬虫、_____、_____和_____。

(2) Python 中实现 http 网络请求的方式有 urllib、_____和 requests 三种。

课后习题答案 10

(3) _____方法用于返回 response 的 url 信息,_____方法用于返回 response 的基本信息,_____方法用于返回 response 的状态代码。

(4) Python 中实现 http 网络请求时,最常见的代码_____表示服务器成功返回网页,代码_____表示请求的网页不存在,代码_____表示服务器不正常。

(5) urlretrieve()方法用于把_____。

(6) BeautifulSoup 是一个从_____文件中提取数据的 Python 库。

(7) soup.find_all()和 soup.find()方法用于搜索信息,soup.find_all()方法返回一个_____,存储查找的结果,soup.find()方法只返回_____结果信息。

(8) _____是指采用适当的统计分析方法对收集来的大量数据进行分析,提取有用的信息和做出结论,从而对数据加以详细研究和概括总结的过程。

(9) read_csv()是 pandas 的方法,具有十分强大的功能,可以传入多种参数,对文件进行各种_____。

(10) to_csv()是 DataFrame 类的方法,可以将数据_____。

(11) 在数据集对象中可以使用_____和_____方法获取行数据。

(12) 假设 df 为数据集对象的实例,df[[]]用于获取指定列的数据内容,其结果返回的是_____。

(13) 假设 df 是数据集对象的实例,则使用 df.loc[0,"csh"]可以获取第 1 行 csh 列_____中的数据,使用 df.iloc[0,0]可以获取第 1 行和索引序号为 1 的单元格中的数据,使用 iloc 方法时,列要用_____,使用 df.iloc[−1]可以获取_____数据。

(14) Series 和 DataFrame 是 pandas 中的两个重要数据类型。其中 Series 表示_____,DataFrame 表示_____。

(15) Series 对象中有很多常用的方法可以对数据进行各种处理。_____方法用于求平均值,_____方法用于求标准差。

2. 选择题

(1) (　　)函数可将绘制的多个图放置在同一个绘图区内,方便数据之间的比较。

　　　A. subplot()　　　B. max()　　　C. count()　　　D. readtext()

(2) 在数据集对象中,可以使用(　　)方法对指定的某列进行分组。

　　　A. groupby()　　　B. orderby()　　　C. max()　　　D. sum()

(3) 在数据集对象中,对数据进行分组后可以使用(　　)方法求每组中的个数。

　　　A. nunique()　　　B. count()　　　C. avg()　　　D. sum()

(4) 当 pandas. read_csv()函数读取文件成功时,会返回一个数据集对象(DataFrame)。可通过数据集对象(   )方法用于获取文件头部数据。

    A. tail()   B. head()   C. heads()   D. tails()

(5) 当 pandas. read_csv()函数读取文件成功时,会返回一个数据集对象(DataFrame)。可通过数据集对象(   )方法用于获取尾部数据。

    A. head()   B. tail()   C. heads()   D. tails()

(6) 当 pandas. read_csv()函数读取文件成功时,会返回一个数据集对象(DataFrame)。可通过数据集的(   )属性获取数据集的维数。

    A. tail   B. columns   C. head   D. shape

(7) 当 pandas. read_csv()函数读取文件成功时,会返回一个数据集对象(DataFrame)。可通过数据集的(   )属性获取数据集的列名信息。

    A. tail   B. columns   C. head   D. shape

(8) 在 read_csv()和 to_csv()函数中,(   )参数用于指定数据分隔符。

    A. header   B. columns

    C. sep   D. filepath_or_buffer

(9) 在 to_csv()函数中,(   )参数用于指定选择列。

    A. header   B. columns

    C. sep   D. filepath_or_buffer

(10) 在 read_csv()和 to_csv()函数中,(   )参数用于指定编码格式。

    A. header   B. columns   C. sep   D. encoding

3. 编程题

(1) 对任务 2 爬取下来的数据(2021 年 11 月份轿车销售排行. csv 文件)按 2021 年 1—11 月进行降序排列,将排名前 15 的数据保存为 2021 年 1—11 月份轿车销售 top15. csv 文件,并绘制排名前 15 名的折线图。

(2) 爬取谷歌网站首页的 logo 图片,将其保存到本地文件中。

(3) 打开 ex01. csv 文件,求性别出现的次数和违规次数的和,并做出各部门违规次数的折线图。

参 考 文 献

[1] 董付国.Python 程序设计[M]. 北京：清华大学出版社,2015.

[2] 江红,余青松.Python 程序设计与算法基础教程[M]. 北京：清华大学出版社,2017.

[3] 王学军,胡畅霞,韩艳峰.Python 程序设计[M]. 北京：人民邮电出版社,2018.

[4] 嵩天.Python 语言程序设计[M]. 北京：高等教育出版社,2018.

[5] 张思民.Python 程序设计案例教程[M]. 北京：清华大学出版社,2018.

[6] 刘春茂,裴雨龙,等.Python 程序设计案例课堂[M]. 北京：清华大学出版社,2017.

[7] 明日科技.Python 从入门到精通[M]. 北京：清华大学出版社,2018.

[8] 李宁.Python 从菜鸟到高手[M]. 北京：清华大学出版社,2018.

[9] 胡松涛.Python 网络爬虫实战[M]. 北京：清华大学出版社,2018.

[10] 闫俊伢.Python 编程基础[M]. 北京：人民邮电出版社,2016.

[11] 刘浪.Python 基础教程[M]. 北京：人民邮电出版社,2015.

[12] 徐光侠,常光辉,解绍词,等.Python 程序设计案例教程[M]. 北京：人民邮电出版社,2017.